EDA 工程与应用丛书

Protel 99 SE 电路原理图
与 PCB 设计

魏雅文 李 瑞 等编著

机械工业出版社

本书以目前应用最广泛的 Protel 99 SE 为基础介绍了电子设计自动化（EDA）的原理和应用，全书内容丰富实用、语言通俗易懂、层次清晰严谨，特别是一些设计实例的引入，使本书更具特色，通过学习本书读者可以在短时间内成为电路板设计高手。

本书全面讲述了 Protel 99 SE 电路设计的各种基本操作方法与技巧。全书共分为 12 章，第 1 章介绍了 Protel 99 SE 图形界面；第 2 章介绍了原理图编辑环境；第 3 章介绍了元件库设计；第 4 章介绍了原理图设计；第 5 章介绍了层次化原理图设计；第 6 章介绍了创建元件封装库；第 7 章介绍了 PCB 编辑环境；第 8 章介绍了 PCB 设计；第 9 章介绍了 PCB 的后期制作；第 10 章介绍了电路仿真系统；第 11 章介绍了信号完整性分析；第 12 章介绍了可编程逻辑器件设计。本书附带全书讲解实例和练习实例的源文件素材，并制作了全程同步讲解实例动画。

本书既适合作为大中专院校电子相关专业课程教材，也适合作为各种电子设计专业培训机构的培训教材，同时也可以作为电子设计爱好者的自学辅导用书。

图书在版编目（CIP）数据

Protel 99SE 电路原理图与 PCB 设计 / 魏雅文等编著 . —北京：机械工业出版社，2016.1（2022.7 重印）

（EDA 工程与应用丛书）

ISBN 978-7-111-52390-1

Ⅰ . ①P…　Ⅱ . ①魏…　Ⅲ . ①印刷电路—计算机辅助设计—应用软件　Ⅳ . ①TN410.2

中国版本图书馆 CIP 数据核字（2015）第 301108 号

机械工业出版社（北京市百万庄大街 22 号　邮政编码 100037）

责任编辑：尚　晨　　责任校对：张艳霞

责任印制：刘　媛

涿州市般润文化传播有限公司印刷

2022 年 7 月第 1 版·第 4 次印刷

184mm×260mm · 24.25 印张 · 599 千字

标准书号：ISBN 978-7-111-52390-1

定价：89.00 元

电话服务　　　　　　　网络服务

客服电话：010-88361066　机　工　官　网：www.cmpbook.com

010-88379833　机　工　官　博：weibo.com/cmp1952

010-68326294　金　书　网：www.golden-book.com

封底无防伪标均为盗版　机工教育服务网：www.cmpedu.com

前　言

EDA（Electronic Design Automation，电子设计自动化）技术是现代电子工程领域的一门新技术，它提供了基于计算机和信息技术的电路系统设计方法。EDA 技术的发展和推广极大地推动了电子工业的发展。EDA 技术在教学和产业界的推广，是当今业界的一个技术热点，EDA 技术是现代电子工业中不可缺少的一项技术。掌握这项技术是电子通信类专业学生就业的一个基本条件。

20 世纪 80 年代以 Protel for DOS 为代表的版本，成为电子 CAD 方面的主流设计软件。20 世纪 90 年代初，微软公司推出新一代操作系统——Windows 系统，其后各个软件开发商纷纷推出支持 Windows 操作系统的应用软件。

20 世纪 90 年代中，Windows 95 开始出现，Protel 也紧跟潮流，推出了基于 Windows 95 的 3.X 版本。3.X 版本的 Protel 加入了新颖的主从式结构，但在自动布线方面却没有什么出众的表现。另外由于 3.X 版本的 Protel 是 16 位和 32 位的混合型软件，所以不太稳定。

1998 年，Protel 公司推出了给人全新感觉的 Protel 98。Protel 98 以其出众的自动布线能力获得了业内人士的一直好评。

1999 年，Protel 公司又推出了最新一代的电子线路设计系统——Protel 99。在 Protel 99 中加入了许多全新的功能。

Protel 99 SE 较以前版本的 Protel 功能更加强大，它是桌面环境下以设计管理和协作技术（PDM）为核心的一个优秀的印制电路板（PCB）设计系统。新增加的 3 项技术 SmarTDoc、SmarLTeam 和 SmartTool 增加了人与工具之间的交互功能，Protel 99 SE 软件包主要包含以下几个模块：原理图设计模块 Protel Advanced Schimatic 99 SE、电路板设计模块 Protel Advanced PCB 99 SE、PCB 自动布线模块 Protel Advanced Route 99 SE、可编程逻辑器件设计模块 Protel Advanced PLD 99 SE、电路仿真模块 Advanced SIM 99 和信号完整性分析模块 Advanced Integrity 99，可谓功能齐全。

本书随书配送了多功能学习光盘。光盘中包含全书讲解实例和练习实例的源文件素材，以及为方便老师备课而精心制作的多媒体电子教案，并制作了全程同步讲解实例动画。通过使用作者精心设计的多媒体界面，读者可以方便快捷、轻松愉悦地学习本书。

参加本书编写的作者都是电子电路设计与电工电子教学与研究方面的专家和技术权威，都有过多年教学经验，也是电子电路设计与开发的高手。他们将自己多年的心血，融于字里行间，有很多地方都是经过反复研究得出的经验总结。本书所有讲解实例都严格按照电子设计规范进行设计，这种对细节的把握与雕琢无不体现出作者的工程学术造诣与精益求精的严谨治学态度。

本书由沈阳化工学校的魏雅文老师和装备学院的李瑞老师主编，其中魏雅文编写了第 1～8 章，李瑞编写了第 9～12 章。王敏、张辉、赵志超、徐声杰、朱豆莲、赵黎黎、张琪、宫鹏涵、李兵、许洪等也为本书的出版提供了大量帮助，在此一并表示感谢。

本书是作者的一点心得，在编写过程中，已经尽量努力，但是疏漏之处在所难免，希望广大读者登录网站 www.sjzswsw.com 或联系 win760520@126.com 提出宝贵的批评意见，也欢迎加入三维书屋图书学习交流群 QQ：379090620 交流探讨。

作　者

2015 年 5 月

目　　录

XII

第1章　Protel 99 SE 图形界面

在 EDA（电路设计自动化）领域，Protel 公司（2002 年更名为 Altium 公司）的以"Protel"为标志的电子 CAD（计算机辅助设计）软件产品占统领地位。电子 CAD 软件 Protel 以其强大的功能、友好的界面、简单的操作和与时俱进的发展，深得用户的青睐。

从 Protel 99 SE 版本开始引入了数据库文件和设计的概念，所有与设计有关的文件都存储在一个独立的数据库文件中，为用户设计带来很大的方便。设计团队的管理功能让用户更容易分工合作。

本章将从 Protel 99 SE 的功能特点及发展历史讲起，介绍 Protel 99 SE 的安装与卸载、Protel 99 SE 的集成开发环境，使读者能对该软件有一个大致的了解。

 知识点

- Protel 99 SE 的功能特点
- Protel 99 SE 的安装和卸载
- Protel 99 SE 的参数设置
- Protel 99 SE 电路板设计的基本步骤

1.1　Protel 99 SE 简介

1.1.1　Protel 99 SE 的发展

Protel 99 SE 是 Protel 公司推出的一款新型 EDA 软件，是 Protel 家族中性能较为稳定的一个版本。它不仅是以前版本的升级，更是一个全面、集成、全 32 位的电路设计系统。Protel 99 SE 的功能十分强大，在电子电路设计领域占有极其重要的地位。

20 世纪 80 年代末，Windows 系统开始日益流行，许多应用软件也纷纷开始支持 Windows 操作系统。Protel 也不例外，相继推出了 Protel For Windows 1.0、Protel For Windows 1.5 等版本。这些版本的可视化功能给用户设计电子线路带来了很大的方便，设计者再也不用记一些烦琐的命令，也让用户体会到资源共享的乐趣。

20 世纪 90 年代中期，Windows 95 操作系统出现，Protel 也紧跟潮流，推出了基于 Windows 95 的 3.X 版本。3.X 版本的 Protel 加入了新颖的主从式结构，但在自动布线方面却没有什么出众的表现。另外由于 3.X 版本的 Protel 是 16 位和 32 位的混合型软件不太稳定，所以在 1998 年，Protel 公司推出了给人全新感觉的 Protel 98。Protel 98 以其出众的自动布线能力获得了业内人士的一致好评。1999 年，Protel 公司又推出了最新一代的电子线路设计系统——Protel 99，并在 Protel 99 中加入了许多全新的特色功能。

Protel 99 SE 是桌面环境下第一个以独特的设计管理和协作技术（PDM）为核心的全方位

印制电路板（PCB）设计系统。它是基于 Windows 的全 32 位 EDA 设计系统。Protel 99 SE 采用了三大技术：SmartDoc、SmartTeam 和 SmartTool。这些技术把产品并发的三个方面有机地结合到了一起——人、由人建立的文件和建立文件的工具，下面对这三大技术进行简单介绍。

SmartDoc 技术——所有文件都存储在一个综合设计数据库中。从原理图、PCB、输出文件到材料清单等，还有其他设计文件如：手册、费用表、机械图等都存储在一个综合设计数据库中，以便对它们进行有效管理。

SmartTeam 技术——把所有的设计工具（原理图设计、电路仿真、PLD 设计、PCB 设计、自动布线、信号完整性分析以及文件管理器）都集中到一个独立的、直观的设计管理器界面上。

SmartTool 技术——设计组的所有成员可同时访问同一个设计数据库的综合信息，更改通告以及文件锁定保护，以确保整个设计组的工作协调配合。

1.1.2 Protel 99SE 的特点

Prote1 99 SE 继承了先前 Protel 软件的特点，包括：

- 灵活、方便的编辑功能。
- 功能强大的自动化设计。
- 完善的库文件管理功能。
- 良好的兼容性和可扩展性。

除此之外，它还有如下的新特性：

- 综合设计数据库，使用设计数据库，可以为用户提供一个良好的设计平台。
- 可在设计管理器中工作。
- 具备了网络设计组，使用网络设计组可以实现基于异地设计的全新设计方法。
- 具备了自然语言帮助系统。
- 具备了原理图元件库和 PCB 封装库。
- 可完成原理图的快速连线。
- 优越的混合信号电路仿真。
- 更容易进行 PLD 设计，可以进行适合用户需要的逻辑器件设计。
- 简便的同步设计。
- 精确的信号完整性分析。
- 增强的手动推挤布线方式。
- 新的布线倒角风格。
- 增强的元件布局工具，可以实现对原理图自动布局。
- 增加 PCB 游标。
- 增强的 PCB 设计规则—复合的规则。
- 可快速生成元件类。
- 可创建计算机辅助制造文件 CAM 输出文件，包括 NC 钻孔报表文件、BOM 文件。
- 强大的电路图层面管理功能，可以让用户创建各种面板。

1.2　Protel 99 SE 的组成

Protel 99 SE 主要由两大部分组成，每一部分各有三个模块。

（1）第一部分是电路设计部分，主要有以下三个模块：

- 用于原理图设计的 Advanced Schematic 99。这个模块主要包括设计原理图的原理图编辑器，用于修改、生成零件的零件库编辑器以及各种报表的生成器。
- 用于 PCB 设计的 Advanced PCB 99。这个模块主要包括用于设计电路板的 PCB 编辑器，用于修改、生成零件封装的零件封装编辑器以及 PCB 组件管理器。
- 用于 PCB 自动布线的 Advanced Route 99。

（2）第二部分是电路仿真与 PLD 设计部分，主要有以下三个模块：

- 用于可编程逻辑器件设计的 Advanced PLD 99。这个模块主要包括具有语法功能的文本编辑器，用于编译和仿真设计结果的 PLD 以及用来观察仿真波形的 Wave 仿真编辑器。
- 用于电路仿真的 Advanced SIM 99。这个模块主要包括一个功能强大的数-模混合信号电路仿真器，能提供连续的模拟信号和离散的数字信号仿真。
- 用于高级信号完整性分析的 Advanced Integrity 99。这个模块主要包括一个高级信号完整性仿真器，能分析 PCB 设计和检查设计参数，测试过冲、下冲、阻抗和信号斜率。

1.3　初识 Protel 99 SE

启动 Protel 99 SE 的方法很简单，在 Windows "开始" 菜单栏中找到 Protel 99 SE 图标单击，或者在桌面上双击 Protel 99 SE 快捷方式，即可启动 Protel 99 SE 软件。

启动 Protel 99 SE 时，将有一个 Protel 99 SE 的启动界面出现，如图 1-1 所示，该启动界面区别于其他的 Protel 版本，Protel 99 SE 的初始界面如图 1-2 所示。

图 1-1　启动界面

Protel 99 SE 主要有以下 4 种类型的文件：

- Sch（原理图文件）。
- PCB（电路板图文件）。
- Sim（仿真原理图文件）。
- PLD（PLD 设计文件）。

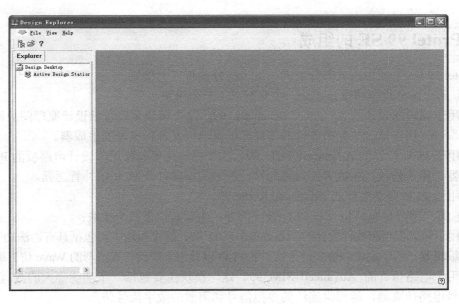

图 1-2　Prote1 99 SE 初始界面

1.3.1　初始界面

Prote1 99 SE 的初始窗口类似于 Windows 的资源管理器窗口。设有主菜单及工具栏，左边为"Explore"（搜索）面板，中间对应的是主工作面板，同时可分别在两侧加载其余面板，以方便操作。最下面的是状态条。

1．菜单栏

Prote1 99 SE 的菜单栏的功能可进行各种命令操作、设置各种参数以及各种开关的切换等。它主要包括"Files"（文件）、"View"（视图）、"Help"（帮助）3 个下拉菜单项，如图 1-3 所示。

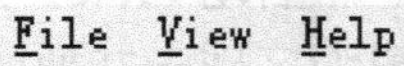

File　View　Help

图 1-3　菜单栏

（1）"Files"（文件）下拉菜单

"Files（文件）"下拉菜单主要用于文件的建立、打开以及关闭，其菜单如图 1-4 所示。

- "New"（新建）：用于新建文件，可以新建原理图文件（Schematic）、PCB 文件（PCB）、VHDL 文件（VHDL Document）等。
- "Open"（打开）：打开已存在的文件。只要是 Prote1 99 SE 能识别的文件都可以打开。
- "Exit"（退出）：退出 Prote1 99 SE。

（2）"View"（视图）下拉菜单

"View"（视图）下拉菜单主要用于切换设计管理器、状态栏、命令行的打开与关闭，每项均为开关量，鼠标单击一次，其状态改变一次。其下拉菜单如图 1-5 所示。

- "Design Manager"（设计管理器）：用于控制左侧"Explore"（搜索）面板的显示与隐藏。显示电路面板中的命令及定义。
- "Status Bar"（状态栏）：用于控制状态栏和标签栏的显示与隐藏。
- "Command Status"（命令状态）：用于控制命令行的显示与隐藏，若选中该命令项，

在主页下方将出现 ⌐ Idle state - ready for command 命令行。

（3）"Help"（帮助）下拉菜单

"Help"（帮助）下拉菜单主要用于打开帮助文件，其下拉菜单如图1-6所示。

在Protel 99 SE的集成开发环境窗口中可以同时打开多个设计文件。各个窗口会叠加在一起，根据设计的需要，单击设计文件顶部的文件提示项，即可在设计文件之间来回切换。

图1-4 "Files"（文件） 　　图1-5 "View"（视图） 　　图1-6 "Help"（帮助）
　　　下拉菜单 　　　　　　　　下拉菜单 　　　　　　　　下拉菜单

2．工具栏

与菜单栏中的主要命令相对应，用于控制工具栏的显示与隐藏，默认显示如图1-7所示的工具栏。

图1-7　工具栏

- 按钮：单击该按钮，可控制左侧"Explore"（搜索）面板的显示与隐藏。
- 按钮：单击该按钮，弹出对话框，选择要打开的文件。
- ? 按钮：单击该按钮，弹出如图1-8所示的"Protel Help"窗口，在该窗口，可显示帮助文档，进行索引帮助。

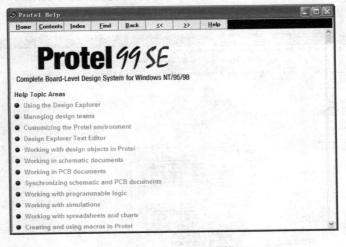

图1-8 "Protel Help"窗口

1.3.2　原理图设计系统

原理图设计系统用于原理图设计的Advanced Schematic系统。这部分包括用于设计原理图的原理图编辑器Sch以及用于修改、生成零件的零件库编辑器Sch.Lib，如图1-9所示为Protel 99 SE的原理图开发环境。

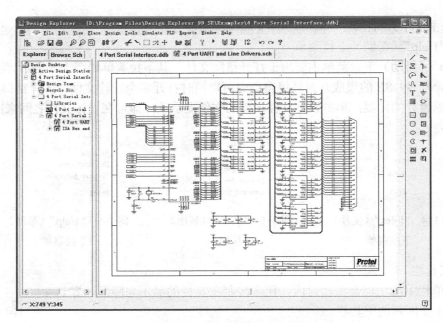

图 1-9　Protel 99 SE 的原理图开发环境

1.3.3　印制板电路界面

　　印刷电路板设计系统是用于电路板设计的 Advanced PCB。这部分包括用于设计电路板的 PCB 编辑器以及用于修改、生成零件封装的零件封装编辑器 PCB.Lib，如图 1-10 所示为 Protel 99 SE 的印制板电路开发环境。

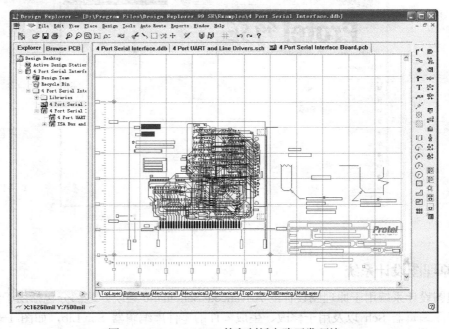

图 1-10　Protel 99 SE 的印制板电路开发环境

1.3.4 仿真编辑界面

信号模拟仿真系统是用于原理图上进行信号模拟仿真的 SPICE 3f5 系统。如图 1-11 所示为 Protel 99 SE 仿真编辑环境。

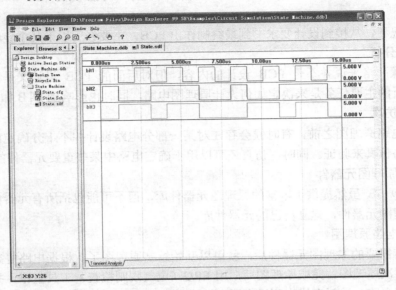

图 1-11 Protel 99 SE 仿真编辑环境

1.3.5 PLD 编辑界面

可编程逻辑设计系统是集成于原理图设计系统的 PLD 设计系统。Protel 99 SE 内置编辑器包括用于显示、编辑文本的文本编辑器 Text 和用于显示、编辑电子表格的电子表格编辑器 Spread。如图 1-12 所示为 Protel 99 SE PLD 编辑环境。

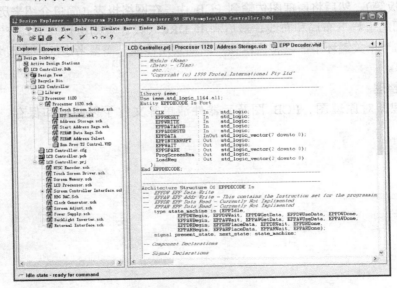

图 1-12 Protel 99 SE PLD 编辑环境

1.4　Protel PCB 设计的基本步骤

为了让用户对电路设计过程有一个整体的认识和理解，下面我们介绍一下 PCB 设计的基本步骤。

通常情况下，从接到设计要求书到最终制作出 PCB，主要经历以下几个步骤来实现：

1. 案例分析

这个步骤严格来说并不是 PCB 设计的内容，但对后面的 PCB 设计又是必不可少的环节。案例分析的主要任务是来决定如何设计原理图电路，同时也影响到 PCB 如何规划。

2. 电路仿真

在设计电路原理图之前，有时候会存在对某一部分电路设计并不十分确定的问题，因此需要通过电路仿真来验证。同时，仿真还可以用于确定电路中某些重要元器件的参数。

3. 绘制原理图元器件

Protel 99 SE 虽然提供了丰富的原理图元器件库，但不可能包括所有元器件，必要时需动手设计原理图元器件，建立自己的元器件库。

4. 绘制电路原理图

找到所有需要的原理图元器件后，就可以开始绘制原理图了。根据电路复杂程度决定是否需要使用层次原理图。完成原理图后，用 ERC（电气规则检查）工具查错，找到出错原因并修改原理图电路，重新查错直到没有原则性错误为止。

5. 绘制元器件封装

与原理图元器件库一样，Protel 99 SE 也不可能提供所有元器件的封装。需要时自行设计并建立新的元器件封装库。

6. 设计 PCB

确认原理图没有错误之后，则开始 PCB 的绘制。首先绘出 PCB 的轮廓，确定工艺要求（如使用几层板等）。然后将原理图传输到 PCB 中，在网络报表（简单介绍来历功能）、设计规则和原理图的引导下布局和布线。最后利用 DRC（设计规则检查）工具查错。此过程是电路设计时的一个关键环节，它将决定该产品的实用性能，需要考虑的因素很多，不同的电路有不同要求。

7. 文档整理

文档整理即对原理图、PCB 图及元器件清单等文件予以归纳和保存，以便以后维护、修改。

第2章　原理图编辑环境

本章详细介绍关于电路图设计的基本组成之一：原理图编辑环境。简单介绍原理图的一些基础知识，具体包括原理图的组成、原理图编辑器的界面、原理图环境设置等。

 知识点

- 原理图绘制的一般流程
- 原理图环境设置
- 原理图连接工具
- 绘制图形工具

2.1　电路设计的概念

电路设计概念就是指实现一个电子产品从设计构思、电路设计到物理结构设计的全过程。在 Protel 99 SE 中，设计 PCB 最基本的过程有以下几个步骤。

（1）电路原理图的设计

电路原理图的设计主要是利用 Protel 99 SE 中的原理图设计系统 Advanced Schematic 99 来绘制一张电路原理图。在这一步中，可以充分利用其所提供的各种原理图绘图工具、丰富的在线库、强大的全局编辑能力以及便利的电气规则检查来达到设计目的。

（2）电路信号的仿真

电路信号仿真是原理图设计的扩展功能，为用户提供一个完整的从设计到验证的仿真设计环境。它与 Protel 99 SE 原理图设计服务器协同工作，以提供一个完整的前端设计方案。

（3）产生网络表及其他报表

网络表是 PCB 自动布线的灵魂，也是原理图设计与 PCB 设计的主要接口。网络表可以从电路原理图中获得，也可以从 PCB 中提取。其他报表则存放了原理图的各种信息。

（4）PCB 的设计

PCB 设计是电路设计的最终目标。利用 Protel 99 SE 的强大功能实现 PCB 的板面设计，以完成高难度的布线以及输出报表等工作。

（5）信号的完整性分析

Protel 99 SE 包含一个高级信号完整性仿真器，能分析 PCB 和检查设计参数，测试过冲、下冲、阻抗和信号斜率，以便及时修改设计参数。

概括地说，整个 PCB 的设计过程先是编辑电路原理图，接着用电路信号仿真进行验证调整，然后进行布板，再通过人工布线或根据网络表进行自动布线。前面谈到的这些内容都是设计中最基本的步骤。除了这些，用户还可以用 Protel 99 SE 的其他功能，如创建、编辑元件库和零件封装库等。

2.2 原理图编辑环境

在打开一个原理图设计文件或创建一个新原理图文件时，Protel 99 SE 的原理图编辑器将被启动，即打开了原理图的编辑环境。

2.2.1 项目管理器

新建或打开一个原理图文件后，原理图右侧工作区界面弹出一个活动的项目管理器窗口，如图 2-1 所示。

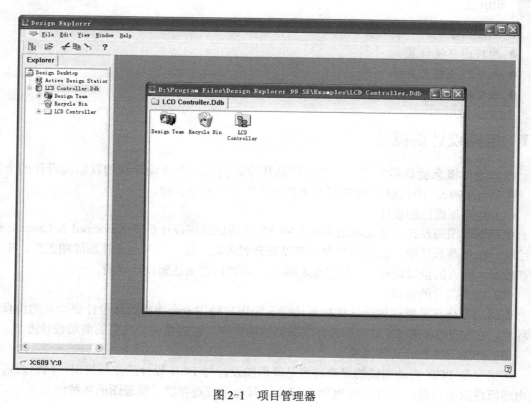

图 2-1 项目管理器

1. 项目管理器权限设置

项目管理器用于管理设计中用到的所有资源，显示标签名为"Explorer"（搜索）的面板中的对象，在该面板下按照文件夹的方式组织起来，显示设计中用到的所有文件。一个文件工程只有一个设计文件".ddb"，其中包含原理图文件夹、多个原理图、文件缓存、设计中用到的元件库、输出文件等。同时以树形结构显示包含设计中的实体及元件的层次关系。

在左侧项目管理器栏中显示的树形结构如图 2-2 所示。

（1）打开"Design Team"文件夹 Design Team，系统将显示出已有的设计成员列表，如图 2-3 所示。

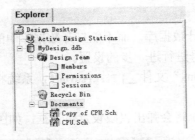

图 2-2　展开数据库　　　　　　　图 2-3　显示已有的设计成员列表

1）用户属性设计

由于设计需要，应该对设计数据库设置不同的操作权限，其中一些可以拥有读取、写入、删除及创建等全权操作权，而有些只需要拥有读取权即可。

打开"Design Team"文件夹下"Members"文件□ Members，系统将显示出已有的设计成员列表，如图 2-4 所示。

执行菜单命令"File"→"New Member…"，系统弹出成员属性对话框，如图 2-5 所示。

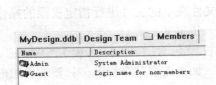

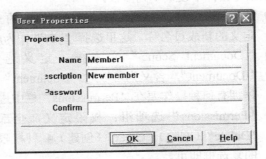

图 2-4　已有的设计成员列表　　　　图 2-5　成员属性对话框

在该对话框中设置如下参数。

- "Name"文本框：成员账号名，此处默认添加一个名为"Member1"的成员。
- "Description"文本框：成员描述，描述的内容可以比较灵活，根据需要而定，主要用于备忘。本例中的新成员为工程师，定义为"New member"。
- "Password"文本框：设定密码。
- "Confirm"文本框：确定密码，主要用于防止密码输入错误，"Password"与"Confirm"中填入的密码必须相同，否则密码设定无效。

设定完成信息和密码后单击"OK"按钮确认，完成一个成员的加入，如图 2-6 所示。

如果需要对成员账号的密码或其他信息进行修改，可在列表中双击需要修改的账号名，弹出与图 2-5 所示的对话框，在该对话框中即可重新进行设置了。

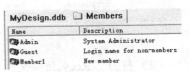

图 2-6　添加成员账号后的列表

如果需要删除某成员账号，可以用鼠标右键单击要删除的账号，在弹出的菜单中执行"Delete"命令，即可删除账号。

2）规则属性设置

新添加的成员账号其默权限是只能进入设计数据库，而不能打开数据库中的任何文件夹和文件，为了获得应有的操作权限，需要对账号进行进一步的设置。

打开"Design Team"文件夹下"Permissions"文件 ☐ Permissions，系统将显示出已有的设计成员列表，如图2-7所示。

执行菜单命令"File"→"New Rule"，系统将会弹出权限设定对话框，如图2-8所示。

图 2-7　已有的设计成员列表

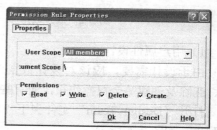

图 2-8　权限设定对话框

在该对话框中设置下列参数。

- "User Scope"下拉列表框：单击其右侧的 ▾ 按钮，在弹出的下拉列表中选择需要进行定义的新成员名称，这里选择"yfx"作为成员名。
- "Document Scope"文本框：定义选定成员的访问范围，在这里设定为"\Document"，含义为可以对"Document"文件夹下的文件进行指定权限的操作，具体拥有何种操作要在"Permissions"栏中进一步定义。
- "Permissions"选项组：权限定义，全部权限包含"Read"（读）"Write"（写）"Delete"（删除）"Creat"（创建）4 种权限，如果需要某个权限，只要选中相应权限的复选框即可。

完成设置后，设计成员便拥有了对"Document"文件夹下所有文件进行"读""写""删除"和"创建"的权限。

如果需要更改某位成员的权限，可用鼠标左键双击该成员的账号名，弹出与图 2-8 所示相同的对话框，然后按照新的权限规则进行设置即可。

3）打开"Design Team"文件夹下"Sessions"文件 ☐ Sessions，系统将显示出已有的设计成员列表，如图 2-9 所示。

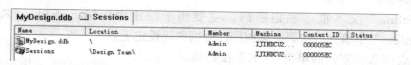

图 2-9　已有的设计成员列表

（2）打开"Recycle"文件夹 🌀 Recycle Bin，系统将显示出已有的设计成员列表，如图 2-10 所示。

（3）打开"Document"文件夹 ☐ Documents，系统将显示出已有的设计成员列表，如图 2-11 所示。

图 2-10　显示已有的设计成员列表　　　　　图 2-11　显示已有的设计成员列表

2. 项目管理器显示

在项目管理器上有三个显示状态：最大化、最小化及恢复，单击■、■按钮或双击窗口进行切换显示，如图 2-12 所示。

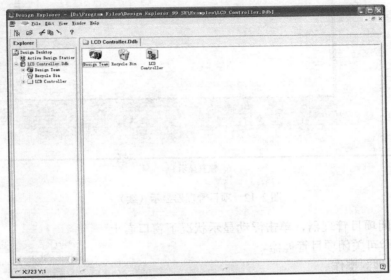

最大化显示

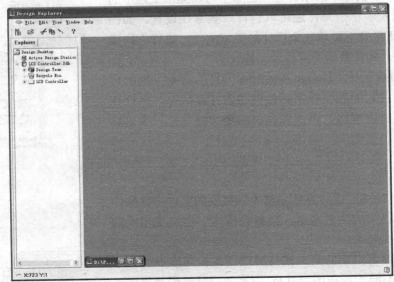

最小化显示

图 2-12　项目管理器显示

13

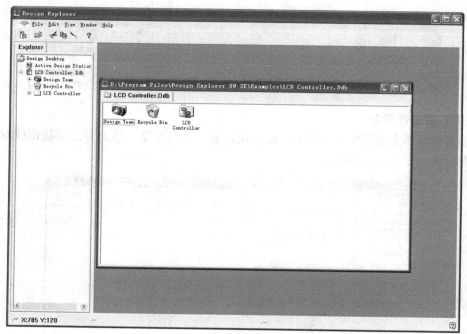

恢复显示

图 2-12　项目管理器显示（续）

　　如需要关闭项目管理器，单击浮动显示状况下窗口右上
角的 ✕ 按钮，即可关闭项目管理器。

3．项目管理器操作

　　Prote1 99 SE 软件中的项目管理器除了可以显示工程中的
文件层次结构及名称信息，还可以进行一些常规设置，如图
2-13 所示，此目录下显示其余设计的工程文件，进行不同类
型的文件设计，此项显示不同目录名称。

　　执行"View"→"Design Manager"菜单命令，控制项
目管理器的开关。即若当前项目管理器为打开状态，执行该
命令则关闭项目管理器，再次选择该命令，再次打开项目管
理器。

2.2.2　菜单栏

　　在 Prote1 99 SE 设计系统中对不同类型的文件进行操作
时，执行菜单栏中的菜单命令，菜单栏的内容会发生相应的
改变。

　　项目管理器窗口下的菜单栏与原理图编辑环境下的菜单

图 2-13　项目管理器

栏、工具栏属不同的，在图 2-14a 中显示项目管理器界面下
的菜单栏，在图 2-14b 中显示原理图编辑界面下的菜单栏。这些菜单几乎包含了 Prote1 99
SE 的所有编辑命令，下面对菜单栏进行简单介绍。

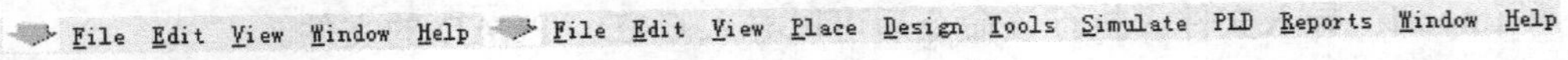

File Edit View Window Help   File Edit View Place Design Tools Simulate PLD Reports Window Help

a)   b)

图 2-14 菜单栏

a) 项目管理器界面 b) 原理图编辑界面

在不同界面下菜单栏中命令大同小异，因此下面分别介绍两不
同菜单命令。

1. 用户系统按钮

在菜单栏最左侧显示的是用户系统按钮 ，弹出的下拉菜单
如图 2-15 所示。

在此菜单栏中显示的命令主要设置窗口的显示状况，设置 Protel   图 2-15 用户配置菜单
99 SE 客户端的工作环境和各服务器的属性。

2. "Files"（文件）菜单

"Files"（文件）菜单主要聚集了一些跟文件输入、输出方面有关的功能菜单，这些功能
包括对文件的保存、打开、打印输出等。在选择菜单栏中的"Files"则将其子菜单打开，如
图 2-16 所示。

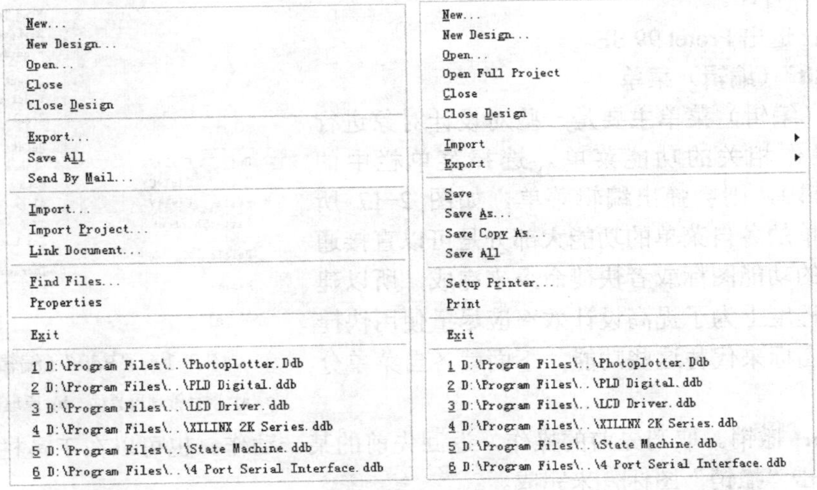

```
New...                          New...
New Design...                   New Design...
Open...                         Open...
Close                           Open Full Project
Close Design                    Close
                                Close Design
Export...
Save All                        Import                    ▶
Send By Mail...                 Export                    ▶

Import...                       Save
Import Project...               Save As...
Link Document...                Save Copy As...
                                Save All
Find Files...
Properties                      Setup Printer...
                                Print
Exit
                                Exit
1 D:\Program Files\..\Photoplotter.Ddb
2 D:\Program Files\..\PLD Digital.ddb    1 D:\Program Files\..\Photoplotter.Ddb
3 D:\Program Files\..\LCD Driver.ddb     2 D:\Program Files\..\PLD Digital.ddb
4 D:\Program Files\..\XILINX 2K Series.ddb  3 D:\Program Files\..\LCD Driver.ddb
5 D:\Program Files\..\State Machine.ddb  4 D:\Program Files\..\XILINX 2K Series.ddb
6 D:\Program Files\..\4 Port Serial Interface.ddb  5 D:\Program Files\..\State Machine.ddb
                                6 D:\Program Files\..\4 Port Serial Interface.ddb
        a)                              b)
```

图 2-16 "Files"（文件）菜单

a) 项目管理器界面 b) 原理图编辑界面

其中"File"（文件）菜单各项功能介绍如下：

● New：新建文件。选择此命令，根据不同设计要求选择不同菜单命令，创建不同类
  型的文件。
● New Design：新建设计文件。
● Open：打开文件。选择不同类型的文件，打开对应类型的设计文件。
● Open Full Project：打开整个项目文件。
● Close：关闭文件。关闭当前显示的文件。
● Close Design：关闭设计文件。关闭当前显示的设计文件。

- Import：导入文件。执行该命令后可以导入 CAD、PCAD 的文件。
- Import Project：导入工程文件。执行该命令后可以导入 Altium、Cadence 中的 ".PRJ"、".pcb"、".DSN" 的文件。
- Export：导出文件。同"导入选择"一样，可以选择输出 CAD、PCAD 不同格式的文件。
- Save：保存文件。保存改变过的数据或当前的设计。
- Save All：全部保存。
- Save As：另存为。当希望将当前的更改或者设计保存为另一个文件名或者改变存盘路径时，那么可以在弹出的对话框中输入想保存的新文件名或者重新选择新的存盘路径。
- Save Copy As：将副件另存为。与"Save As"类似，应用于保存当前工程文件。
- Send By Mail：发送文件。将编辑的设计文件以邮件的形式发送。
- Link Document：连接文档。
- Find Files：查找文件。
- Properties：属性。
- Setup Printer：打印设置。
- Print：打印。
- Exit：退出 Protel 99 SE。

3. "Edit"（编辑）菜单

"Edit"（编辑）菜单主要是一些对设计对象进行编辑或者操作相关的功能菜单。选择菜单栏中的"Edit"（编辑），则会弹出编辑菜单，如图 2-17 所示。编辑菜单的各自菜单的功能大部分是可以直接通过工具栏中的功能图标或者快捷命令来完成，所以建议在熟练的程度上为了提高设计效率应尽量使用快捷键和工具栏图标来代替这些功能。下面就各自菜单分别介绍如下：

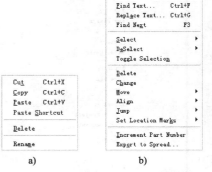

图 2-17 "Edit"（编辑）菜单

a) 项目管理器界面 b) 原理图编辑界面

- Undo：撤销。取消先前的操作，返回先前的某一动作。也可以在工具栏中直接用鼠标单击"撤销"图标 来完成。
- Redo：重做。同"撤销"相反，是用来恢复取消的操作。也可以在工具栏中直接用鼠标单击"重做"图标 来完成。
- Cut：剪切。从当前的设计中选择某一目标后，移植到另一个目的地或者别的 Windows 应用程序。
- Copy：复制。复制设计中某一选定的对象。
- Paste：粘贴。将"剪切"或"复制"的对象放到目的地，这个对象允许从别的 Windows 应用程序中获得。
- Paste Array：阵列粘贴。将复制的对象阵列粘贴。
- Paste Shortcut：快捷粘贴。
- Delete：删除。删除设计中某一选定的对象。
- Rename：重命名，将项目管理器下的文件进行重新命名。

- Clear：清除。
- Find Text：查找文本。
- Replace Text：替换文本。
- Find Next：查找下一个。
- Select：选择。
- DeSelect：取消选择。
- Toggle Selection：固定选择对象。
- Change：更改。
- Move：移动。
- Align：对齐。
- Jump：跳转。
- Set Location Marks：设置路径标记。
- Increase Part Number：递增元件序号。
- Export to Spread：输出展开文件。

4．"View"（视图）菜单

"View"（视图）菜单主要包含对当前设计工作区的相关操作，在选择菜单栏中的"View"（视图）则将其子菜单打开，如图 2-18 所示，下面对该菜单各项功能分别介绍如下：

- Fit Document：适合文件。
- Fit All Object：适合所有对象。
- Area：区域。
- Around Point：点周围。
- 50%、100%、200%、400%：选择缩放比例。
- Zoom In：放大。
- Zoom Out：缩小。
- Pan：摇镜头。
- Refresh：刷新。
- Design Manager：设计管理器，用于控制左侧"Explore（搜索）"面板的显示与隐藏。
- Status Bar：状态栏，用于控制状态栏和标签栏的显示与隐藏。
- Command Status：命令状态，用于控制命令行的显示与隐藏。
- Toolbars：工具栏。选择该命令，弹出如图 2-19 所示的子菜单，可以控制工具栏的显示与隐藏。
- Visible Grid：可视栅格。
- Snap Grid：捕获栅格。
- Electrical Grid：电气栅格。
- Large Icons：放大图标。
- Small Icons：缩小图标。
- List：列表。

图 2-18　"View"（视图）菜单

a) 项目管理器界面　b) 原理图编辑界面

图 2-19　Toolbars 子菜单

● Detail：细节。

5．"Place"（放置）菜单

"Place"（放置）菜单主要用于放置原理图中的各种组成部分。在选择菜单栏中的"Place"（放置）则将其子菜单打开，如图 2-20 所示，下面对该菜单各项功能分别介绍如下：

● Bus：总线。

● Bus Entry：总线分支。

● Part：元件。

● Junction：节点。

● Power Port：电源端口。

● Wire：导线。

● Net Label：网络标签。

● Port：端口。

● Sheet Symbol：图纸符号。

● Add Sheet Entry：添加图纸入口。

● Directives：指示符。

图 2-20 "Place"（放置）菜单

● Annotation：注解。

● Text Frame：文本框架。

● Drawing Tool：绘图工具。

● Process Container：过程容器。

6．"Design"（设计）菜单

"Design"（设计）菜单主要功能针对在项目管理模块下的文件管理操作。在选择菜单栏中的"Design"（设计）则将其子菜单打开，如图 2-21 所示，下面对该菜单各项功能分别介绍如下：

● Update PCB：更新文件。

● Browse Library：搜索库。

● Add/Remove Library：添加移除库。

● Make Project Library：生成集成库。

● Update Parts In Cache：更新元件缓存。

● Template：向导。

● Create Netlist：生成网络表。

● Create Sheet From Symbol：从图表符生成图纸文件。

图 2-21 "Design"（设计）菜单

● Create Symbol From Sheet：从图纸文件生成图表符。

● Options：选项。

7．"Tools"（工具）菜单

"Tools"（工具）菜单主要包括对项目进行管理操作，在选择菜单栏中的"Tools"（工具）则将其子菜单打开，如图 2-22 所示，下面对该菜单各项功能分别介绍如下：

● ERC：错误检查。

● Find Component：查找元件。

● Up/Down Hierarchy：层次上下。

- Complex To Simple：复杂变简单。
- Annotate：标注。
- Back Annotate：反向标注。
- Database Links：数据库连接。
- Process Containers：过程容器。
- Cross Probe：交叉检索。
- Select PCB Compenents：选择 PCB 元件。
- Preferences：优先选项。

图 2-22 "Tools"（工具）菜单

8．"Simulate"（仿真）菜单

"Simulate"（仿真）菜单主要用于放置原理图后期进行仿真分析所用到的命令操作。在选择菜单栏中的"Simulate"（仿真）则将其子菜单打开，如图 2-23 所示，下面对该菜单各项功能分别介绍如下：

- Run：运行。
- Source：资源。
- Create SPICE Netlist：生成 SPICE 网表。
- Setup：设置。
- SI Library Setup：仿真库设置。

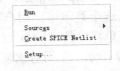

图 2-23 "Simulate"（仿真）菜单

9．"PLD"菜单

"PLD"菜单主要用于进行 PLD 编程设置，同时练习宏快捷键的使用，在选择菜单栏中的"PLD"则将其子菜单打开，如图 2-24 所示，下面对该菜单各项功能分别介绍如下：

- Compile：编译。
- Simulate：仿真。
- Configure：配置。
- Toggle Pin LOC：切换引脚。

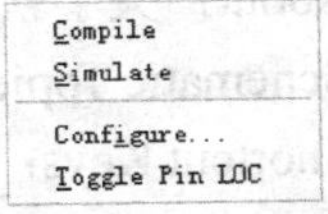

图 2-24 "PLD"菜单

10．"Report"（报告）菜单

"Report"（报告）菜单只在项目管理模块中显示，显示报告文件层次关系。选择菜单栏中的"Report"（报告）则将其子菜单打开，如图 2-25 所示，下面对该菜单各项功能分别介绍如下：

- Selected Pins：选中的引脚。
- Bill of Material：材料报表。
- Design Hierarchy：设计层次。
- Cross Reference：交叉引用报表。
- Add Port References（Flat）：添加引用端口（平坦电路）。
- Add Port References（Hierarchial）：添加引用端口（层次电路）
- Remove Port References：移除引用端口。
- Netlist Compare：网络表比较。

11．"Windows"（窗口）菜单

"Windows"（窗口）菜单可对窗口进行各种操作。选择菜单栏中的"Windows"（窗口）则将其子菜单打开，如图 2-26 所示，下面对该菜单各项功能分别介绍如下：

- Title：平铺。

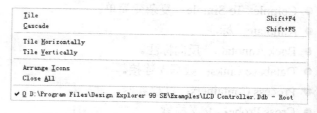

图 2-25 "Report"（报告）菜单   图 2-26 "Windows"（窗口）菜单

- Cascade：级联。
- Title Horizontally：水平平铺。
- Title Vertically：垂直平铺。
- Arrange Icons：排列图标。
- Close All：关闭所有窗口。

12．"Help"（帮助）菜单

从这个菜单中，用户可以了解到疑难问题的答案。
选择菜单栏中的"Help"（帮助）则将其子菜单打开，如
图 2-27 所示，下面对该菜单各项功能分别介绍如下：

- Contents：内容。
- Help On：帮助。
- Process References：过程参与。
- System Menus：系统菜单。
- About：关于软件版本说明及一些合法使用的描述。
- Schematic Topics：原理图主题。
- Shortcut Keys：快捷键。
- Macros：宏。
- Popups：弹出窗口。

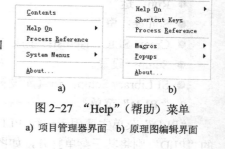

a)   b)

图 2-27 "Help"（帮助）菜单

a) 项目管理器界面 b) 原理图编辑界面

2.2.3 工具栏

在原理图设计界面中，Protel 99 SE 提供了丰富的工具
栏，在工具栏中收集了一些比较常用功能的图标以方便用户操
作使用。

1．执行菜单栏中的"View"（视图）→ "Toolbar"（工具
栏）命令，弹出如图 2-28 所示的子菜单，显示 7 种工具栏。
在工具栏子菜单命令前执行该命令，表示在用户界面打开此工
具栏。

```
Main Tools
Wiring Tools
Drawing Tools
Power Objects
Digital Objects
Simulation Sources
PLD Toolbar

Customize...
```

图 2-28 工具栏子菜单命令

2．执行"Main Tools"命令，最常用的命令都可在主工具栏里找到，见表 2-1。

表 2-1 主工具栏各部分的功能

图 标	功 能	图 标	功 能
🔲	打开或关闭设计管理器	🔲	解除所有被选取元件的状态

图 标	功 能	图 标	功 能
	打开文档		移动选取的元件
	保存文档		开关画图工具栏
	打印文档		画线工具条
	放大绘图区		仿真器设置
	缩小绘图区		启动仿真
	显示整张电路图		增加/删除元件库
	不同层次电路间切换		放置元器件
	原理图、印制板图及网络表之间交叉检查		改变所使用的复合包装器件序号
	剪切对象		撤销
	粘贴对象		恢复
	选取对象		帮助

3．执行"Customize"（自定义）命令，系统将弹出如图 2-29 所示的"Customizing Resources"（自定义）对话框。在该对话框中可以对工具栏中的功能按钮进行设置，以便用户创建自己的个性工具栏。

4．在对话框中勾选"Toolbars"（工具栏）选项卡下对应复选框，可显示出常用工具栏，如图 2-30 所示，其中包括"WiringTools"（布线工具）、"DrawingTools"（绘图工具）等功能选项。

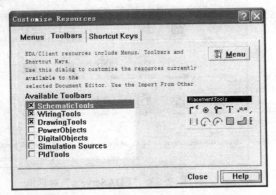

图 2-29　"Customize Resources"（自定义资源）对话框

图 2-30　常用工具栏

2.2.4　状态栏与命令行

命令行是输入命令名和显示命令提示的区域，默认命令行窗口布置在工作区左下角，由若干文本行构成。在当前命令行窗口中输入的内容后，可以显示当前 AutoCAD 进程中命令的输入和执行过程，列出有关信息，反馈各种信息，也包括出错信息，因此，用户要时刻关注在命令行窗口中出现的信息。

状态栏在操作界面的底部，左端显示绘图区中光标定位点的 x、y、z 坐标值，状态栏与命令行在设计工程中十分有用，通过它可以方便地操作文件和查看信息，还可以提高编辑的效率。状态栏与命令行在屏幕左下角显示，如图 2-31 所示。

执行"View"→"Status Bar"→"Command Status"菜单命令，可以控制状态栏与命令行的开关。

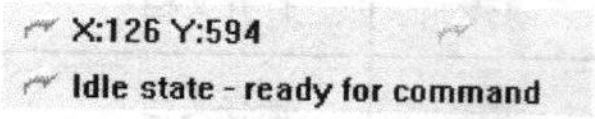

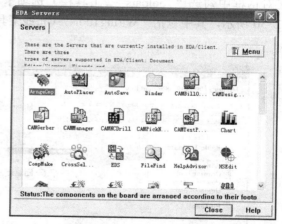

图 2-31　状态栏与命令行

2.3　系统参数的设置

系统参数设置可以使用户清楚地了解操作界面和对话框的内容，因为如果界面字体设置不合适，界面上的字符可能没法完全显示出来，这就要设置合适的界面参数。

2.3.1　界面参数

用户可以执行系统的"Preferences"命令进行设置，该命令从 Protel 99 SE 的主界面左上角的下拉命令菜单选择，即用鼠标点中  下拉按钮，系统将弹出如 2-32 所示的菜单，使用该菜单中的命令进行系统参数的设置。

1．服务器的设置

执行"Servers"命令，弹出如图 2-33 所示对话框，设置 Protel 99 SE 的服务器编辑器。管理 Protel 99 SE 的所有服务器，包括安装、打开、停止、移走、设置安全性、属性以及观察角度等。单击该项会出现先使用鼠标选定服务器，然后用鼠标单击图中"Menu"按钮即可弹出命令菜单，可以实现服务器的管理和编辑。

图 2-32　Design Explorer 菜单

图 2-33　"EDAServers"对话框

2．定制资源的设置

执行"Customize"命令，弹出如图 2-34 所示的"Customize Resources"对话框。可以对各种资源进行创建、修改、删除等。Protel 99 SE 是一个高可定制的集成环境。在 Protel 99 SE 客户/服务器框架体系中，对于所有服务器来说，所有菜单、工具栏、快捷键都是客户端的资源，且都是设定为可修改的。

3．系统属性的设置

执行"Preferences"命令，弹出如图 2-35 所示的"Preferences"对话框，用于设置系统的相关参数，如是否需要备份、显示工具栏等，以及设置自动存盘和系统字体。

（1）调整字号

在该对话框中，勾选"Use Client System Font For All Dialogs"复选框，单击 OK 按钮，退出此对话框，则系统界面字号变小，并且在屏幕上全部显示出来。

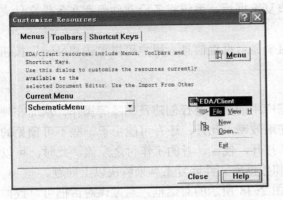

图 2-34 "Customize Resources"对话框

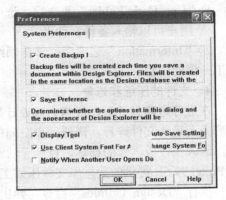

图 2-35 "Preferences"对话框

（2）设置字体

单击"Change system font"按钮，弹出"字体"对话框，在设计电路原理图文件时，常常须要插入一些字符，Protel 99 SE 可以为这些插入的字符设置字体。对字体、字形、字符大小以及字符颜色等一系列参数进行设置，如图 2-36 所示。

（3）设置自动创建备份文件

如果用户想在设计绘图时，需要系统自动创建备份文件，则可以选中"Create Back Files"复选框，则系统将会备份保存修改前的图形文件。

（4）自动保存文件

如果用户希望在设计工作过程中，系统定时自动保存文件，则可以选中"Auto-Save Settings"按钮，系统将会弹出如图 2-37 所示的对话框。

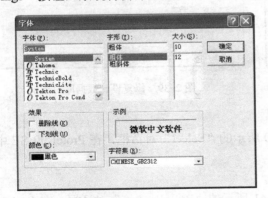

图 2-36 "字体"设置对话框

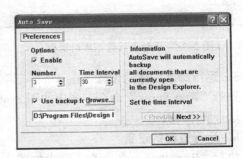

图 2-37 "Auto Save"设置对话框

通过该对话框，用户可以设置自动保存参数，对话框各操作项具体意义如下：

1）"Options"选项组：该选项组用来设置参数。

- "Enable"复选框：选中该复选框，则可以对 Options 操作框的其他选项进行设置。
- "Number"列表框：该列表框可以用来设置一个文件的备份数，一个文件最大的备份数量为 10。
- "Time Interval"列表框：该列表框用来设置备份文件的时间间隔，单位为分钟。
- "Use Hark Folder"复选框：选中该复选框后，系统将备份文件保存在备份文件夹，用户可以输入备份文件夹。

2）"Information"选项组：该选项组用来显示设置信息，用户可以单击"Next"按钮察看下一屏的信息。

4．文件的压缩和修复

在进行电路设计时，经常会对设计数据库中的文件进行创建及删除等操作，从而在硬盘中形成大量的文件碎片，降低硬盘空间的使用效率，此外，还有可能由于一些不可预见的因素，造成设计数据库的损坏，以至无法将其打开，使设计者的工作付之东流。此时，可以利用 Protel 99 SE 提供的数据库文件压缩工具和数据库文件修复工具来解决以上问题。

执行"Design Utilities"命令，弹出如图 2-38 所示的对话框，通过该对话框可对数据库文件的压缩和修复。在"Compact"选项卡可实现数据库文件的压缩；在"Repair"选项卡可实现文件的修复。

（1）在"Compact"选项卡下单击 Browse... 按钮，浏览并选定需要进行压缩的设计数据库，单击 Compact 按钮，对选定的数据库进行压缩操作。

（2）在"Repair"选项卡下单击 Browse... 按钮，浏览并选定需要进行修复的设计数据库文件，单击 Repair 按钮，即可完成对设计数据库的修复，如图 2-39 所示。

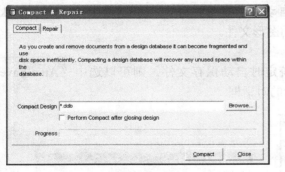

图 2-38　压缩设计数据库对话框

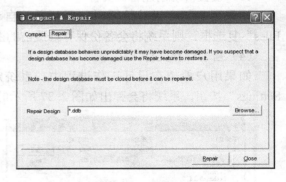

图 2-39　修复设计数据库对话框

5．运行脚本程序的设置

执行"Run Script"命令，弹出如图 2-40 所示的"Select"对话框，在 Protel 99 SE 中，可以运行脚本程序。

6．运行进程的设置

执行"Run Process"命令，弹出如图 2-41 所示的"Run Process"对话框。在 Protel 99 SE 中，允许用户手工运行多个进程。

7．授权设置

执行"Security"命令，弹出如图 2-42 所示的"Security Locks"对话框。Protel 99 SE 允

许用户对 Protel 99 SE 的主要服务器进行锁定和解锁。此项安全性设置服从于网络浮动授权规则。

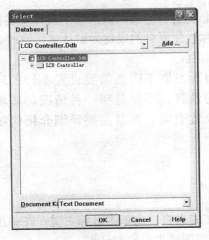

图 2-40 "Select"对话框

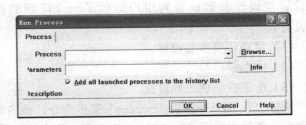

图 2-41 "Run Process"对话框

2.3.2 属性的设置

1. 菜单栏属性

利用鼠标左键在菜单栏空白处双击，弹出如图 2-43 所示的菜单栏属性设置窗口，在该对话框中可以对默认的菜单栏中的命令进行设置。

2. 工具栏属性

利用鼠标左键在工具栏空白处双击，弹出如图 2-44 所示的菜单栏属性设置窗口，在该对话框中可以对默认的工具栏中的命令进行设置。

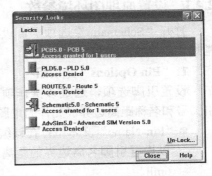

图 2-42 "Security Locks"对话框

图 2-43 菜单栏属性设置对话框

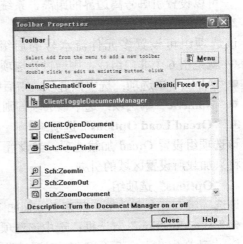

图 2-44 工具栏属性设置对话框

2.4 原理图工作环境设置

对于应用任何一个软件，设置环境参数都是很有必要的。一般来讲，一个软件安装在系统中，系统都会按照此软件编译时的设置为准，我们称软件原有的设置为默认值，有时习惯也称缺省值。

对于一个应用软件，在众多的使用者之间会因为习惯不同而需要设置不同的环境参数，同时也会因为设计的要求各异而改变原有的设置。不管是哪一种情况，环境参数设置与设计参数设置为用户提供了一个广阔的设置空间。本节主要详细介绍的参数设置有：

（1）常规环境参数设置。

（2）图形编辑参数设置。

（3）电路板物理边界设置。

执行"Tools"→"Preferences"菜单命令，或者在编辑窗口内单击鼠标右键，在弹出的右键快捷菜单中执行"Preferences"命令，将会打开原理图优先设定对话框。

2.4.1 设置原理图环境参数

打开"Schematic"选项卡，设置电路原理图的常规环境参数，如图 2-45 所示。

1．"Pin Options"选项组

设置引脚选项，通过该操作项可以设置元件的引脚号和名称距离边界（元件的主图形）的间距。

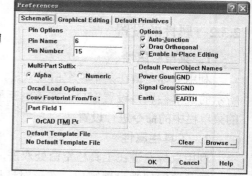

图 2-45 "Schematic"选项卡

- "Pin Name"文本框：在该编辑框输入的值可以设置引脚名离边界的距离，系统默认值为6mil。
- "Pin Number"文本框：在该编辑框输入的值可以设置引脚号离边界的距离，系统默认值为 15mil。

2．"Multi-Part Suffix"选项组

该选项组可设置多元件流水号的后缀，有些元件内部是由多个元件组成的，比如74LS04 就是由 6 个非门组成，则通过该选项组就可以设置元件的后缀。

- "Alpha"单选项：选中该选项，则后缀以字母表示，如 A，B 等。
- "Numeric"单选项：选中该选项，则后缀以数字表示，如 1，2 等。

3．"Orcad Load Options"选项组

该选项组设置 Orcad 加载选项，当设置了该项后，用户如果使用 Orcad 软件加载该文件时，将只加载所设置区域的引脚。

4．"Options"选项组

该选项组有三个复选框，其意义分别如下：

- "Auto-Junction"复选框：选中该选项，则用户在画导线时，就会在导线 T 字相接处自动产生节点，而"+"字相接处不会产生节点，如果没选中本选项，则无论在 T 字或"+"字相连接处都不会自动产生节点，用户必须手动添加节点。

- "Drag Orthogonal"复选框：选中该复选框后，在原理图上拖动元器件时，与元器件相连接以导线只能保持 90°的直角。若不选中该复选框，则与元器件相连接的导线可以呈现任意的角度。
- "Enable In-Place Editing"复选框：选中该复选框之后，在选中原理图中的文本对象时，如元器件的序号、标注等，两次单击后可以直接进行编辑、修改，而不必打开相应的对话框。

5．"Default PowerObject Names"选项组

该选项组用来设置默认电源的接地名称，可以分别设置电源地、信号地、地球地的默认名称。

- "Power Ground"文本框：用来设置电源地的网络标签名称，系统默认为"GND"。
- "Signal Ground"文本框：用来设置信号地的网络标签名称，系统默认为"SGND"。
- "Earth"文本框：用来设置大地的网络标签名称，系统默认为"EARTH"。

6．"Default Template File"选项组

该选项组可以用来设置默认的模板文件，当设置了该文件后，下次进行新的原理图设计时，就会调用该模板文件来设置新文件的环境变量。单击 Browse ... 按钮可以从一个对话框选择模板文件，单击"Clear"按钮则清除模板文件。

2.4.2 设置图形编辑的环境参数

打开"Graphical Editing"选项卡，设置图形编辑的环境参数，如图 2-46 所示，主要用来设置与绘图有关的一些参数。

1．"Options"选项组

- "Clipboard Reference"复选框：选中该复选框后，在复制或剪切选中的对象时，系统将提示确定一个参考点，建议用户选中。

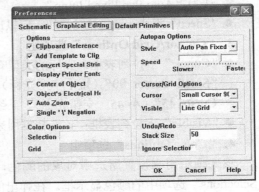

图 2-46 "Graphical Editing"选项卡

- "Add Template to Clipboard"复选框：选中该复选框后，用户在执行复制或剪切操作时，系统将会把当前文档所使用的模板一起添加到剪贴板中，所复制的原理图包含整个图纸。建议用户不必选中。
- "Convert Special Strings"复选框：选中该复选框后，用户可以在原理图上使用特殊字符串，显示时会转换成实际字符串，否则将保持原样。
- "Display Printer Fonts"复选框：选中该选项后，用户可以看到哪些文本可以与打印出的文本一致，因为并不是所有文本都会被输出设备所支持。
- "Center of Object"复选框：选中该复选框后，移动元件时，光标将自动跳到元件的参考点上（元件具有参考点时）或对象的中心处（对象不具有参考点时）。若不选中该复选框，则移动对象时光标将自动滑到元件的电气节点上。
- "Object's Electrical Hot Spot"复选框：选中该复选框后，当用户移动或拖动某一对象时，光标自动滑动到离对象最近的电气节点（如元件的引脚末端）处。建议用户选中。

如果想实现选中"Center of Object"复选框后的功能，应取消选择"Object's Electrical Hot Spot"复选框，否则，移动元件时，光标仍然会自动滑到元件的电气节点处。

- "Auto Zoom"复选框：选中该复选框后，则在插入元器件时，电路原理图可以自动地实现缩放，调整出最佳的视图比例。建议用户选中。
- "Single '\' Negation"复选框：一般在电路设计中，我们习惯在引脚的说明文字顶部加一条横线表示该引脚低电平有效，在网络标签上也采用此种标识方法。Protel 99 SE 允许用户使用"\"为文字顶部加一条横线，例如，RESET 低有效，可以采用"\R\E\S\E\T"的方式为该字符串顶部加一条横线。选中该复选框后，只要在网络标签名称的第一个字符前加一个"\"时，该网络标签名将全部被加上横线。

2．"Auto Pan O Ptions"选项组

该操作框各操作项用来自动移动参数，即绘制原理图时，常常要平移图形，通过该操作框可设置移动形式和速度。

- "Style"下拉列表框：用来设置系统自动摇景的模式，有 3 种选择："Auto Pan Off"（关闭自动摇景）、"Auto Pan Fixed Jump"（按照固定步长自动移动原理图）、"Auto Pan Recenter"（移动原理图时，以光标位置作为显示中心）可以供用户选择。系统默认为"Auto Pan Fixed Jump"。
- "Speed"滑块：通过拖动滑块，可以设定原理图移动的速度。滑块越向右，速度越快。

3．"Cursor/Grid Options"选项组

- "Cursor"下拉列表框：光标的类型有 4 种选择："Large Cursor 90"（长十字形光标）、"Small Cursor 90"（短十字形光标）、"Small Cursor 45"（短 45°交错光标）、"Tiny Cursor 45"（小 45°交错光标）。系统默认为"Small Cursor 90"。
- "Visible"下拉列表框：该选择框用来设置栅格类型，包括点栅格和线栅格两种。

4．"Color Options"选项组

该选项组用来设置所选中对象的颜色，默认为黄色。单击"Selections"选项中的颜色显示框。在弹出的颜色选择对话框中选择边框的颜色，如图 2-47 所示。"Grid"设置项用来设置栅格线的颜色，默认颜色为 213 号颜色。

5．"Undo/Redo"选项组

- "Stack Size"文本框：用来设置可以取消或重复操作的最深堆栈数，即次数的多少。理论上，取消或重复操作的次数可以无限多，但次数越多，所占用的系统内存就越大，会影响编辑操作的速度。系统默认值为 50，一般设定为 30 即可。

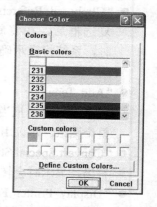

图 2-47　颜色设置对话框

- "Ignore Selections"复选框：如果选择了"Ignore Selections"复选框，则会忽略选择对象的操作。

2.4.3　设置 PCB 物理边框

打开"Default Primitives"选项卡，设定原理图编辑时常用图元的原始默认值，如

图 2-48 所示。这样，在执行各种操作时，如图形绘制、元器件插入等，就会以所设置的原始默认值为基准进行操作，从而简化了编辑过程。

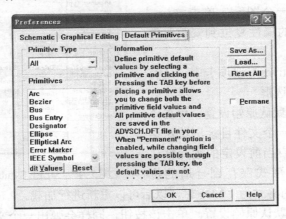

图 2-48 "Default Primitives" 选项卡

1．"Primitive Type" 下拉列表框
用来选择进行原始默认值设置的图元类别。

- "All"选项：表示所有类别。选择该项后，在下面的"Primitive"列表框中将列出所有的图元。
- "Wiring Objects"选项：表示使用原理图编辑器中的配线工具栏所绘制的各种图元，包括：总线、导线、节点、网络标签、图纸符号等。选择该项后，在下面的"Primitive"列表框中将列出这些图元名称。
- "Drawing Objects"选项：表示使用原理图编辑器中的实用工具所绘制的各种非电气对象，包括:圆弧、贝塞尔曲线、椭圆、矩形、文本框等。选择该项后，在下面的"Primitive"列表框中将列出这些图元名称。
- "Sheet Symbol Objects"选项：表示在层次电路图中与子图有关的图元，包括：图纸符号、图纸符号标识、图纸符号文件名等。选择该项后，在下面的"Primitive"列表框中将列出这些图元名称。
- "Library Objects"选项：表示与库元件有关的图元，包括 IEEE 符号、元件引脚等。选择该项后，在下面的"Primitive"列表框中将列出这些图元名称。
- "Other"选项：表示上述类别中所未能包含的可放置图元。

2．"Primitive" 列表框
在上面的"Primitive List"下拉列表中选择了图元类别后，在该列表框中将对应列出该类别中的所有具体图元，供用户选择。对其中的任一图元都可以进行原始属性编辑或复位到安装时的状态。

选中某一图元，单击 Edit Values... 按钮，或直接双击该图元，会弹出相应的图元属性设置对话框。不同的图元，其属性设置对话框会有较大的区别，如图 2-49 所示，为"Library Objects"类别中的图元"IEEE Symbol"属性设置对话框。

在该对话框内，可以修改或设定有关参数，如符号名称、X 轴位置、Y 轴位置、大小、

方向、线宽、颜色等，设定完毕单击 OK 按钮返回。

在列表框中选中一个图元，单击 Reset 按钮，则可以将图元的属性复位到安装时的初始状态。

在"Default Primitives"选项卡中，还有3个功能按钮和1个复选框。

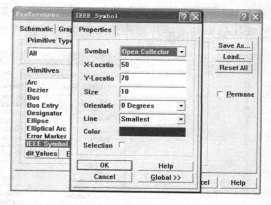

图 2-49 "IEEE Symbol"属性设置对话框

- Save As...：保存默认原始设置。单击该按钮，会弹出一个文件目录浏览对话框，可以将用户当前设定的图元默认参数以文件的形式保存到合适的位置，文件保存的格式为"*.DFT"，以后可以重新进行加载。
- Load...：加载默认原始设置。单击该按钮，同样会弹出一个文件目录浏览对话框，用户可以选择一个以前保存过的默认原始设置文件（"*.DFT"）。单击 打开(O) 按钮进行加载，把当前图元的默认参数设定为保存该文件时的状态。
- Reset All：恢复默认原始设置。单击该按钮，可以使所有图元的属性都复位到安装时的原始状态。
- "Permanent"复选框：选中该复选框后，在原理图编辑环境下放置一个图元时，在按下〈Tab〉键所调出的图元属性对话框中，只能改变当前放置图元的属性，当再次放置该图元时，其属性还是原始属性，与前次放置时的改变无关。若不选中该复选框，则当再次放置图元时，其属性则保持为前次放置时的状态，建议用户选中。

2.5 原理图图纸设置

在绘制原理图之前，首先要对图纸的相关参数进行设置。主要包括图纸大小的设置、图纸字体的设置、图纸方向、标题栏和颜色的设置以及网格和光标设置等，以确定图纸的有关参数。

设置图纸样本文件步骤如下：

（1）设置图纸大小（Standard Style-A）。

（2）设置图纸方向(Orientation-Landscape)。

（3）设置图纸标题栏（Title Block-Standard）。

（4）设置显示参考边框（Show Reference Zone）。

（5）设置图纸边框（Show Border）。

（6）设置边框颜色（Border）和工作区颜色（Sheet）。

（7）设置图纸栅格（Grids）。

（8）设置自动寻找电气节点（Electrical Grid）。

（9）更改系统字型（Change System Font）。

1．设置图纸大小

执行"Design"→"Options"菜单命令，或在编辑窗口内单击鼠标右键，在弹出的右键快捷菜单中执行"Document Options"菜单命令，系统将会打开一个"Document Options"属性对话框，如图 2-50 所示。

在该对话框中，有 2 个选项卡："Sheet Options"和"Organization"。先选择"Sheet Options"选项卡，这个选项卡的右半部分即为图纸大小设置部分。

对于图纸尺寸的大小，Protel 99 SE 给出了 2 种设置方式：一种是"Standard Style"（标准风格），在这种格式中，单击其右边的 ▼ 按钮，在下拉列表框中可以选择已定义好的图纸标准尺寸，有公制图纸尺寸（A0～A4）、英制图纸尺寸（A～E）、OrCAD 标准尺寸（OrCAD A～OrCAD E）及其他格式（Letter、Legal、Tabloid 等）。从列表框中选择后，单击对话框右下方的"OK"按钮，将对目前的编辑窗口中的图纸尺寸进行更新。

另一种是自定义风格，选中"Use Custom Style"复选框，则自定义功能被激活，在 5 个文本框中可以分别输入自定义的图纸尺寸，包括：Custom Width（宽度）、Custom Height（高度）、X-Region Count（X 轴参考坐标分格）、Y-Region Count（Y 轴参考坐标分格）及 Margin Width（边框宽度）。

对这两种设置方式，用户可以根据设计需要进行选择，默认的格式为标准风格。

在设计过程中，除了对图纸的尺寸大小进行设置外，往往还需要对图纸的其他选项进行设置。如图纸的方向、标题栏样式和图纸的颜色等，这些设置可以在图 2-50 左侧的"Options"区域中完成。

2．设置图纸方向

图纸方向通过方向右侧的继按钮设置，可以设置为水平方向（Landscape）即横向，也可以设置为垂直方向（Portrait）即纵向，如图 2-51 所示。一般在绘制及显示时设为横向，在打印输出时可根据需要设为横向或纵向。

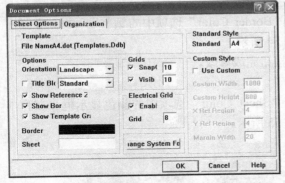

图 2-50 "Document Options"设置对话框

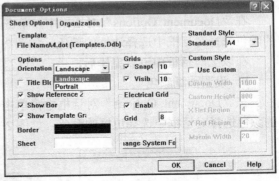

图 2-51 设置图纸方向

3．设置图纸标题栏

图纸标题栏（明细表）是对设计图纸的附加说明，可以在此栏中对图纸做简单的描述，也可以作为日后图纸标准化时的信息。在 Protel 99 SE 中提供了两种预先定义好的标题栏格式：Standard（标准格式）和 ANSI（美国国家标准格式）。选中"Title Block"复选框，即可进行格式设计，相应的图纸编号功能被激活，可以对图纸编号，如图 2-52 所示。

4．设置显示参考边框

在"Document Options"对话框中，单击"Show References Zones"选项前的复选框可

以设置是否显示参考坐标。选中该复选框表示显示参考坐标，否则不显示参考坐标。一般情况下应该选择显示参考坐标。

5. 设置图纸边框

在"Document Options"对话框中，单击"Show Border"选项前的复选框可以设置是否显示边框，如图2-53所示。选中该复选框表示显示边框，否则不显示边框。

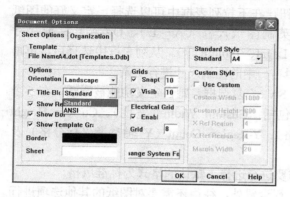 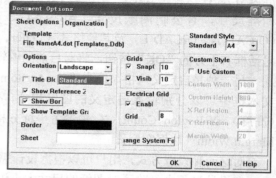

图2-52　设置图纸标题栏　　　　　　　　图2-53　设置图纸边框

6. 设置显示模板图形

在"Document Options"对话框中，单击"Show Template Graphics"选项前的复选框可以设置是否显示模板图形。选中该复选框表示显示模板图形，否则不显示模板图形。所谓显示模板图形就是显示模板内的文字、图形、专用字符串等，例如自定义的标志区块或者公司标志。

7. 设置边框颜色

在"Document Options"对话框中，单击"Border Color"选项中的颜色显示框。在弹出的颜色选择对话框中选择边框的颜色，如图2-54所示。

在以上对话框中设置完毕后，单击 OK 按钮完成修改。

8. 设置图纸颜色

在"Document Options"对话框中，单击"Sheet Color"选项中的颜色显示框。在弹出的颜色选择对话框中选择边框的颜色，如图2-55所示。

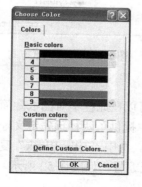 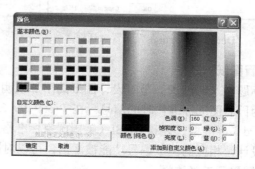

图2-54　颜色选择对话框1　　　　　　　　图2-55　颜色选择对话框2

在以上对话框设置完毕后,单击 OK 按钮完成修改。

9. 设置图纸格点

进入原理图编辑环境后,读者可能注意到了编辑窗口的背景是网格形的,这种网格称为可视网格,是可以改变的。网格为元件的放置和线路的连接带来了极大的方便,使用户可以轻松地排列元件和整齐地走线。在 Protel 99 SE 中提供了 3 种网格:"Visible"(可视网格)、"Snap"(捕获网格)和"Electrical Grid"(电气网格)。

在图 2-50 的设置对话框中,有一个"Grids"和"Electrical Grid"区域用来对网格进行具体设置,如图 2-56 所示。

- "Snap"复选框:用来启用捕获网格。所谓捕获网格,就是光标每次移动的距离大小。选中该复选框后,则光标移动时,以右边的设置值为基本单位,系统默认值为10 个像素点,用户根据设计的要求可以输入新的数值改变光标的移动距离。若不选中该复选框,则光标移动时,以 1 个像素点为基本单位。
- "Visible"复选框:用来启用可视网格,即在图纸上可以看到的网格。选中该复选框后,则图纸上网格间的距离可以进行设置,系统默认值为 10 个像素点。若不选中该复选框,则表示在图纸上将不显示网格。根据系统的默认设置,"Visible"值与"Snap"值相同,意味着光标的每次移动距离是 1 个网格。
- "Electrical Grid":用来引导布线,该项设置非常有用,当用户进行画线操作或对元件进行电气连接时,此功能可以让用户非常轻松地捕捉到起始点或元器件的引脚。
- "Enable"复选框:如果选中了该复选框,则在绘制连线时,系统会以光标所在位置为中心,以"Grid Range"(网格范围)中的设置值为半径,向四周搜索电气节点。如果在搜索半径内有电气节点,则光标将自动移到该节点上,并在该节点上显示一个亮圆点,搜索半径的数值用户可以设定。如果不选中该复选框,就取消了系统自动寻找电气节点的功能。

10. 设置图纸上的字体

图纸字体的设置可以通过单击"Document Options"对话框中的 Change System Font 按钮进行。单击该按钮后,系统将弹出如图 2-57 所示的设置字体对话框,在对话来中可以更改字体的设置。在该对话框中字体的设置将会改变整个原理图上的所有文字,包括原理图上的元件引脚文字和原理图的注释文字等。字体的设置采用默认设置即可。

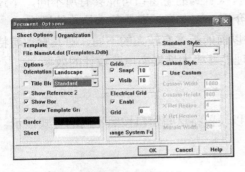

图 2-56　网格设置区域

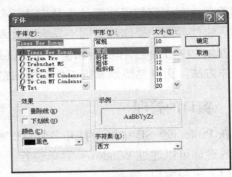

图 2-57　字体设置对话框

11. 自定义图纸

用户除了选择标准图纸格式外，还可以自定义图纸格式。用户只需在图 2-51 中选中
"Custom Style"复选框即可，并设置框中的各项内容，如图 2-58 所示。

12. 设置文件信息对话框

在图 2-51 中，鼠标单击"Organization"选项，可打开"Organization"选项卡，如图 2-59
所示。其内容如下：

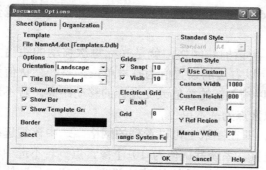

图 2-58　自定义图纸设置

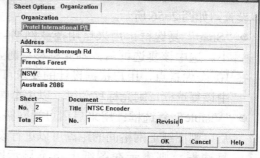

图 2-59　"Organization"选项卡

该对话框可设置公司或单位名称、地址、原理图编号、文件的其他信息、标题、编号、
版本号。

- "Organization"文本框：设置公司或单位名称。
- "Address"选项组：设置地址。
- "Sheet"选项组：原理图编号。可设置本张原理图的编号和本项目电路的数量。
- "Document"选项组：文件的其他信息。包括本张电路图的标题、编号及版本号。

设置文件信息对话框通常配合标题栏使用。

2.6　视图操作

在设计原理图时，常常需要进行视图操作，如对视图进行缩放和移动等操作。Protel 99
SE 为用户提供了很方便的视图操作功能，设计人员可根据自己的习惯选择相应的方式。

进入 Protel 99 SE 的主窗口后，用户立即就能领略到 Protel 99 SE 界面的漂亮、精致、形
象和美观。在不同的操作系统安装完该软件后，首次看到的主窗口可能会有所不同，不过没
关系，软件界面的操作都大同小异。通过本章的介绍，读者将掌握最基本的软件操作。

Protel 99 SE 的工作面板和窗口与 Protel 软件以前的版本有较大的不同，对其管理有特殊
的操作方法，而且熟练地掌握工作面板和窗口管理能够极大地提高电路设计的效率。

2.6.1　窗口的管理

在 Protel 99 SE 中同时打开多个窗口时，可以设置将这些窗口按照不同的方式显示。对
窗口的管理可以通过 Windows 菜单进行。

（1）平铺窗口

执行"Windows"→"Title"菜单命令，即可将当前所有打开的窗口平铺显示，如图 2-60
所示。

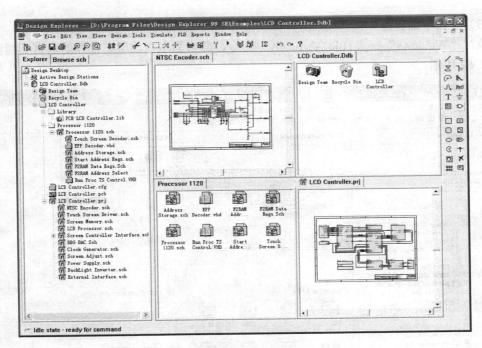

图 2-60　平铺窗口

（2）水平平铺窗口

执行"Windows"→"Title Horizontally"命令，即可显示当前所有打开的水平平铺窗口，如图 2-61 所示。

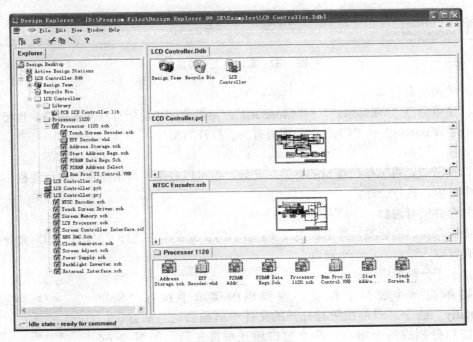

图 2-61　水平平铺窗口

（3）垂直平铺窗口

执行"Windows"→"Title Vertically"命令，即可显示当前所有打开的垂直平铺窗口，如图2-62所示。

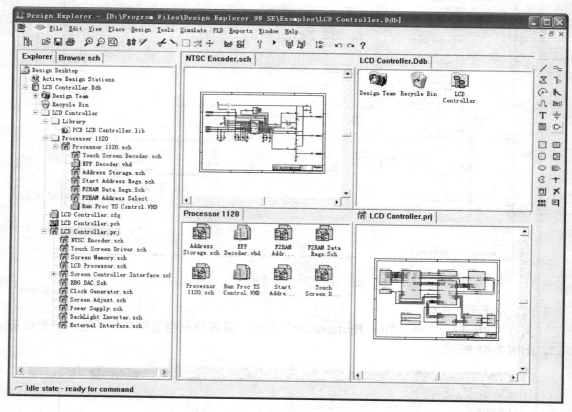

图2-62　窗口垂直平铺显示

（4）关闭所有窗口

执行菜单命令"Windows"→"Close All"，可以关闭当前所有打开的窗口，也可以执行菜单命令"Windows"→"Close"关闭所有当前打开的文件。

（5）窗口切换

要切换窗口，可以单击窗口的标签。此外，也可以右键单击工作窗口的标签栏，在弹出的菜单中对窗口进行管理。

（6）合并所有窗口

右击一个窗口的标签，弹出如图2-63所示的快捷菜单中选择"Merge All"命令，可以合并所有窗口，即只显示一个窗口。

（7）水平分割窗口

右键单击一个窗口的标签，在弹出的菜单中执行"Split Horizontally"命令，即可在所有打开的文件中单独启动当前窗口，与其余窗口分割成两个窗口，两个窗口相互垂直显示，如图2-64所示。

```
Close
Close All Documents

Split Vertical
Split Horizontal

Tile All
Merge All
```

图2-63　快捷菜单

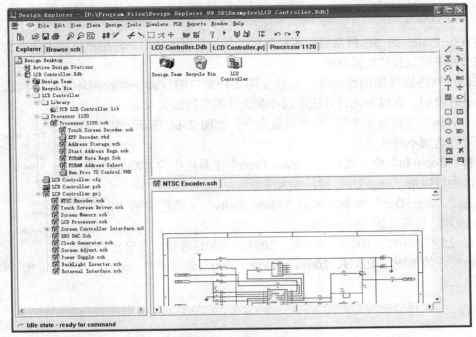

图 2-64　窗口水平分割显示

（8）垂直分割窗口

右键单击一个窗口的标签，在弹出的菜单中执行"Split Vertically"命令，即可在所有打开的文件中单独启动当前窗口，与其余窗口分割成两个窗口，两个窗口相互垂直显示，如图 2-65 所示。

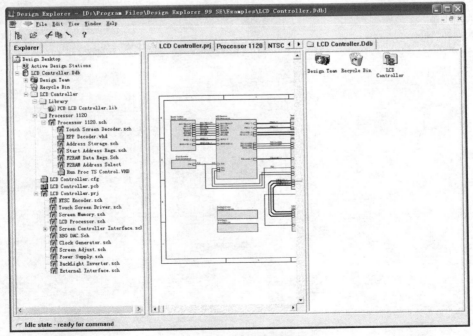

图 2-65　窗口垂直分割显示

2.6.2　缩放视图

缩放是 Protel 99 SE 最常用的图形显示工具，利用这些命令，用户可以方便地查看图形纸的细节和不同位置的局部图纸。

在进行电路原理图的绘制时，可以使用多种窗口缩放命令将绘图环境缩放到适合的大小，再进行绘制。有以下几种方法可以控制设计图形的放大和缩小。

在"View"下拉菜单中有 10 个缩放命令，如图 2-66 所示，使用不同命令可以达到不同效果。

选择"Zoom In"命令或单击"Main Tools"工具栏中的"Zoom In"按钮 🔍，也可以按〈Page Up〉键，放大图纸。

选择"Zoom Out"命令或单击"Main Tools"工具栏中的"Zoom Out"按钮 🔍，也可以按〈Page Down〉键，缩小图纸。

选择 25%、50%、100%、200%、300%、400%选项，可分别以元器件原始尺寸的 50%、100%、200%、300%、400%显示。

图 2-66　子菜单

第3章 元件库设计

在实际的电路设计中，由于电子元器件种类和技术的不断更新，有些特定的元件封装仍需用户自行制作。于是原理图元件库编辑器成应运而生，这一编辑器的产生，有利于用户在以后的设计中更加方便快速地调入元件及管理工程文件。

本章将对元件库的创建及具体绘制方法进行详细介绍，并学习如何管理自己的元件库，从而更好地为设计服务。

 知识点

● 创建原理图元件库
● 创建 PCB 元件库
● 元件封装

3.1 原理图元件库编辑环境

尽管 Protel 99 SE 原理图库的元件已经相当丰富，但是在实际使用中可能依然不能满足设计者的需求。所以需要经常设计元件符号，尤其一些非标准元件，设计后的元件符号存在项目库文件中。Protel 99 SE 提供了原理图元件库编辑环境。

3.1.1 元件库概述

Protel 99 SE 有 4 种类型的库文件，分别如下：

（1）Sch（原理图符号库）。

（2）PCB（电路板图封装库）。

（3）Sim（原理图仿真库）。

（4）PLD（PLD 设计库）。

所有类型的元件库都保存在 Protel 99 SE 的库目录下（\Design Explore 99\Library\），每一类型的库文件分别保存在相应的子目录下。由于不同类型的库文件的结构和格式不同，因此在不同的编辑环境下，只能打开和使用相应类型的库文件。

Protel 99 SE 本身自带的元件库包含了非常丰富的元件信息，但不可能应有尽有。主要原因是：

（1）由于微电子技术发展日新月异，不同国家和地区有其不同的专用芯片，Protel 99 SE 无法搜集完整。

（2）在不同情况下，为了方便绘图，同一芯片的原理图符号的引脚排列顺序不相同。

因此，在使用 Protel 99 SE 的过程中，必须利用元件库编辑工具不断地添加和修改 Protel 99 SE 的元件库信息，以满足各种绘制需要。

3.1.2 原理图元件库图形界面

进入原理图元件库文件编辑器界面后，将自动弹出 IEEE 符号工具条和"SchLibDrawing Tools"工具栏，如图 3-1 所示。

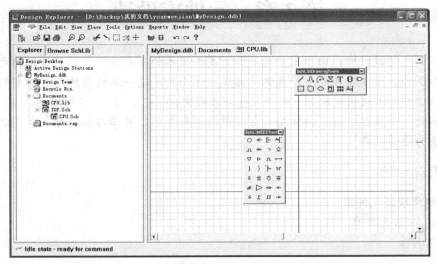

图 3-1 原理图元件库文件编辑器界面

对于原理图元件库文件编辑环境中的主菜单栏、标准工具条，由于功能和使用方法与原理图编辑环境中基本一致，在此不再赘述。

1. 项目管理器

下面对原理图元件库文件中的项目管理器进行详细介绍，并与原理图中的项目管理器进行对比。

元件库编辑器的项目管理器分成两个部分，即"Explorer"和"Browse SchLibe"选项卡，其中"Explores"选项卡与原理图编辑器的项目管理器相同，可用于不同项目之间或同一项目不同文件和不同编辑环境之间的快速切换。"Browse SchLib"选项卡如图 3-2 所示。

"Browse SchLib"选项卡分为 4 个不同的区域：

（1）"Components"选项组

这个区域的主要功能是查找、选择及取用元件。在打开一个原理图元件库时，在项目管理器的元件区域的显示框中列出打开元件库中所有元器件符号的名称。当光标指在某个元件名称上时，编辑区域显示该元件的符号图形。"Mask"文本框用于设置过滤项，和原理图编辑器的"Mask"类似。单击 **Place** 按钮，将所选元件放置到本项目中处于激活状态的电路原理图上。单击 **Find** 按钮在库文件中查找某一个指定的元器件，"Part"按钮用于在同一元件的多个功能块之间切换。

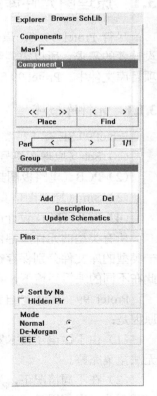

图 3-2 原理图元件库文件面板

（2）"Group"选项组

在该栏中可以为同一个库元件的原理图符号设定另外的名称。比如，有些库元件的功能、封装和引脚形式完全相同，但由于产自不同的厂家，其元件型号并不完全一致。对于这样的库元件，没有必要再单独创建一个原理图符号，只需要为已经创建的其中一个库元件的原理图符号添加一个或多个别名就可以了。其中按钮功能如下：

● Add ：为选定元件添加一个别称。
● Del ：删除选定的别称。
● Description... ：编辑选定的别称，如图 3-3 所示。

其中：

"Designator"选项卡：设置元件的默认标号（Default 文本框），所在原理图路径（Sheet Part 文本框，编辑原理图中的元件时有意义），功能描述（Description 文本框）和元件封装信息（Footprint 文本框组）。

"Library Fields"和"Part Field Names"选项卡如图 3-4 和图 3-5 所示，"Library Fields"选项卡中共有 8 个文本框，"Part Field Names"选项卡中有 16 个文本框，用户可根据需要设置，每个文本框中最多可输入 255 个字符。

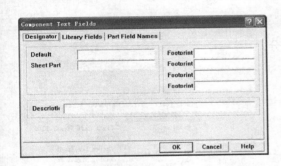

图 3-3 "Designator"选项卡　　　　　　　　图 3-4 "Library Fields"选项卡

● Update Schematics ：更新原理图文件。

（3）"Pins"选项组

在元件栏中选定一个元件，将在引脚栏中列出该元件的所有引脚信息，包括引脚的编号、名称、类型等。

（4）"Model"选项组

在元件栏中选定一个元件，将在面板最下面的模型栏中列出该元件的其他模型信息，如 PCB 封装、信号完整性分析模型、VHDL 模型等。在这里，由于只需要库元件的原理图符号，相应的库文件是原理图文件，所以该栏一般不需要进行设置。

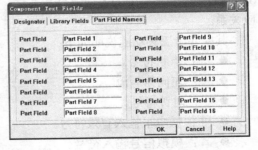

图 3-5 "Part Field Names"选项卡

2．工具栏

对于原理图库文件编辑环境中的主菜单栏及标准工具栏，由于功能和使用方法与原理图编辑环境中基本一致，在此不再赘述。我们主要对实用工具中的原理图符号绘制工具栏、

IEEE 符号工具栏及模式工具栏进行简要介绍，具体的使用操作在后面再逐步介绍。

（1）原理图符号绘制工具栏

原理图符号绘制工具栏与对应的菜单命令，如图 3-6 所示，其中各个按钮的功能与"Place"级联菜单中的各项命令具有对应关系。

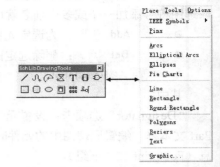

其中各个工具功能说明如下：

- ╱：绘制直线。
- ⊠：绘制多边形。
- ⌒：绘制椭圆弧线。
- ⌁：绘制贝塞儿曲线。
- T：添加说明文字。
- ▦：放置文本框。
- ▢：绘制矩形。
- ▢：绘制圆角矩形。
- ⬭：绘制椭圆。
- ◔：绘制扇形。
- ▣：在原理图上粘贴图片。
- ▯：在当前库文件中添加一个元件。
- ▱：在当前元件中添加一个元件的子部分。
- ⤸：放置引脚。

由于这些工具与原理图编辑器中的工具十分相似，这里不再进行详细介绍。

图 3-6　原理图符号绘制工具

（2）IEEE 符号工具栏

IEEE 符号工具栏与对应的菜单命令，如图 3-7 所示，是符合 IEEE 标准的一些图形符号。同样，该工具栏中的各个符号与"Place"→"IEEE Symbols"级联菜单中的各项命令具有对应关系。

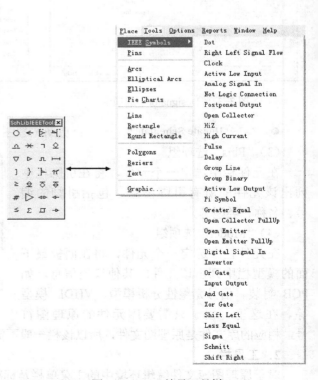

其中各个工具功能说明如下：

- ○：点状符号。
- ◁：左向信号流。
- ▷：时钟符号。
- ⊣：低电平输入有效符号。
- ⌒：模拟信号输入符号。
- ✳：无逻辑连接符号。
- ⌐：延迟输出符号。
- ◇：集电极开路符号。
- ▽：高电阻符号。
- ▷：大电流输出符号。

图 3-7　IEEE 符号工具栏

42

- ⊓：脉冲符号。
- ⊢：延迟符号。
-]：总线符号。
- }：二进制总线符号。
-]·：低态有效输出符号。
- π：π形符号。
- ≥：大于等于符号。
- ≌：集电极上位符号。
- ◇：发射极开路符号。
- ◇：发射极上位符号。
- #：数字信号输入符号。
- ▷：反向器符号。
- ⫐：或门符号。
- ◁▷：输入输出符号。
- ▭：与门符号。
- ⫐▷：异或门符号。
- ←：左移符号。
- ≤：小于等于符号。
- Σ：求和符号。
- ⊓：施密特触发输入特性符号。
- →：右移符号。
- ◇：打开端口符号。
- ▷：右向信号流量符号。
- ◁▷：双向信号流量符号。

3.2 工作环境设置

进入原理图元件库编辑器后，同样需要根据要绘制的元件对编辑器环境进行相应的设置。主要包括优先选型设计及文档设置。

3.2.1 优先选项设置

执行方式：
- 菜单栏："Options" → "Preferences"。
- 快捷命令：单击右键，在弹出的右键快捷菜单中执行"Preferences"命令。

操作步骤：
执行该命令，打开原理图优先设定对话框。

选项说明：
该对话框包括 3 个选项卡，介绍如下：
- "Schematic" 选项卡：设置电路原理图的常规环境参数，如图 3-8 所示。

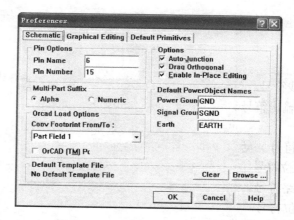

图 3-8 "Schematic" 选项卡

● "Graphical Editing" 选项卡, 设置图形编辑的环境参数, 如图 3-9 所示, 主要用来设置与绘图有关的一些参数。

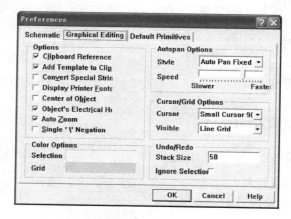

图 3-9 "Graphical Editing" 选项卡

● "Default Primitives" 选项卡, 设定原理图编辑时常用图元的原始默认值, 如图 3-10 所示。

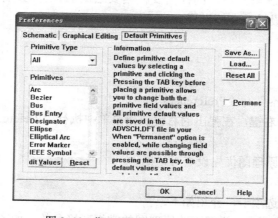

图 3-10 "Default Primitives" 选项卡

3.2.2 文档选项设置

执行方式：

■ 菜单栏："Options" → "Document Options"。

操作步骤：

在原理图元件库文件的编辑环境中，执行该命令，则弹出如图 3-11 所示的元件库编辑器工作区对话框，可以根据需要设置相应的参数。

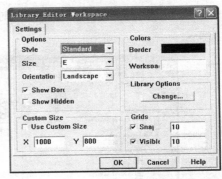

图 3-11 设置工作区参数

选项说明：

该对话框与原理图编辑环境中的"Document Options"对话框的内容相似，所以这里只介绍其中个别选项的含义，其他选项用户可以参考原理图编辑环境中的"Document Options"对话框进行设置。

● "Show Hidden"复选框：用来设置是否显示库元件的隐藏引脚。若选中该复选框，则元件的隐藏引脚将被显示出来。

隐藏引脚被显示出来，并没有改变引脚的隐藏属性。要改变其隐藏属性，只能通过引脚属性对话框来完成。

● "Custom Size"选项组：用来设置用户是否自动设置图纸的大小。选中该复选框后，可以在下面的 X、Y 文本框中分别输入自定义图纸的高度和宽度。

3.3 文件管理

用户要建立自定义的元件，一种方法是直接在原理图中绘制库元器件原理图符号，还有一种方法就是新建库文件，在库文件中对其编辑修改，创建出适合自己需要的元器件原理图符号。本节将介绍后一种方法。

3.3.1 新建库文件

1. 执行"File" → "New"菜单命令，显示如图 3-12 所示的"New Document"对话框。

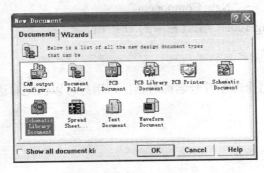

图 3-12 "New Document"对话框

2. 选择"Schematic Library Document"图标后单击 OK 按钮，在项目文件数据库

中建立一个新的原理图库文件，此时可在新的库文件图标上修改库文件的名称，如图 3-13 所示。

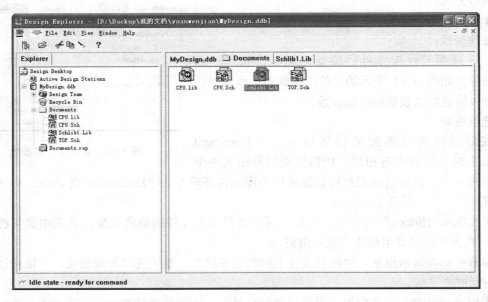

图 3-13　添加新库文件

3．双击"Schlib1.Lib"文档图标，进入原理图库文件编辑器界面。

3.3.2　新建库元件

进入原理图库文件表编辑环境中后，系统默认创建了一个新的原理图库文件的同时，系统已自动为该库添加了一个默认原理图符号名为"Component_1"的库文件，打开"Browse SchLib"选项卡可以看到，如图 3-14 所示。

若创建单一元件可直接在工作区绘制库元件，若绘制多个元件，则还需要新建库元件，创建的第一个元件默认名称为"Component_2"，后续元件依次递增。

执行方式：
■ 菜单栏："Tools"→"New Component"。
■ 工具栏："Drawing Tools"工具栏中的 ▯ 按钮。
■ 快捷键：T+N+C。

操作步骤：

执行此命令后，弹出原理图符号名称对话框，用户可以在此对话框内输入要绘制的库文件名称，如图 3-15 所示。

3.3.3　删除库元件

执行方式：
■ 菜单栏："Tools"→"Remove Component"。
■ 快捷键：T+R+C。

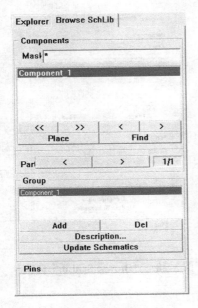

图 3-14　默认创建元件

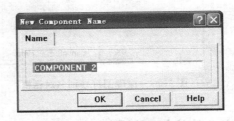

图 3-15　创建原理图库元件

操作步骤：

执行此命令，弹出如图 3-16 所示的确认对话框，单击 `Yes` 按钮，确认删除库元件，单击 `No` 按钮，取消该操作。

图 3-16　确认信息

3.3.4　重命名库元件

对于同样功能的元器件，会有多家厂商生产，它们虽然在功能、封装形式和引脚形式上完全相同，但是元器件型号却不完全一致。在这种情况下，就没有必要去创建每一个元器件的符号，只要为其中一个已创建的元器件另外添加一个或多个别名就可以了。

执行方式：

■ 菜单栏："Tools" → "Rename Component"。

操作步骤：

（1）执行该命令后，弹出如图 3-17 所示的对话框，在"Name"文本框中输入要添加的原理图别名。

（2）输入后，单击 `OK` 按钮，关闭对话框。则元器件的别名将出现在左侧项目管理器"Browse SchLib"选项卡中，如图 3-18 所示。

（3）重复上面的步骤，可以为元器件添加多个别名。

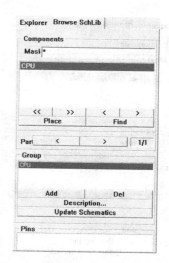

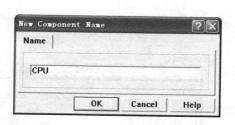

图 3-17　原理图符号别名对话框　　　　图 3-18　"Browse SchLib"选项卡

3.3.5　库元件的复制与删除

　　用户要建立自己的原理图库文件，一种方法是按照前面讲的方法自己绘制库元器件原理图符号，还有一种方法就是把别的库文件中的相似元器件复制到自己的库文件中，对其编辑修改，创建出适合自己需要的元器件原理图符号。

　　1．复制库元件

　　执行方式：

　　■ 菜单栏："Tools"→"Add Component Name"。

　　操作步骤：

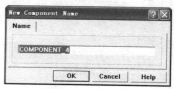

　　执行该命令，弹出如图 3-19 所示的"New
Component Name"对话框，在该对话框中可输入复制　　图 3-19　"New Component Name"对话框
元件的名称，单击 OK 按钮，关闭对话框。

　　创建的新元件时，名称可重新定义，但元件外形、属性与选中的原始元件相同，如图 3-20所示。

　　2．删除库元件

　　执行方式：

　　■ 菜单栏："Tools"→"Remove Component Name"。

　　操作步骤：

　　执行该命令，直接将选中的复制元件从当前文件中删除。

　　该命令的作用与"Delete"相同。

3.3.6　库文件的复制与删除

　　1．复制库文件

　　执行方式：

　　■ 菜单栏："Tools"→"Copy Component"。

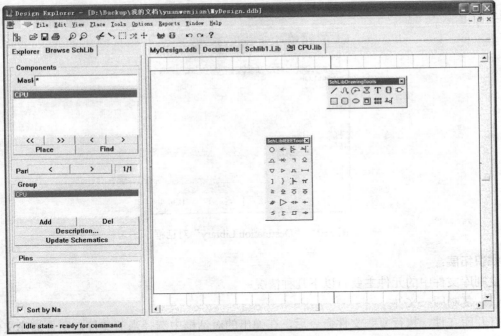

原始元件

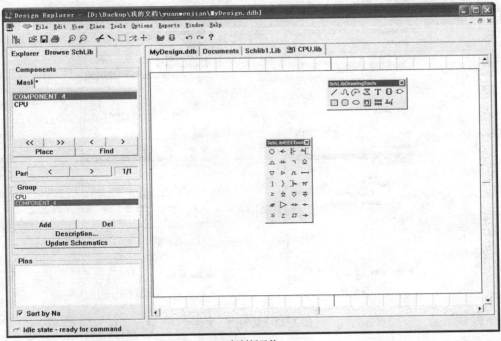

复制新元件

图 3-20　复制元件

操作步骤：

执行该命令，弹出如图 3-21 所示的"Destination Library"对话框，在该对话框中选择需要复制的文件，单击 OK 按钮，将复制选中库文件中的所有元件到当前库文件中。

图 3-21　"Destination Library"对话框

知识拓展：

复制库文件中的元件主要有以下几种情况：

（1）复制同一文件

打开库文件，执行复制文件命令后，在弹出的对话框中选择当前文件，则叠加库文件中的元件，项目管理器中"Browse SchLib"面板显示如图 3-22 所示。

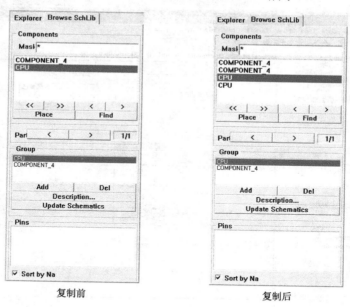

图 3-22　复制同一文件

（2）复制不同文件

打开库文件，执行复制库文件命令，在弹出的对话框中选择目标库文件，则在"Browse SchLib"面板中显示将当前库文件中的元件导入到选中库文件中，结果如图 3-23 所示。

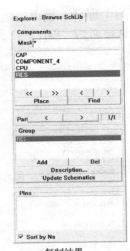

当前元件   目标库文件元件   复制结果

图 3-23　复制库文件

2．删除库文件

执行方式：

■ 菜单栏："Tools" → "Move Component"。

操作步骤：

执行该命令，弹出如图 3-24 所示的 "Destination Library" 对话框，在该对话框中选择需要删除的文件，单击 OK 按钮，将复制后的库文件中属于目标文件中的元件从当前库文件中移除。

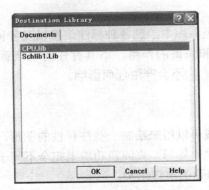

图 3-24　"Destination Library" 对话框

3.3.7　子部件的管理

若果元件过于复杂，则需要把元件分成几个部分显示，这里引入"部件"这个新词，同一元件的各部件外形相同，引脚名称不同，同一元件，即使不同部件间，也不能使用相同的引脚名称。

执行菜单命令 "Tools" → "New Part"，如图 3-25 所示。在 "Browse Schlib" 选项卡上

显示有两个部件，单击 ____< ____、____ > ____按钮，切换部件，创建的子部件原理图符号系统默认命名为 "Part 1"，另一个子部件 "Part 2" 是新创建的，如图 3-26 所示。

图 3-25 "Tools" 子菜单   图 3-26 创建子部件

至此，一个含有两个子部件的库元件就创建好了。使用同样的方法，可以创建含有多个子部件的库元件。

3.4 绘图工具

绘图工具主要用于在原理图库中绘制各种标注信息以及各种图形。由于绘制的这些图形在电路原理图中只起到说明和修饰的作用，不具有任何电气意义，所以系统在做电气检查（ERC）及转换成网络表时，它们不会产生任何影响。

3.4.1 绘制直线

在原理图库文件中，直线可以用来绘制一些注释性的图形，如表格、箭头、虚线等，或者在编辑元器件时绘制元器件的外形。直线在功能上完全不同于前面所说的导线，它不具有电气连接特性，不会影响到电路的电气结构。

执行方式：
- 菜单栏："Place" → "Line"。
- 工具栏：单击工具栏的 ╱ 按钮。

操作步骤：
（1）执行该命令，鼠标变成十字形状。
（2）移动鼠标到需要放置 "Line" 的位置处，单击鼠标左键确定直线的起点，多次单击确定多个固定点，一条直线绘制完毕后单击鼠标右键退出当前直线的绘制。
（3）此时鼠标仍处于绘制直线的状态，重复上面的操作即可绘制其他的直线。

知识拓展：

在直线绘制过程中，需要拐弯时，可以单击鼠标确定拐弯的位置，同时通过按下〈Shift+空格〉键来切换拐弯的模式。在 T 形交叉点处，系统不会自动添加节点。

单击鼠标右键或者按〈Esc〉键便可退出操作。

选项说明：

双击需要设置属性的直线（或在绘制状态下按〈Tab〉键），系统将弹出相应的直线属性编辑对话框，如图 3-27 所示。

在该对话框中可以对线宽、类型和直线的颜色等属性进行设置。

图 3-27 直线的属性编辑对话框

- "Line Width"下拉列表框：有"Smallest"、"Small"、"Medium"和"Large" 4 种线宽可供用户选择。
- "Line Style"下拉列表框：有"Solid"、"Dashed"和"Dotted" 3 种线型可供选择。
- "Color"选项：对直线的颜色进行设置。

属性设置完毕后，单击 OK 按钮关闭设置对话框。

3.4.2 绘制多边形

执行方式：

- 菜单栏："Place"→"Polygon"。
- 工具栏：单击工具栏的 ⊠ 按钮。

操作步骤：

（1）执行该命令，鼠标变成十字形状。

（2）移动鼠标到需要放置多边形的位置处，单击鼠标左键确定多边形的一个定点，接着每单击一下鼠标左键就确定一个顶点，绘制完毕后单击鼠标右键退出当前多边形的绘制。

（3）此时鼠标仍处于绘制多边形的状态，重复上面的操作即可绘制其他的多边形。

（4）单击鼠标右键或者按〈Esc〉键便可退出操作。

选项说明：

双击需要设置属性的多边形（或在绘制状态下按〈Tab〉键），系统将弹出相应的多边形属性编辑对话框，如图 3-28 所示。

- "Fill Color"选项：设置多边形的填充颜色。
- "Border Color"选项：设置多边形的边框颜色。
- "Border"下拉列表框：设置多边形的边框粗细，有"Smallest"、"Small"、"Medium"和"Large" 4 种线宽可供用户选择。

图 3-28 多边形的属性编辑对话框

- "Draw Solid"复选框：选中此复选框，则多边形将以"Fill Color"中的颜色填充多边形，此时单击多边形边框或填充部分都可以选中该多边形。

3.4.3　绘制椭圆弧

圆弧与椭圆弧的绘制是同一个过程，圆弧实际上是椭圆弧的一种特殊形式。

执行方式：

■ 菜单栏："Place"→"Elliptical Arc"。

■ 工具栏：单击工具栏的 按钮。

操作步骤：

（1）执行该命令，鼠标变成十字形状。

（2）移动鼠标到需要放置椭圆弧的位置处，单击鼠标左键第 1 次确定椭圆弧的中心，第 2 次确定椭圆弧长轴的长度，第 3 次确定椭圆弧短轴的长度，第 4 次确定椭圆弧的起点，第 5 次确定椭圆弧的终点，从而完成椭圆弧的绘制。

（3）此时鼠标仍处于绘制椭圆弧的状态，重复上一步的操作即可绘制其他的椭圆弧。

（4）单击鼠标右键或者按下〈Esc〉键便可退出操作。

选项说明：

双击需要设置属性的椭圆弧（或在绘制状态下按〈Tab〉键），系统将弹出相应的椭圆弧属性编辑对话框，如图 3-29 所示。

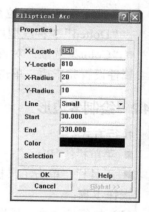

● "Line Width" 下拉列表框：设置弧线的线宽，有 "Smallest"、"Small"、"Medium" 和 "Large" 4 种线宽可供用户选择。

● "X-Radius" 文本框：设置椭圆弧 X 方向的半径长度。

● "Y-Radius" 文本框：设置椭圆弧 Y 方向的半径长度。

● "Start Angle" 文本框：设置椭圆弧的起始角度。

● "End Angle" 文本框：设置椭圆弧的结束角度。

图 3-29　椭圆弧的属性编辑对话框

● "Color" 选项：设置椭圆弧的颜色。

● "X-Location" "Y-Location" 文本框：设置椭圆弧的位置。

属性设置完毕后单击 OK 按钮关闭设置对话框。

对于有严格要求的椭圆弧的绘制，一般应先在该对话框中进行设置，然后再放置图形。这样在原理图中不移动鼠标，连续单击 5 次即可完成放置操作。

3.4.4　绘制矩形

执行方式：

■ 菜单栏："Place"→"Rectangle"。

■ 工具栏：单击工具栏的 按钮。

操作步骤：

（1）执行该命令，鼠标变成十字形状，并带有一个矩形图形。

（2）移动鼠标到需要放置矩形的位置处，单击鼠标左键确定矩形的一个顶点，移动鼠标到合适的位置再一次单击确定其对角顶点，从而完成矩形的绘制。

（3）此时鼠标仍处于绘制矩形的状态，重复上一步的操作即可绘制其他的矩形。

（4）单击鼠标右键或者按下〈Esc〉键便可退出操作。

选项说明：

双击需要设置属性的矩形（或在绘制状态下按〈Tab〉键），系统将弹出相应的矩形属性编辑对话框，如图 3-30 所示。

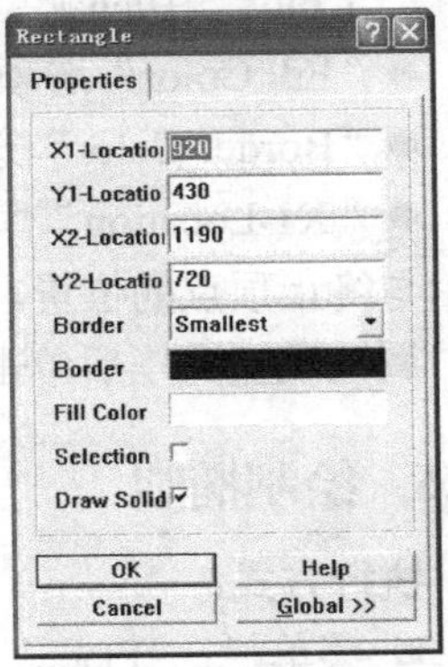

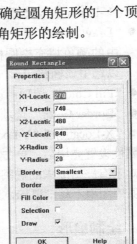

- "Border"下拉列表框：设置矩形边框的线宽，有"Smallest"、"Small"、"Medium"和"Large"4 种线宽可供用户选择。
- "Fill Color"选项：设置矩形的填充颜色。
- "Border Color"选项：设置矩形边框的颜色。
- "Transparent"复选框：选中该复选框则矩形框为透明的，内无填充颜色。

图 3-30　矩形的属性编辑对话框

- "X1-Location""X2-Location""Y1-Location""Y2-Location"文本框：设置矩形起始与终止顶点的位置。
- "Draw Solid"复选框：选中此复选框，则多边形将以"Fill Color"中的颜色填充多边形，此时单击多边形边框或填充部分都可以选中该多边形。

属性设置完毕后单击 OK 按钮关闭设置对话框。

3.4.5　绘制圆角矩形

执行方式：

■ 菜单栏："Place"→"Round Rectangle"。

■ 工具栏：单击工具栏的 □ 按钮。

操作步骤：

执行该命令，鼠标变成十字形状，并带有一个圆角矩形图形。

（1）移动鼠标到需要放置圆角矩形的位置处，单击鼠标左键确定圆角矩形的一个顶点，移动鼠标到合适的位置再一次单击确定其对角顶点，从而完成圆角矩形的绘制。

（2）此时鼠标仍处于绘制圆角矩形的状态，重复上一步的操作即可绘制其他的圆角矩形。

（3）单击鼠标右键或者按下〈Esc〉键便可退出操作。

选项说明：

双击需要设置属性的圆角矩形（或在绘制状态下按〈Tab〉键），系统将弹出相应的圆角矩形属性编辑对话框，如图 3-31 所示。

- "Border"下拉列表框：设置圆角矩形边框的线宽，有"Smallest"、"Small"、"Medium"和"Large"4 种线宽可供用户选择。
- "X-Radius"文本框：设置 1/4 圆角 X 方向的半径长度。
- "Y-Radius"文本框：设置 1/4 圆角 Y 方向的半径长度。
- "Draw Solid"复选框：选中此复选框将以"Fill

图 3-31　圆角矩形的属性编辑对话框

Color"中的颜色填充圆角矩形框，此时单击边框或填充部分都可以选中该圆角矩形。

- "Fill Color"选项：设置圆角矩形的填充颜色。
- "Border Color"选项：设置圆角矩形边框的颜色。
- "X1-Location""X2-Location""Y1-Location""Y2-Location"文本框：设置圆角矩形起始与终止顶点的位置。

属性设置完毕后单击 OK 按钮关闭设置对话框。

3.4.6 绘制椭圆

执行方式:

- 菜单栏："Place"→"Ellipse"。
- 工具栏：单击工具栏的 ○ 按钮。

操作步骤:

（1）执行该命令，鼠标变成十字形状，并带有一个椭圆图形。

（2）移动鼠标到需要放置椭圆的位置处，单击鼠标左键第 1 次确定椭圆的中心，第 2 次确定椭圆长轴的长度，第 3 次确定椭圆短轴的长度，从而完成椭圆的绘制。

（3）此时鼠标仍处于绘制椭圆的状态，重复上面的操作即可绘制其他的椭圆。

（4）单击鼠标右键或者按下〈Esc〉键便可退出操作。

选项说明:

双击需要设置属性的椭圆（或在绘制状态下按〈Tab〉键），系统将弹出相应的椭圆属性编辑对话框，如图 3-32 所示。

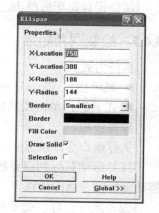

- "Border"下拉列表框：设置椭圆边框的线宽，有"Smallest"、"Small"、"Medium"和"Large" 4 种线宽可供用户选择。
- "X-Radius"文本框：设置椭圆 X 方向的半径长度。
- "Y-Radius"文本框：设置椭圆 Y 方向的半径长度。
- "Draw Solid"复选框：选中此复选框将以"Fill Color"中的颜色填充椭圆框，此时单击边框或填充部分都可以选中该椭圆。

图 3-32　椭圆的属性编辑对话框

- "Fill Color"选项：设置椭圆的填充颜色。
- "Border Color"选项：设置椭圆边框的颜色。
- "X-Location""Y-Location"文本框：设置椭圆中心的位置。

属性设置完毕后，单击 OK 按钮关闭设置对话框。

对于有严格要求的椭圆的绘制，一般应先在该对话框中进行设置，然后再放置图形。这样在原理图中不移动鼠标，连续单击 3 次即可完成放置操作。

3.4.7 绘制扇形

执行方式:

- 菜单栏："Place"→"Pie Chart"。
- 工具栏：单击工具栏的 ◔ 按钮。

操作步骤：

（1）执行该命令，鼠标变成十字形状，并带有一个扇形图形。

（2）移动鼠标到需要放置扇形的位置处，单击鼠标左键第 1 次确定扇形的中心，第 2 次确定扇形的半径，第 3 次确定扇形的起始角度，第 4 次确定扇形的终止角度，从而完成扇形的绘制。

（3）此时鼠标仍处于绘制扇形的状态，重复上面的操作即可绘制其他的扇形。

（4）单击鼠标右键或者按下〈Esc〉键便可退出操作。

选项说明：

双击需要设置属性的扇形（或在绘制状态下按〈Tab〉键），系统将弹出相应的扇形属性编辑对话框，如图 3-33 所示。

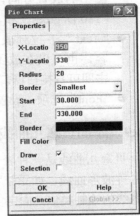

图 3-33　扇形的属性编辑对话框

- "Border Width" 下拉列表框：设置扇形弧线的线宽，有"Smallest"、"Small"、"Medium" 和 "Large" 4 种线宽可供用户选择。

- "Draw Solid" 复选框：选中此复选框将以 "Fill Color" 中的颜色填充扇形，此时单击边框或填充部分都可以选中该扇形。

- "FillColor" 选项：设置扇形的填充颜色。
- "Border Color" 选项：设置扇形弧线的颜色。
- "Start Angle" 文本框：设置扇形的起始角度。
- "End Angle" 文本框：设置扇形的终止角度。
- "X-Location" "Y-Location" 文本框：设置扇形中心的位置。

属性设置完毕后单击 OK 按钮关闭设置对话框。

对于有严格要求的扇形的绘制，一般应先在该对话框中进行设置，然后再放置图形。这样在原理图中不移动鼠标，连续单击 4 次即可完成放置操作。

3.4.8　添加文本字符串

为了增加原理图的可读性，在某些关键的位置处应该添加一些文字说明，即放置文本字符串，便于用户之间的交流。

执行方式：

- 菜单栏："Place" → "Text"。
- 工具栏：单击工具栏的 **T** 按钮。

操作步骤：

（1）执行该命令，鼠标变成十字形状，并带有一个文本字符串 "Text" 标志。

（2）移动鼠标到需要放置文本字符串的位置处，单击鼠标左键即可放置该字符串。

（3）此时鼠标仍处于放置字符串的状态，重复上面的操作即可放置其他的字符串。

（4）单击鼠标右键或者按下〈Esc〉键便可退出操作。

选项说明：

双击需要设置属性的文本字符串（或在绘制状态下按〈Tab〉键），系统将弹出相应的文本字符串属性编辑对话框，如图 3-34 所示。

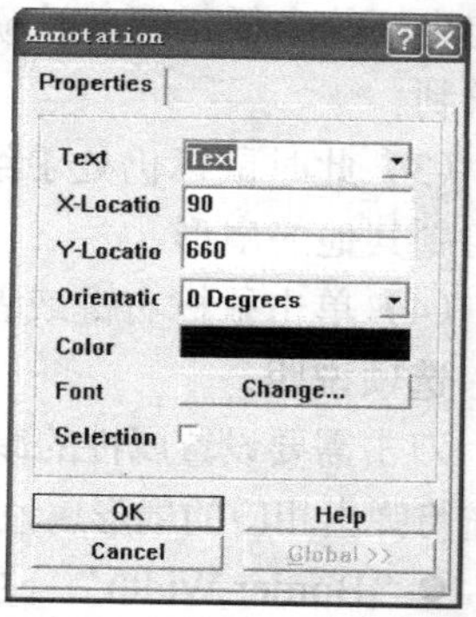

- "Color" 选项：设置文本字符串的颜色。
- "X-Location" "Y-Location" 文本框：设置字符串的位置。
- "Orientation" 下拉列表框：设置文本字符串在原理图中的放置方向，有 "0 Degrees"、"90 Degrees"、"180 Degrees" 和 "270 Degrees" 4 个选项。
- "Text" 下拉列表：用来输入文本字符串的具体内容，也可以在放置完毕后选中该对象，然后直接单击即可直接在窗口输入文本内容。
- "Font" 选项：设置文本字体。

3.4.9 添加贝塞儿曲线

贝塞儿曲线是一种表现力非常丰富的曲线，主要用来描述各种波形曲线，如正弦和余弦曲线等。贝塞儿曲线的绘制

图 3-34 字符串的属性编辑对话框

与直线的绘制类似，固定多个顶点（最少 4 个，最多 50 个）后即可完成曲线的绘制。

执行方式：

- 菜单栏："Place" → "Bezier"。
- 工具栏：单击工具栏的 ∿ 按钮。

操作步骤：

（1）执行该命令，鼠标变成十字形状。

（2）移动鼠标到需要放置贝塞儿曲线的位置处，多次单击鼠标左键确定多个固定点。图 3-35 为绘制完成的余弦曲线的选中状态，移动 4 个固定点即可改变曲线的形状。

（3）此时鼠标仍处于放置贝塞儿曲线的状态，重复上面的操作即可放置其他的贝塞儿曲线。

（4）单击鼠标右键或者按下〈Esc〉键便可退出操作。

选项说明：

双击需要设置属性的贝塞儿曲线（或在绘制状态下按〈Tab〉键），系统将弹出相应的贝塞儿曲线属性编辑对话框，如图 3-36 所示。

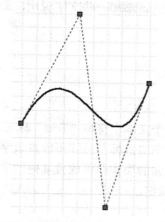

图 3-35 绘制好的贝塞儿曲线

图 3-36 贝塞儿曲线编辑对话框

58

在该对话框中可以对贝塞儿曲线的线宽和颜色进行设置。

属性设置完毕后单击 OK 按钮关闭设置对话框。

3.4.10 添加图形

有时在原理图中需要放置一些图像文件，如各种厂家标志、广告等。通过使用粘贴图片命令可以实现图形的添加，Protel 99 SE 支持多种图片的导入。

执行方式:

■ 菜单栏: "Place" → "Graphic"。

■ 工具栏: 单击工具栏的 按钮。

操作步骤:

(1) 执行该命令，鼠标变成十字形状，并带有一个矩形框。

(2) 移动鼠标到需要放置图形的位置处，单击鼠标左键确定图形放置位置的一个顶点，移动鼠标到合适的位置再次单击鼠标左键，此时将弹出如图 3-37 所示的浏览对话框，从中选择要添加的图形文件。移动鼠标到工作窗口中，然后单击左键，这时所选的图形将被添加到原理图窗口中。

(3) 此时鼠标仍处于放置图形的状态，重复上一步的操作即可放置其他的图形。

(4) 单击鼠标右键或者按下〈Esc〉键便可退出操作。

(5) 设置放置图形属性。

(6) 双击需要设置属性的图形（或在放置状态下按〈Tab〉键），系统将弹出相应的图形属性编辑对话框，如图 3-38 所示。

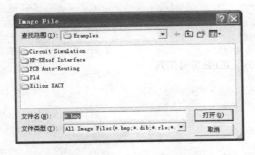

图 3-37　浏览图形对话框

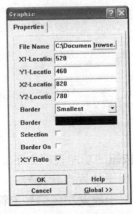

图 3-38　图形属性编辑对话框

● "Border Color" 选项: 设置图形边框的颜色。

● "Border Width" 下拉列表框: 设置图形边框的线宽，有 "Smallest"、"Small"、"Medium" 和 "Large" 4 种线宽可供用户选择。

● "X1-Location" "X2-Location" "Y1-Location" "Y2-Location": 设置图形框的对角顶点位置。

● "FileName" 文本框: 选择图片所在的文件路径名。

● "Border On" 复选框: 是否显示图片的边框。

● "X:Y Ratio 1:1"复选框：选中该复选框则以 1:1 的比例显示图片。

属性设置完毕后，单击 _____OK_____ 按钮关闭设置对话框。

3.5 IEE 图形符号

单击"实用"工具栏中的 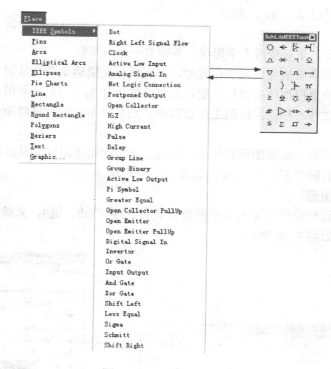 按钮，弹出相应的 IEEE 符号工具，如图 3-39 所示为符合 IEEE 标准的一些图形符号。其中各按钮的功能与"Place"菜单中"IEEE Symbols（IEEE符号）"命令的子菜单中的各命令具有对应关系。

图 3-39　IEEE 符号工具

其中各按钮的功能说明如下：
● ○：用于放置点状符号。
● ←：用于放置左向信号流符号。
● ▷：用于放置时钟符号。
● ￪：用于放置低电平输入有效符号。
● ◠：用于放置模拟信号输入符号。
● ✳：用于放置无逻辑连接符号。
● ￢：用于放置延迟输出符号。
● ◇：用于放置集电极开路符号。
● ▽：用于放置高阻符号。
● ▷：用于放置大电流输出符号。

- ⊓ : 用于放置脉冲符号。
- ⊢⊣ : 用于放置延迟符号。
-] : 用于放置分组线符号。
- } : 用于放置二进制分组线符号。
- ⊩ : 用于放置低电平有效输出符号。
- π : 用于放置 π 符号。
- ≥ : 用于放置大于等于符号。
- ⊻ : 用于放置集电极开路正偏符号。
- ◇ : 用于放置发射极开路符号。
- ⊽ : 用于放置发射极开路正偏符号。
- # : 用于放置数字信号输入符号。
- ▷ : 用于放置反向器符号。
- ◁▷ : 用于放置输入、输出符号。
- ◁ : 用于放置左移符号。
- ≤ : 用于放置小于等于符号。
- Σ : 用于放置求和符号。
- ⊓ : 用于放置施密特触发输入特性符号。
- ▷ : 用于放置右移符号。

3.6 编辑库元件

一个完整的元件，除了形状各异的外形，真正表现元件电气属性的是引脚与其参数，引脚实现了形式上的电气连接，参数属性则是电气连接的实质。

3.6.1 添加引脚

引脚是元件的基本组成部分，是元件进行功能实现的关键。引脚的正确分配对元件的性能起着至关重要的作用。

执行方式：
- 菜单栏："Place" → "Pin"
- 工具栏：单击工具栏中的 ⊸ 按钮

操作步骤：

（1）执行该命令，光标变成十字形状，并附有一个引脚符号。

（2）移动该引脚到矩形边框处，单击左键完成放置，如图 3-40 所示。

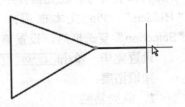

图 3-40 放置元件的引脚

（3）放置引脚时，一定要保证具有电气特性的一端，即带有点号的一端朝里，这可以通过在放置引脚时按空格键旋转来实现。

（4）在放置引脚时按下〈Tab〉键，或者双击已放置的引脚，系统弹出如图 3-41 所示的元件引脚属性对话框，在该对话框中可以完成引脚的各项属性设置。

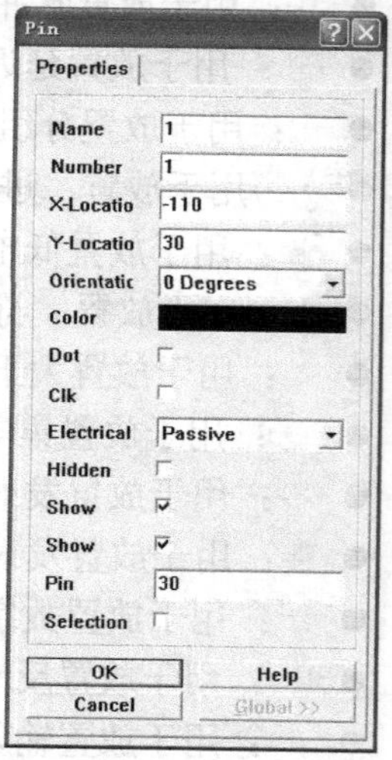

ℹ️ 提示：

放置引脚时，一定要保证具有电气特性的一端，即带有点的一端朝里，这可以通过在放置引脚时按空格键旋转来实现。

引脚属性对话框中各项属性含义如下：

- "Name" 文本框：输入编辑引脚的引脚名。
- "Number" 文本框：输入其引脚号。
- "X-Location" 和 "Y-Location" 文本框：修改引脚在图纸中的坐标。
- "Orientatic" 下拉框：设置引脚的旋转角度。引脚放置在元件体上不同的位置，其旋转角度不同，在元件的右边、上方、左方、下方旋转角度分别为 0°、90°、180°、270°。放置引脚时，在确定位置之前，可用空格键改变引脚的放置角度。

图 3-41　引脚属性设置对话框

- "Dot" 复选框：选中后，确定该引脚为反向（低电平有效）引脚和时钟引脚。
- "Clk" 复选框：选中后，确定该引脚为时钟引脚。
- "Electrical" 下拉列表框：确定引脚的电气特性，共有 8 种，分别为：
  - ◯ INPUT：输入引脚；
  - ◯ OUTPUT：输出引脚；
  - ◯ IO：输入输出双向引脚；
  - ◯ OPEN COLLECTOR：集电极开路引脚；
  - ◯ PASSIVE：被动引脚；
  - ◯ HIZ：高阻态引脚；
  - ◯ OPEN EMITTER：发射极开路引脚；
  - ◯ POWER：电源、接地引脚。

"Hidden"、"Show" 和 "Selection" 复选框："Hidden" 和两个 "Show" 复选框用来控制引脚的显示属性，选择 "Hidden" 后，隐藏该引脚。选择两个 "Show" 复选框后，分别隐藏引脚名和引脚号。在元器件中为了简化电路图，将电源引脚和电路中未用的引脚属性设置为 "Hidden"。Pin 文本框用来设置管脚的显示长度，Protel 99 SE 默认为 30mil。选中 "Selection" 复选框后，设置该引脚当前为选中状态而高亮显示。

设置完毕，单击 [　OK　] 按钮，关闭对话框，设置好属性的引脚如图 3-42 所示。

知识拓展：

1．队列粘贴

按照同样的操作，或者使用队列粘贴功能，完成其余 31 个引脚的放置，并设置好相应的属性，如图 3-43 所示。

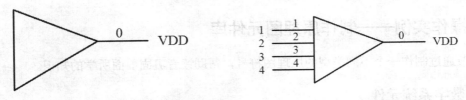

图 3-42 设置好属性的引脚   图 3-43 放置全部引脚

2. 调整元件符号大小和引脚位置

开始确定的元件体的大小，在放置引脚之后可能大小不适，这时可双击元件体的右下脚边框，然后拖动元件体边框的右下脚改变元件体大小。对于放置位置不合适的引脚，可拖动引脚到合适的位置。

3.6.2 编辑库元件属性

执行方式：

■ 菜单栏："Tools"→"Description"。

■ 工具栏：单击项目管理器中的 | **Description...** | 按钮。

操作步骤：

执行该命令，显示如图 3-44 所示的"Component Text Fields"对话框。在该对话框中可以对自己所创建的库元件进行特性描述，以及其他属性参数设置。

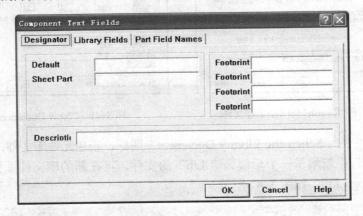

图 3-44 "Component Text Fields"对话框

选项说明：

主要设置如下几项参数：

● "Default Designator"文本框：默认库元件序号，即把该元件放置到原理图文件中时，系统最初默认显示的元件序号。这里设置为"U？"，并选中后面的"Visible"复选框，则放置该元件时，序号"U？"会显示在原理图上。

● "Description"文本框：库元件性能描述。这里输入"USB MCU"。

● "Footprint"文本框：设置元件"C8051F320"的默认封装。

设置完毕，单击 | OK | 按钮，关闭对话框。

3.7 操作实例——制作原理图元件库

本节通过制作一个不同类型的原理图符号，帮助读者巩固前面所学的知识。

3.7.1 数字系统元件

（1）启动 Protel 99 SE。

（2）执行"开始"→"Protel 99 SE" →"Protel 99 SE"菜单命令，或者双击桌面上的快捷方式图标，启动 Protel 99 SE 程序。

（3）执行"Files"→"New"菜单命令，在弹出的工程文件创建对话框中，选择合适的路径，输入文件名"MyDesign Sch"，建立后缀为".ddb"的工程文件，如图 3-45 所示。

（4）在工作区打开工程文件，并在工程文件中创建一个空的"Document"文件夹，如图 2-72 所示。双击该文件夹，打开文件夹。

（5）执行"File"→"New"菜单命令，打开如图 3-46 所示的"New Document"对话框。

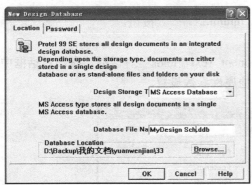

图 3-45　创建 Protel 99 SE 工程文件　　　　图 3-46　"New Document"对话框

（6）选择其中的"Schematic Library Document"图标，新建元件库文件，单击 OK 按钮确定。设计项目中新增了一个后缀为".Lib"的文件，可在新的库文件图标上修改库文件的名称为"Anolog.Lib"，如图 3-47 所示。

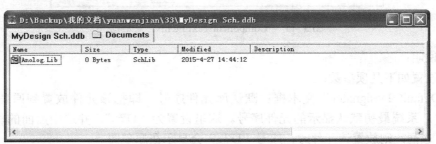

图 3-47　修改元件库名称

（7）新建的原理图元件库内，左侧"Browse SchLib"面板中已经存在一个自动命名的"Component_1"元件。

（8）执行 "Tools" → "Rename Component" 菜单命令，打开如图 3-48 所示的重命名元件对话框，输入新元件名称 "RT8482"，然后单击 OK 按钮确定，在元件库浏览器中显示元件 RT8482，如图 3-49 所示。

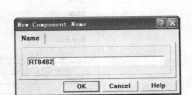

图 3-48　元件重命名　　　　　　　图 3-49　元件库浏览器

（9）绘制元件符号。

1）要明确所要绘制元件符号的引脚参数，见表 3-1。

表 3-1　元件引脚

引脚号码	引脚名称	信号种类	引脚种类	其　他
1	GBIAS	Passive	30mil	显示
2	GATE	Passive	30mil	显示
4	ISW	Passive	30mil	显示
6	ISP	Passive	30mil	显示
7	ISN	Passive	30mil	显示
8	VS	Passive	30mil	显示
9	ACTL	Passive	30mil	显示
10	DCTL	Passive	30mil	显示
11	SS	Passive	30mil	显示
13	EN	Passive	30mil	显示
14	OVP	Passive	30mil	显示
15	VCC	Passive	30mil	显示
16、17	GND	Passive	30mil	显示

2）确定元件符号的轮廓，即放置矩形。单击 □ 按钮，进入放置矩形状态，并打开如

图 3-50 所示的"Rectangle"对话框设置相关属性,设置好的矩形如图 3-51 所示。

3)单击 ⌐ 按钮,放置引脚,并打开如图 3-52 所示的"Pin"对话框。在"Name"文本框中输入"GBIAS"、"Number"文本框中输入"1"、"Electrical"下拉列表框中选择"Passive"、"Pin"文本框中输入"30",然后单击 ⌐ OK ⌐ 按钮关闭对话框。

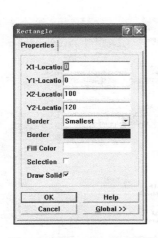

图 3-50 "Rectangle"对话框

图 3-51 设置好的矩形

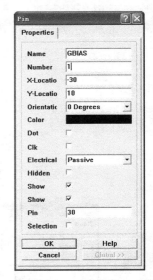

图 3-52 设置引脚属性

4)鼠标指针上附着一个引脚的虚影,用户可以按空格键改变引脚的方向,然后单击鼠标放置引脚,如图 3-53 所示。

5)系统仍处于放置引脚的状态,参考表 3-1 中的数据以相同的方法放置其他引脚。

由于引脚号码具有自动增量的功能,第一次放置的引脚号码为 1,紧接着放置的引脚号码会自动变为 2,所以最好按照顺序放置引脚。另外,如果引脚名称的后面是数字的话,同样具有自动增量的功能,结果如图 3-54 所示。

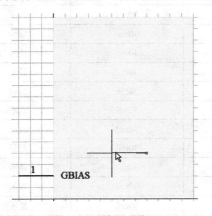

图 3-53 放置引脚

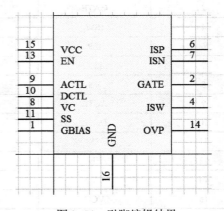

图 3-54 引脚编辑结果

6)编辑好引脚后,单击 T 按钮,进入放置文字状态,并打开如图 3-55 所示的"Annotation"对话框。在"Text"下拉列表框中选择"RT8482",单击 ⌐ Change... ⌐ 按钮打开字体对话框，将字体大小设置为16，然后把字体放置在合适的位置，结果如图3-56所示。

图 3-55 "Annotation" 对话框

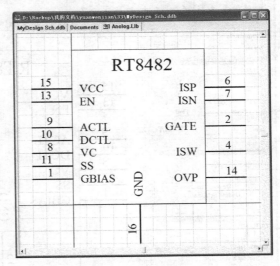

图 3-56 外观编辑结果

（10）编辑元件属性。

单击设计管理器中的 Description... 按钮，或者执行 "Tools" → "Description" 菜单命令，打开如图 3-57 所示的 "Component Text Fields" 对话框。在 Default 文本框中输入预置的元件序号前缀 "U？"。在 "Description" 文本框中输入说明文字 "数字系统模块"。最后在 Foot Print1 文本框中将第一组元件封装的名称定义为 "DIP16"，在 "Foot print2" 文本框中将第二组元件封装的名称定义为 "IDC16"。单击 OK 按钮关闭对话框。

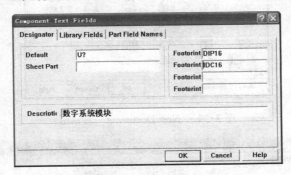

图 3-57 设置元件属性

（11）完成的元件如图 3-58 所示。

3.7.2 通用元件

（1）执行 "File" → "New" 菜单命令，打开如图 3-59 所示的 "New Document" 对话框。

（2）选择其中的 "Schematic Library Document"，新建元件库文件，单击 OK 按钮确定。设计项目中新增了一个 .Lib 文件，可在新的库文件图标上修改库文件的名称为 "Tl Logic.Lib"，如图 3-60 所示。

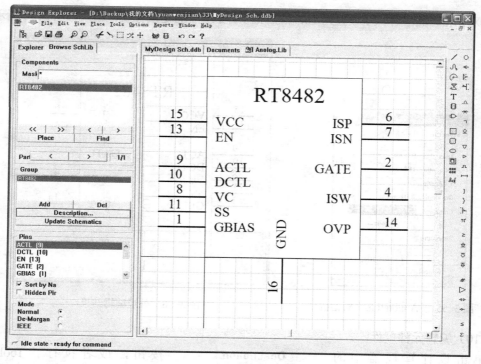

图 3-58 元件完成图

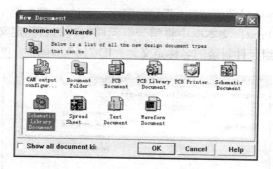

图 3-59 "New Document" 对话框

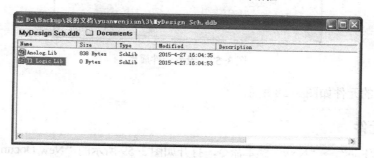

图 3-60 修改元件库名称

（3）双击进入新建的原理图元件库内，左侧"Browse SchLib"面板中已经存在一个自动命名的"Component_1"元件。

（4）执行"Tools"→"New Component"菜单命令，打开如图 3-61 所示的重命名元件对话框，输入新元件名称"74F06"，然后单击 OK 按钮确定，在元件库浏览器中显示元件 74F06。

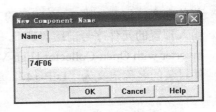

图 3-61　元件重命名

（5）绘制元件符号。

1）确定元件符号的轮廓，即放置矩形。单击 ╱ 按钮，进入放置直线状态，并打开如图 3-62 所示的 "PolyLine" 对话框设置相关属性，设置好的闭合图形如图 3-63 所示。

2）单击工具栏中的 ◌ 按钮，放置 IEE 符号中的集电极开路符号，在仿真过程中按〈Tab〉键，设置线宽，如图 3-64 所示。完成设置后，在闭合三角形内部，结果如图 3-65 所示。

图 3-62　"PolyLine" 对话框

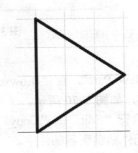

图 3-63　设置好的闭合图形　图 3-64　"IEEE Symbol" 对话框

3）单击 ◌ 按钮，放置引脚，并打开"Pin"对话框，设置参数属性，如图 3-66、图 3-67 所示，设置完后将引脚一次放置在对应位置，结果如图 3-68 所示。

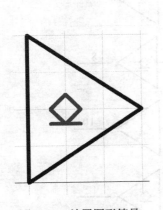

图 3-65　放置图形符号

图 3-66　"Pin" 对话框 1

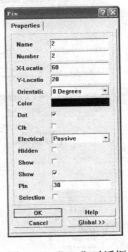

图 3-67　"Pin" 对话框 2

（6）编辑元件属性。

单击项目管理器中的 Description... 按钮，或者执行"Tools"→"Description"

菜单命令，打开如图 3-69 所示的"Component Text Fields"对话框。在"Default"文本框中输入预置的元件序号前缀"U?"。在"Description"文本框中输入说明文字，在此填写"Hex Inverter with Open-Collector High-Voltage Output"。最后在"Foot print1"文本框中将第一组元件封装的名称定义为"DIP-14"。单击 OK 按钮关闭对话框。

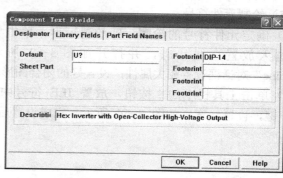

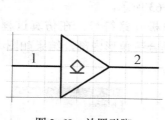

图 3-68　放置引脚

图 3-69　设置元件属性

（7）复制元件。

执行菜单命令"Tools"→"New Part"，在"Browse Schlib"面板上显示有两个部件，继续执行该命令，共创建 6 个部件，如图 3-70 所示。

选中部件 1 中的元件轮廓，执行"Edit"→"Copy"菜单命令，依次在其余部件中执行"Edit"→"Paste"菜单命令，将元件粘贴到各部件中。

依次修改各部件中引脚编号，其余部件修改结果如图 3-71 所示。

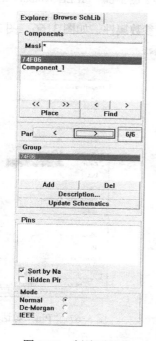

图 3-70　创建子部件

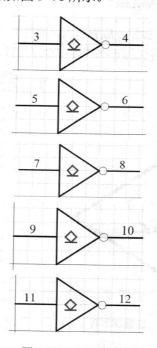

图 3-71　元件完成图

第4章 原理图设计

本章详细介绍关于原理图设计的一般流程。从原理图设计文档的建立，图纸页面设置，模板的应用，库元件的调用，元件的放置和绘制等方面进行介绍。根据电路设计的具体要求，建立电路的实际连通。

 知识点

- 原理图绘制的一般流程
- 原理图环境设置
- 原理图连接工具
- 绘制图形工具

4.1 原理图的组成

完整的原理图不但要包括原理图，还需要包括图纸模板，将绘制完成的原理图放置到图纸模板中，最后在标题栏中填写原理图名称等详细信息，才可以称之为完整的原理图，如图4-1所示。

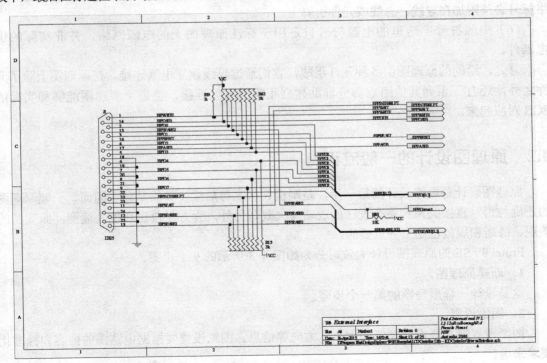

图4-1 完整的原理图

原理图，即电路板工作原理的逻辑表示，它主要由一系列具有电气特性的符号构成。图 4-1 是一张用 Prote1 99 SE 绘制的原理图，在原理图上用符号表示了 PCB 的所有组成部分。PCB 各个组成部分与原理图上电气符号的对应关系如下：

（1）元件：在原理图设计中元件以元件符号的形式出现。元件符号主要由元件引脚和边框组成，其中元件引脚需要和实际元件一一对应。

如图 4-2 所示为图 4-1 中采用的一个元件符号，该符号在 PCB 上对应的是一个运算放大器。

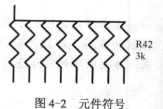

图 4-2　元件符号

（2）铜箔：在原理图设计中，铜箔有几种表示：
- 导线：原理图设计中的导线也有自己的符号，它以线段的形式出现。在 Prote1 99 SE 中还提供了总线，用于表示一组信号，它在 PCB 上对应的是一组由铜箔组成的有时序关系的导线。
- 焊盘：元件的引脚对应 PCB 上的焊盘。
- 过孔：原理图上不涉及 PCB 的布线，因此没有过孔。
- 覆铜：原理图上不涉及 PCB 的覆铜，因此没有覆铜的对应符号。

（3）丝印层：丝印层是 PCB 上元件的说明文字，对应于原理图上元件的说明文字。

（4）端口：在原理图编辑器中引入的端口不是指硬件端口，而是为了建立跨原理图电气连接而引入的具有电气特性的符号。原理图中采用了一个端口，该端口就可以和其他原理图中同名的端口建立一个跨原理图的电气连接。

（5）网络标号：网络标号和端口类似，通过网络标号也可以建立电气连接。原理图中网络标号必须附加在导线、总线或元件引脚上。

（6）电源符号：这里的电源符号只是用于标注原理图上的电源网络，并非实际的供电器件。

总之，绘制的原理图由各种元件组成，它们通过导线建立电气连接。在原理图上除了元件之外，还有一系列其他组成部分辅助建立正确的电气连接，使整个原理图能够和实际的 PCB 对应起来。

4.2　原理图设计的一般流程

原理图设计是电路设计的第一步，是制板、仿真等后续步骤的基础。因而，一幅原理图的正确与否，直接关系到整个设计的成功与失败。另外，为方便自己和他人读图，原理图的美观、清晰和规范也是十分重要的。

Protel 99 SE 的原理图设计大致可分为如图 4-3 所示的 9 个步骤。

1. 新建原理图。

这是设计一幅原理图的第一个步骤。

2. 图纸设置。

图纸设置就是要设置图纸的大小、方向等信息。图纸设置要根据电路图的内容和标准化要求来进行。

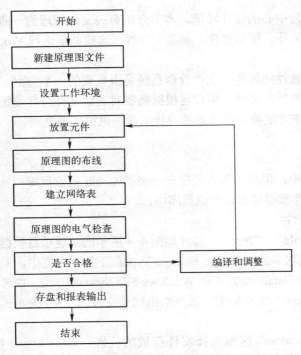

图 4-3 原理图设计的一般流程

3．装载元件库。

装载元件库就是将需要用到的元件库添加到系统中。

4．放置元件。

从装入的元件库中选择需要的元件放置到原理图中。

5．元件位置调整。

根据设计的需要，将已经放置的元件调整到合适的位置和方向，以便连线。

6．连线。

根据所要设计的电气关系，用导线和网络将各个元器件连接起来。

7．注解。

为了设计的美观、清晰，可以对原理图进行必要的文字注解和图片修饰，这些对后来的PCB 设置没有影响，只是为了方便自己和他人读图。

8．检查修改。

设计基本完成后，应该使用 Protel 99 SE 提供的各种校验工具，根据各种校验规则对设计进行检查，发现错误后进行修改。

9．打印输出。

设计完成后，根据需要，可选择对原理图进行打印，或者制作各种输出文件。

4.3　原理图的基本操作

Protel 99 SE 为用户提供了一个十分友好且易用的设计环境，它打破了传统的 EDA 设计模式，采用了以工程为中心的设计环境。本节介绍有关文件管理的一些基本操作方法，包括新建文件、打开已有文件、保存文件、删除文件等，这些都是进行 Protel 99 SE 操作最基础的知识。

同时，评价一个软件的好坏，文件管理系统是很重要的一个方面。在使用 Protel 99 SE 的过程中会产生很多类型的文件，用户可根据需要对这些文件进行编辑、搜索、修复及压缩等操作，掌握这些操作方法将为设计者的设计工作提供很大的便利。

4.3.1 创建设计

在 Protel 99 SE 中，用户必须首先建一个类型为.ddb 的数据库，称之为项目数据库。用户以后所有的设计文件都存储在这个数据库中。

1. 新建数据库文件

执行菜单命令"File" / "New"，打开如图 4-4 所示的新建项目数据库对话框。

在"Location"选项卡的"Design Storage Type"下拉列表框中，系统提供了两种文件存储方式——MS Access Database 方式和 Windows File System 方式，前者是系统的默认方式。在"Database File Name"文本框中，系统给出默认文件名"MyDesign.ddb"，用户可按自己要求修改。

在"Database Location"区域选择文件存放的位置，单击 Browse... 按钮弹出"文件另存为"对话框，选择保存文件的磁盘"D:"，再单击"保存"按钮，则数据库文件"单片机.ddb"存放在 D 盘根目录下。

如果有必要，可以单击图 4-4 所示的"Password"选项卡，在弹出的如图 4-5 所示的对话框中为设计数据库设置访问密码，系统默认的用户名为"Admin"。

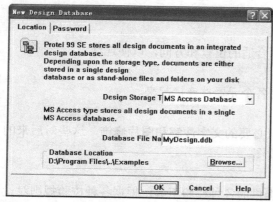

图 4-4 "新建项目数据库"对话框

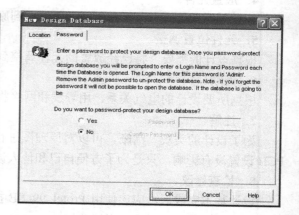

图 4-5 设计数据库设置访问密码

以上各项设置好后单击 OK 按钮，进入系统设计窗口，如图 4-6 所示。从左边窗口可见已建的".ddb"文件，右边窗口显示".ddb"的三个组件。

2. 打开已存在的项目数据库。

● 执行菜单命令"File" → "Open"。

● 单击主工具栏里的 🖿 图标。

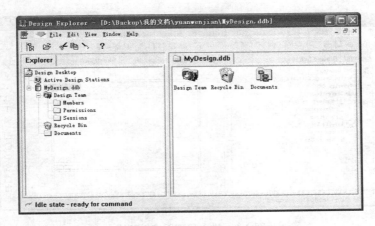

图 4-6　进入项目设计数据库"单片机.ddb"

3．关闭项目数据库。

● 执行菜单命令"File"→"Close Design"。

● 单击主设计窗口右上角的⊠图标。

4．创建原理图文件

单击".ddb"数据库下的"Document"图标将其打开。执行"File"→"New"菜单命令，显示如图 4-7 所示的"New Document"对话框。

其中有 10 个图标，选中其中要编辑的文件后单击　OK　按钮，进入相应的编辑窗口。

单击"Schematic Document"图标，然后单击　OK　按钮，系统自动创建一个原理图设计文档，默认的文档名为"Sheet.Sch"。

5．原理图文件基础操作。

（1）选中"Sheet1.Sch"图标后，单击右键弹出如图 4-8 所示的快捷菜单，执行菜单上的命令可对原理图文件进行基本操作。

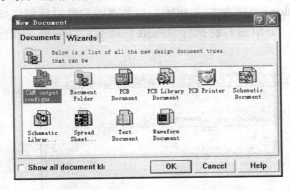

图 4-7　"New Document"对话框

图 4-8　快捷菜单

（2）执行"Open"命令，在右侧工作区打开原理图编辑环境，如图 4-9 所示，可在该窗口中进行原理图设计，具体操作在后面进行详细介绍。

（3）执行"Open In New Window"命令，在右侧工作区单独打开原理图编辑环境，如图 4-10 所示。

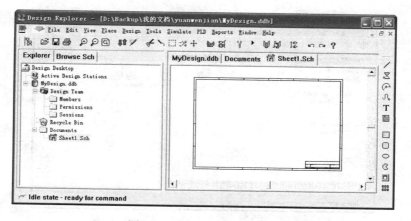

图 4-9　进入原理图编辑环境

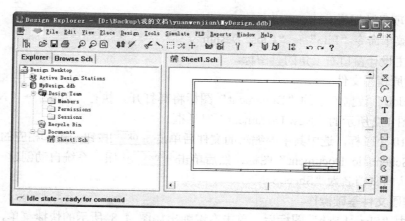

图 4-10　单独打开原理图文件

（4）执行"Cut"命令，与 Windows 大多数软件相同，对原理图文件进行剪切操作。

（5）执行"Copy"命令，在空白处单击右键执行"Paste"命令，在右侧工作区放置原理图文件复件，如图 4-11 所示。

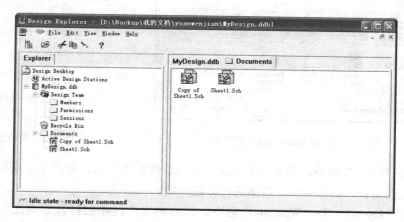

图 4-11　复制文件

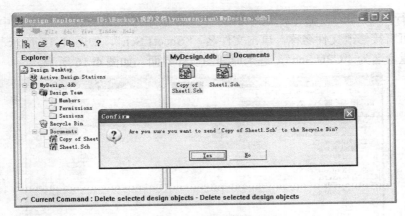

图 4-12　询问是否删除

（6）执行"Delete"命令，与 Windows 大多数软件相同，对原理图文件进行删除操作，弹出如图 4-12 所示的"Confirm"对话框，单击 Yes 按钮，确认删除，如图 4-13 所示。

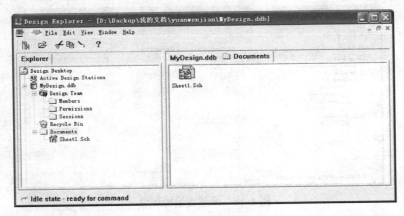

图 4-13　删除文件

（7）执行"Export"命令，弹出如图 4-14 所述的对话框，输入文件名称，输出单独的原理图文件，在 Protel 99 SE 中，如无特殊要求，文件以数据库的形式整个保存文件，不显示数据库中的具体文件，输出文件后，可独立显示输出文件，方便针对该文件进行其他操作。

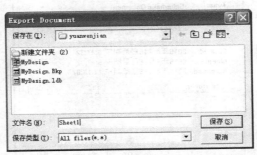

图 4-14　"Export Document"对话框

（8）执行"Rename"命令，选中的文件上显示矩形框，可在改矩形框中修改文件名称，同时也可直接修改文件名称，单击文件名 "Sheet1.Sch"，如图 4-15 所示，出现闪动的光标后将其重命名为"CPU.Sch"，进入原理图设计界面，如图 4-16 所示。

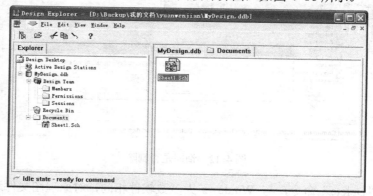

图 4-15　建立原理图文档

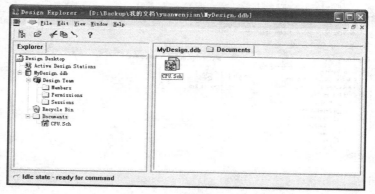

图 4-16　原理图编辑环境

（9）执行"Properties"命令，弹出如图 4-17 所示的对话框，在该对话框中显示选中对象的基本信息。

图 4-17　"Properties"对话框

（10）执行"View"命令，弹出如图 4-18 所示的子菜单，文件有 4 种显示方法，如
图 4-19 所示。

图 4-18　子菜单

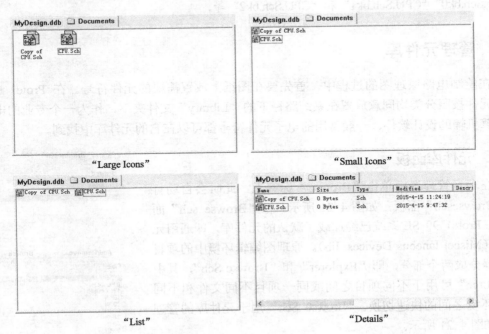

图 4-19　文件显示方法

4.3.2　恢复设计

前面介绍了通过系统设置可实现系统的定期自动备份功能，下面介绍如何利用这些备份
文件恢复设计。

执行菜单命令"File"→"Import…"，系统弹出如图 4-20 所示的导入文件对话框，通
过系统设置的备份文件保存路径找到需要恢复文件的备份文件。

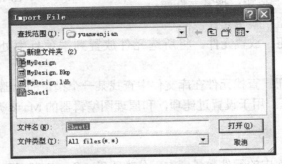

图 4-20　导入文件对话框

单击 打开(0) 按钮，即可将备份文件重新恢复至数据库中。

ⓘ 提示：

明确备份文件的命名方法：

备份文件的后缀为".bk*"，比如 PCB 文件"CPU.Pcb"的自动备份文件是"CPU.Pcb.bk0"、"CPU.Pcb.bk1"和"CPU.Pcb.bk2"等；原理图文件"CPU.Sch"的自动备份文件是"CPU.Sch.bk0""CPU.Sch.bk1"和"CPU.Sch.bk2"等。

4.4 管理元件库

在绘制电路原理图的过程中，首先要在图纸上放置需要的元件符号。在 Prote1 99 SE 中，元件按照分类均同意放置在系统路径下的"Library"文件夹下，作为一个专业的电子电路计算机辅助设计软件，一般常用的电子元件符号都可以在它的元件库中找到。

4.4.1 元件库面板

在项目管理器中单击"Browse"标签上，此时会自动打开"Browsesch"面板，如图 4-21 所示。在"Browse sch"面板中，Prote1 99 SE 系统已经加载了默认的元件库，即通用元件库（Miscel laneous Devices. lib）。原理图编辑环境中的项目管理器分成两个部分，即"Explorer"和"Browse Sch"，其中"Explorer"可用于不同项目之间或同一项目不同文件和不同编辑环境之间的快速切换。"Browse Sch"用于元件库的管理器，如图 4-21 所示。

该面板主要功能是加载、查找元件库，以及编辑、放置元件。在加载一个原理图元件库时，在项目管理器的元件区域的显示框中列出打开元件库中所有元器件符号的名称。当光标指在某个元件名称上时，编辑区域显示该元件的符号图形。

图 4-21 "Browse sch"面板

"Browse sch"面板主要功能按钮介绍如下：

● Add/Remove... 按钮：加载元件库。

● Browse 按钮：搜索元件库。

● Edit 按钮：编辑元件。

● Place 按钮：放置元件。将所选元件放置到本项目中处于激活状态的电路原理图上。

● Find 按钮：查找元件在库文件中查找某一个指定的元器件，

● "Filter"文本框：用于设置过滤项，和原理图编辑器的 Mask 类似。

4.4.2 元件库管理

Prote1 99 SE 元件库中的元件数量庞大，分类明确。Prote1 99 SE 元件库采用下面两级分类方法：

（1）一级分类：以元件制造厂家的名称分类。

（2）二级分类：在厂家分类下面又以元件的种类（如模拟电路、逻辑电路、微控制器、A–D 转换芯片等）进行分类。

对于特定的设计项目，用户可以只调用几个元件厂商中的二级分类库，这样可以减轻系统运行的负担，提高运行效率。用户若要在 Protel 99 SE 的元件库中调用一个所需要的元件，首先应该知道该元件的制造厂家和该元件的分类，以便在调用该元件之前把包含该元件的元件库载入系统。元件库的管理包括：

1．加载元件库

（1）执行菜单命令"Design"→"Add/Remove Library"命令，或者在如图 4-21 所示的"Browse sch"面板中单击 **Add/Remove...** 按钮，系统将弹出如图 4-22 所示的"Change Library File List"对话框。可以看到此时系统已经装入的元件库，包括通用元件库（Miscellaneous Devices.ddb）。

（2）加载绘图所需的元件库。在"Change Library Files List"对话框中有 3 个选项组。

● "查找范围"下拉列表框显示元件库路径并列出该路径下的库文件。

● "文件类型"下拉列表框中显示加载的元件库有两种类型，包括".ddb"、".lib"文件。

● "Selected Files"选项组中可以显示加载的元件库。

选中需要加载的元件库，单击 **Add** 按钮，加载该元件库，结果如图 4-23 所示。

图 4-22 "Change Library File List"对话框

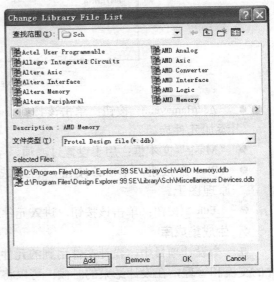

图 4-23 加载元件库

重复上述操作就可以把所需要的各种库文件添加到系统中，作为当前可用的库文件。加载完毕后，单击 **OK** 按钮，关闭对话框。这时所有加载的元件库都显示在"Browse sch"面板中，用户可以选择使用。

2．卸载元件库

在"Selected Files"选项组下选中需要卸载的元件库，单击 **Remove** 按钮，移除该元件库。卸载完毕后，单击 OK 按钮，关闭对话框。这时卸载的元件库不在"Browse sch"面板中显示。

3．查找元件库

执行菜单命令"Design"→"Browse Library"，或者在如图 4-21 所示的"Browse sch"面板中单击 Browse 按钮，弹出如图 4-24 所示的"Browse Library"对话框，主要用于查找、选择及取用元件。在项目管理器的元件区域的显示框中列出打开元件库中所有元器件符号的名称。当光标指在某个元件名称上时，编辑区域显示该元件的符号图形。

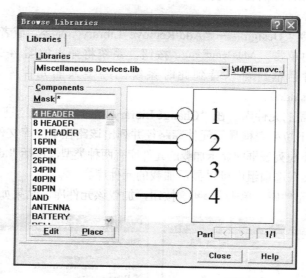

图 4-24 "Browse Library"对话框

- Add/Remove... 按钮：单击该按钮，弹出"Change Library Files List"对话框，添加元件库。
- "Mask"文本框：用于设置过滤项。
- Place 按钮：单击该按钮，将所选元件放置到本项目中处于激活状态的电路原理图上。
- Edit 按钮：单击该按钮，进入元件编辑环境。

4．生成集成库

在一个设计项目中，设计文件用到的元件封装往往来自不同的库文件。为了方便设计文件的交流和管理，在设计结束的时候，可以将该项目中用到的所有元件集中起来，生成基于该项目的元件库文件。

创建项目的元件库简单易行，首先打开已经完成的原理图设计文件，进入原理图编辑器。

执行菜单命令"Design"→"Make Project Library"，系统会自动生成与该设计文件同名的库文件，同时新生成的原理图库文件会自动打开，并置为当前文件，在"Browse SchLib"选项卡中可以看到其元件列表，如图 4-25 所示。

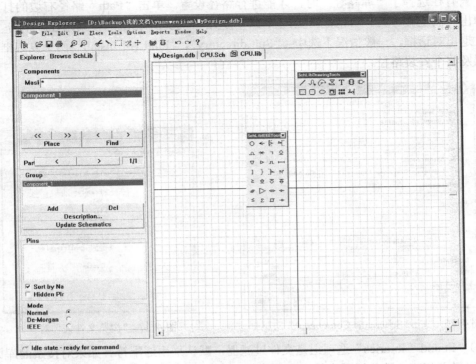

图 4-25   生成库文件

4.5   元件管理

原理图中有两个基本要素：元件符号和线路连接。绘制原理图的主要操作就是将元件符号放置在原理图图纸上，然后用线将元件符号中的引脚连接起来，建立正确的电气连接。在放置元件符号前，需要知道元件符号在哪一个元件库中，并需要载入该元件库。

每个元件一开始放置时，其位置都是大体估计的，并不是很准确。在进行连线之前，需要根据原理图的整体布局，对元件的位置进行调整。这样便于布线，也使得所绘制的电路原理图清晰、美观。

元件位置的调整实际上就是利用各种命令将元件移动到图纸上所需要的位置处，并将元件旋转为所需要的方向。

4.5.1   查找元件

该命令用于在整个元件库中查找指定的元件，运用此命令可以迅速找到某元件。

（1）执行"Tools"→"Find Component"菜单命令，打开如图 4-26 所示的"Find Schematic Component"对话框。当用户不知道元件在哪个库中时，可利用此对话框查找需要的元件。

（2）在"Find Component"选项组下显示两种查找方式，"By Library Refer"、"By Description"，勾选"By Library Refer"复选框，在文本框中输入"2n3904"；

（3）在"Search"选项组中设置查找元器件的路径。主要由"Scoop"和"Path"选项组成，只有在选择了"库路径"时，才能进行路径设置。单击"Path"路径右边的打开...按钮，弹出"浏览文件夹"对话框，如图 4-27 所示，可以选中相应的搜索路径。单击 确定 按钮，退出对话框。一般情况下选中 "Sub directory"、"Find All Install"两个复选框，搜索子集以及整个安装路径。

图 4-26 "Find Schematic Component"对话框

图 4-27 "浏览文件夹"对话框

（4）"Found Libraries"选项组是文件过滤器，默认采用通配符。如果对搜索的库比较了解，可以键入相应的符号以减少搜索范围。

（5）单击 Find Now 按钮，在设置的搜索路径下进行查找，查找结果在"Found Libraries"选项组中显示，如图 4-28 所示。单击 Stop 按钮，可停止搜索操作。

（6）单击 Add To Library List 按钮，可将搜索结果所在元件库加载到项目文件夹下，以方便使用。

（7）单击 Place 按钮，即可移动光标到工作平面上，元件随光标的移动而移动，到工作平面上适当的位置，单击鼠标左键，就可将元件定位到工作平面上，如图 4-29 所示。此时系统仍处于放置元件命令状态，按〈ESC〉键或者单击鼠标右键，即可退出此命令状态。

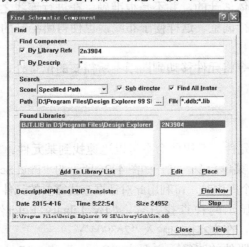

图 4-28 将元件定义到工作平面

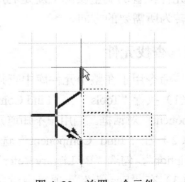

图 4-29 放置一个元件

（8）使用同样的方法，查找、放置其他元件。

4.5.2 放置元件

除了用元件库管理器来查找放置元件外，我们还可以利用菜单命令来实现此项任务。具体方法如下。

（1）执行菜单命令"Place"→"Part..."，弹出如图 4-30 所示的"元件名称设置"对话框，在对话框中输入元件名，单击 OK 按钮，关闭对话框。

（2）在工作平面上上显示移动光标，元件随光标的移动而移动，到工作平面上适当的位置，单击鼠标左键，就可将元件定位到工作平面上，如图 4-31 所示。此时系统仍处于放置元件命令状态，按〈ESC〉键或者单击鼠标右键，即可退出此命令状态。

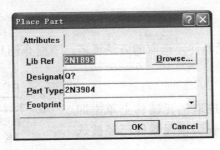

图 4-30　"Place Part"对话框

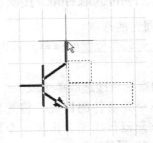

图 4-31　放置元件

（3）单击 Browse... 按钮，系统将弹出如图 4-32 所示的"Browse Libraries"对话框，在该对话框中，用户可以选择需要放置的元件的库，该对话框在前面已经详细讲解，这里不再赘述。

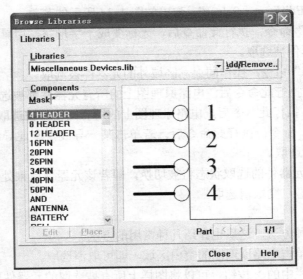

图 4-32　"Browse Libraries"对话框

（4）选择元件后，单击 Close 按钮，系统返回到如图 4-30 所示的对话框，此时可以在"Designator"文本框中输入当前元件的流水序号（例如 Q?）。

无论是单张或多张图纸的设计，都绝对不允许两个元件具有相同的流水序号，否则，在原理图编译过程中会出现报错现象。

在当前的绘图阶段可以完全忽略流水号，即直接使用系统的默认值 A?，完成元件放置后，可统一进行重编流水序号，就可以轻易地将电路图中所有元件的流水序号重新编号一次，既省时、省力，又不易出错。

 注意：

查找、加载元件库，查找、放置元件等操作可直接打开左侧项目管理，在"Browse sch"面板中进行操作，此方法步骤简单，在一般原理图绘制过程中，可多使用此种方法。

4.5.3 元器件的选取和取消选取

1．元器件的选取

要实现元器件位置的调整，首先要选取元器件。选取的方法很多，下面介绍几种常用的方法。

（1）用鼠标直接选取单个或多个元器件

对于单个元器件的情况，将光标移到要选取的元器件上单击即可。这时该元器件周围会出现一个绿色框，表明该元器件已经被选取，如图 4-33 所示。

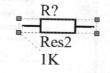

图 4-33　选取单个元器

对于多个元器件的情况，单击鼠标并拖动鼠标，拖出一个矩形框，将要选取的多个元器件包含在该矩形框中，释放鼠标后即可选取多个元器件，或者按住〈Shift〉键，用鼠标逐一单击要选取的元器件，也可选取多个元器件。

（2）利用菜单命令选取

执行菜单命令"Edit"→"Select"，弹出如图 4-34 所示的菜单。

● "Inside Area"命令：执行此命令后，光标变成十字形状，用鼠标选取一个区域，则区域内的元器件被选取。

● "Outside Area"命令：操作同上，区域外的元器件被选取。

● "All"命令：执行此命令后，电路原理图上的所有元器件都被选取。

● "Net"命令：执行此命令后，电路原理图上的所有网络都被选取。

● "Connection"命令：执行此命令后，若单击某一导线，则此导线以及与其相连的所有元器件都被选取。

执行该命令后，元器件的选取状态将被切换，即若该元器件原来处于未选取状态，则被选取；若处于选取状态，则取消选取。

2．取消选取

取消选取也有多种方法，这里也介绍几种常用的方法。

（1）直接用鼠标单击电路原理图的空白区域，即可取消选取。

（2）单击主工具栏中的 按钮，可以将图样上所有被选取的元器件取消选取。

（3）执行菜单命令"Edit"→"DeSelect"，弹出如图 4-35 所示菜单。

● "Inside Area"命令：取消区域内元器件的选取。

● "Outside Area"命令：取消区域外元器件的选取。

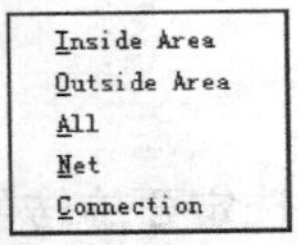

Inside Area
Outside Area
All
Net
Connection

图 4-34 “Select”菜单

Inside Area
Outside Area
All

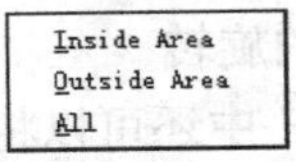

图 4-35 “DeSelect”菜单

- “All”命令：撤除工作平面上所有元件的选中状态。

（4）按住〈Shift〉键，逐一单击已被选取的元器件，可以将其取消选取。

4.5.4 元件的移动

对元件设置一方面确定了后面生成的网络报表的部分内容，另一方面也可以设置元件在图纸上的摆放效果。

在 Protel 99 SE 中，元件的移动有两种情况，一种是在同一平面内移动，称为“平移”；另一种是一个元件将另一个元件遮住的时候，同样需要移动位置来调整它们之间的上下关系，这种元件间的上下移动称为“层移”。

对于元件的移动，系统提供了相应的菜单命令。执行菜单命令“Edit”→“Move”，或直接使用鼠标来实现移动功能。下面依次介绍具体的操作步骤。

（1）使用鼠标移动单个的未选取元件

将光标指向需要移动的元件（不需要选中），按下鼠标左键不放，此时光标会自动滑到元件的电气节点上（显示红色星形标记）。拖动鼠标，元件随之一起移动，到达合适位置后，松开鼠标左键，元件即被移动到当前位置。

（2）使用鼠标移动单个的已选取元件

如果需要移动的元件已经处于选中状态，将光标指向该元件，同时按下鼠标左键不放，拖动元件到指定位置。

（3）使用鼠标移动多个元件

需要同时移动多个元件时，首先应将要移动的元件全部选中，然后在其中任意一个元件上按下鼠标左键并拖动，到适当位置后，松开鼠标左键，则所有选中的元件都移动到了当前的位置。

（4）使用+图标移动元件

对于单个或多个已经选中的元器件，单击主工具栏中的+图标后，光标变成十字形状，移动光标到已经选中的元件附近，单击鼠标，所有已经选中的元件随光标一起移动，到正确位置后，再次单击鼠标，完成移动。

4.5.5 元件的旋转

（1）单个元件的旋转

用鼠标左键单击要旋转的元件并按住不放，将出现十字光标，此时，按下面的功能键，即可实现旋转。旋转至合适的位置后放开鼠标左键，即可完成元件的旋转。

功能键的说明如下：

- Space 键：每按一次，被选中的元件逆时针旋转 90°。
- X 键：被选中的元件左右对调。

● Y 键：被选中的元件上下对调。

（2）多个元件的旋转

在 Protel 99 SE 中还可以将多个元件旋转。方法是：先选定要旋转的元件，然后用鼠标左键单击其中任何一个元件并按住不放，再按功能键，即可将选定的元件旋转，放开鼠标左键完成操作。

4.5.6　对象的复制/剪切和粘贴

Protel 99 SE 中提供了通用对象的复制、剪切和粘贴功能。考虑到原理图中可能存在多个类似的元件，Protel 99 SE 还提供了阵列粘贴功能。

1．对象的复制

在工作窗口选中对象后即可执行对该对象的复制操作。

执行"Edit"→"Copy"菜单命令，鼠标将变成十字形状出现在工作窗口中。移动鼠标到选中的对象上，单击左键，即可完成对象的复制。此时，对象仍处于选中状态。

对象复制后，复制的内容将保存在 Windows 的剪贴板中。

另外，按快捷键〈Ctrl〉＋〈C〉也可以完成复制操作。

2．对象的剪切

在工作窗口选中对象后即可执行对该对象的剪切操作。

执行"Edit"→"Cut"菜单命令，鼠标将变成十字形状出现在工作窗口中。移动鼠标到选中的对象上，单击左键，即可完成对象的剪切。此时，工作窗口中该对象被删除。

对象被剪切后，剪切的内容将保存在 Windows 的剪贴板中。

另外，按快捷键〈Ctrl〉＋〈X〉或者单击工具栏中的剪切按钮 ![icon] 也可以完成剪切操作。

3．对象的粘贴

在完成对象的复制或剪切之后，Windows 的剪切板中已经有内容了，此时可以执行粘贴操作。粘贴操作的步骤如下：

（1）复制或剪切某个对象，使得 Windows 的剪切板中有内容。

（2）执行"Edit"→"Paste"菜单命令，鼠标将变成十字形状并附带着剪切板中的内容，出现在工作窗口中。

（3）移动鼠标到合适的位置，单击鼠标左键，剪切板中的内容就被放置在原理图上。被粘贴的内容和复制和剪切的对象完全一样，它们具有相同的属性。

（4）单击鼠标左键或右键，退出对象粘贴操作。

除此之外，按快捷键〈Ctrl〉＋〈V〉或者单击工具栏上的复制按钮 ![icon] 也可以完成粘贴操作。

除了提供对剪切板的内容的一次粘贴外，Protel 99 SE 还提供了多次粘贴的操作。执行"Edit"→"Rubber Stamp"菜单命令即可执行该操作。和粘贴操作相同的是，粘贴的对象具有相同的属性。

在粘贴元件时，将出现若干个标号相同的元件，此时需要对元件属性进行编辑，使得它们有不同的标号。

4.5.7　元件的排列与对齐

在布置元件时，为求电路美观以及连线方便，应将元件摆放整齐、清晰。这就用到

Protel 99 SE 中的排列与对齐功能。

执行菜单命令"Edit"→"Align"，弹出如图 4-36 所示的子菜单。

其中各个命令说明如下：

● "Align Left"命令：将选定的元件向左边的元件对齐。

● "Align Right"命令：将选定的元件向右边的元件对齐。

● "Align Horizontal"命令：将选定的元件向最左边元件和最右边元件的中间位置对齐。

● "Distribute Horizontally"命令：将选定的元件向最左边元件和最右边元件之间等间距对齐。

● "Align Top"命令：将选定的元件向最上面的元件对齐。

● "Align Bottom"命令：将选定的元件向最下面的元件对齐。

● "Center Vertical"命令：将选定的元件向最上面元件和最下面元件的中间位置对齐。

● "Distribute Vertically"命令：将选定的元件在最上面元件和最下面元件之间等间距放置。

● "Align"命令：执行该命令，将弹出如图 4-37 所示的"Align Objects"对话框。

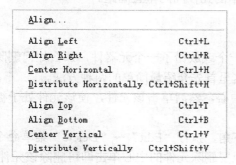

图 4-36 "Align"菜单命令　　　　　图 4-37 "Align Objects"对话框

"Align Objects"对话框中的各选项说明如下：

（1）"Horizontal Alignment"（水平对齐）选项组，该栏中包括下面一些选项：

● "No Change"单选按钮：该项则保持不变。

● "Left"单选按钮：该项作用同"Align Left"。

● "Centre"单选按钮：该项作用同"Align Horizontal Center"。

● "Right"单选按钮：该项作用同"Align Right"。

● "Distribute eqaally"单选按钮：选择该项，作用同"Distribute Vertically"命令。

（2）"Vertical Alignment"（垂直对齐）选项组，该栏中包括下列一些选项：

● "No change"单选按钮：选择该项，则保持不变。

● "Top"单选按钮：该项作用同"Align Top"。

● "Center"单选按钮：该项作用同"Center Vertical"。

● "Bottom"单选按钮：该项作用同"Align Bottom"。

● "Distribute equally"单选按钮：该项作用同"Distribute Horizontally"。

（3）"Move primitives to grid"复选框：选择该项，对齐后，元件将被放到网格点上。

4.5.8　元件的阵列粘贴

阵列式粘贴是一种特殊的粘贴方式，阵列式粘贴一次可以按指定间距将同一个元件重复地粘贴到图纸上。

启动阵列式粘贴可以用菜单命令"Edit"→ "Paste Array"。也可以用画图工具栏里的阵列式粘贴图标 ⠿ 。

启动阵列式粘贴命令后，屏幕会出现如图 4-38 所示的阵列式粘贴对话框。

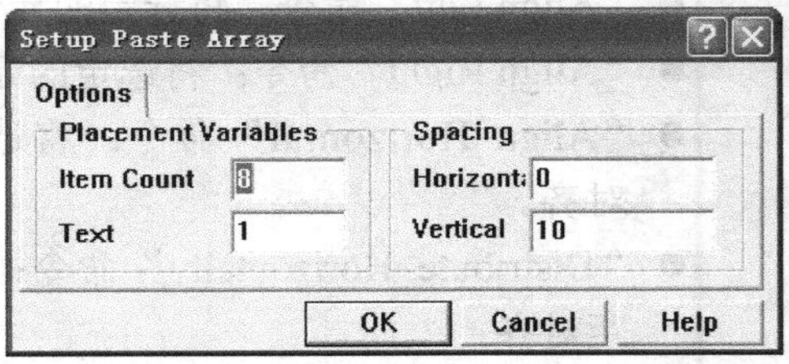

该对话框各项功能如下：

- "Item Count"文本框：用于设置所要粘贴的元件个数。
- "Text Increment"文本框：用于设置所要粘贴元件序号的增量值。如果将该值设定为 1，且元件序号为 R1，则重复放置的元件中，序号分别为 R2、R3、R4。
- "Horizontal"文本框：用于设置所要粘帖的元件的水平间距。
- "Vertical"文本框：用于设置所要粘帖的元件间的垂直间距。

图 4-38　阵列式粘贴对话框

4.5.9　元件的删除

如果在放置元器件时一时疏忽，多放了一个或放错了一个元器件，那么如何删除它呢？删除多余的元器件可以用不同的操作方法，这里首先介绍最简单的两种方法。

（1）首先将鼠标箭头移至要删除的元件中心，然后单击该元件，使该元件处于被选中的状态，按〈Delete〉键即可删除该元件。

（2）在 Protel 99 SE 集成操作环境的左下角，执行"Edit"→"Delete"菜单命令，鼠标箭头上会悬浮着一个十字叉，将鼠标箭头移至要删除元件的中心单击即可删除该元件。

如果还有其他元件需要删除，只需要重复上述操作即可。如果没有其他元件需要删除，可以通过单击鼠标右键或者按〈Esc〉键退出删除元件的操作。

删除元件的两种操作方法各有所长，第一种方法适合删除单个元件，第二种方法适合删除多个元件。

4.6　元件编辑

4.6.1　对象的整体编辑

对象的整体编辑是一项很实用的功能，常用于对多个对象的属性进行批量设置。对于具有相同的值和封装号的对象，用整体编辑的方法将这些属性值复制给各个对象，而无须逐个进行设置，从而大大提高了操作效率，如图 4-39 所示。

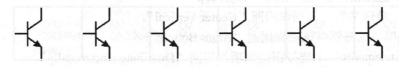

图 4-39　逐个放置好的对象

双击其中一个对象（如最左边的一个），弹出属性对话框，单击 Global >> 按钮将对话框延展开来，如图 4-40 所示。

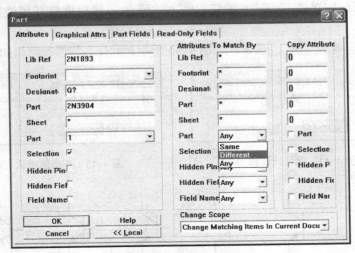

图 4-40　元件属性对话框

这时对话框分为三个选项组，各选项组行数相同，每行对应一个属性值。

- "Attributes"选项组为属性输入栏列表；
- "Attributes To Match By"选项组为属性匹配条件设置列，用于设置与左边同行属性相匹配的条件值，这个条件值限定整体编辑只会在同行属性支付和设定条件的对象中进行；
- "Copy Attributes"为复制属性选项组，用于设置对应左边同行属性所需的属性值。整体编辑就是将列属性值按行对应的复制到所有符合匹配条件的对象的属性列表中。

在"Attributes To Match By"选项组中有些项使用下拉列表来设置匹配条件的，该选项下拉列表中有三项："Same"（相同）；"Different"（不同）；"Any"（任意），如图 4-41 所示。灵活使用配置条件可进行各种复杂的整体编辑。

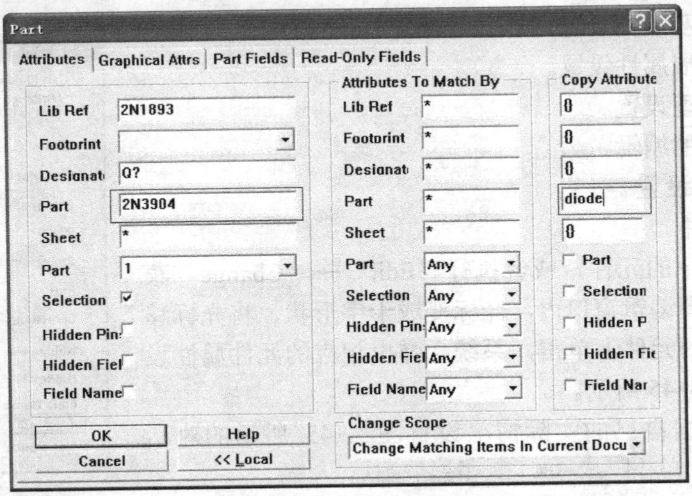

图 4-41　设置整体编辑范围和内容

完成参数设置后，单击 OK 按钮，弹出如图 4-42 所示的确认对话框，显示整体编辑所涉及的对象个数，首先核实对象个数与实际是否相符。如果与预计数目不符，说明前面的设置有问题，应单击 No 按钮取消本次操作，然后再打开属性对话框重新进行设置。

确认无误了，单击 Yes 按钮，如图 4-43 所示。元件名称修改结果如图 4-44 所示。

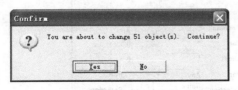

图 4-42　确认对话框

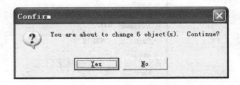

图 4-43　正确的确认对话框

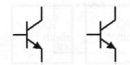

图 4-44　整体编辑元件

上面讲解了如何修改元件类型名称，同样的方法可以修改元件序号、元件封装等，具体方法这里不再赘述。

4.6.2　元件的属性设置

在原理图上放置的所有元件都具有自身的特定属性，在放置好每一个元件后，应该对其属性进行正确的编辑和设置，以免对后面的网络表及 PCB 的制作带来错误。

在 Protel 99 SE 中还可以设置部分布线规则，可以编辑元件的所有引脚。元件属性设置具体包含以下 5 个方面的内容：

- 元件的基本属性设置。
- 元件的外观属性设置。
- 元件的扩展属性设置。
- 元件的模型设置。
- 元件引脚的编辑。

1．手动方式设置

（1）编辑元件

双击原理图中的元件，或者执行"Edit"→"Change"菜单命令，在原理图编辑窗口内，光标变成十字形状，将光标移到需要编辑属性的元件上单击，系统会弹出相应的元件属性设置对话框，如图 4-45 所示。

用户可以根据自己的实际情况设置图 4-45 所示的对话框，完成设置后，单击 OK 按钮确认。

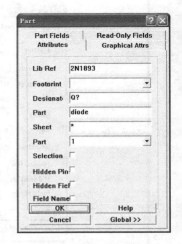

图 4-45　元件属性设置对话框 1

（2）编辑元件属性

双击原理图中的元件标注或标识符，或者执行"Edit"→"Change"菜单命令，在原理图编辑窗口内，光标变成十字形状，将光标移到需要编辑属性的元件标注上单击，系统会弹出相应的元件属性设置对话框，如图 4-46 所示。

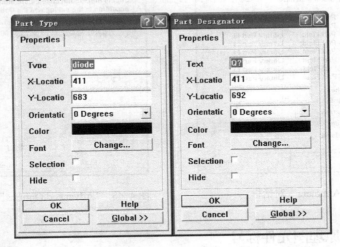

图 4-46　元件属性设置对话框 2

2．自动编辑

在电路原理图比较复杂，有很多元件的情况下，如果用手工方式逐个编辑和标识元件，不仅效率低，而且容易出现标识遗漏、跳号等现象。此时，可以使用 Protel 99 SE 系统所提供的自动标识功能来轻松完成对元件的编辑。

设置元件自动标号的方式具体如下：

执行"Tools"→"Annotate"菜单命令，系统会弹出"Annotate"对话框，如图 4-47 所示。在该对话框里可以设置原理图编号的一些参数和样式，使得在原理图自动命名时符合用户的要求。

该对话框包含"Options"、"Advanced Options"两个选项卡，打开"Options"选项卡，各选项的含义如下：

- "1Up Then Across"单选按钮：按照元件在原理图上的排列位置，先按自下而上，再按自左到右的顺序自动标识。
- "2Down Then Across"单选按钮：按照元件在原理图上的排列位置，先按自上而下，再按自左到右的顺序自动标识。
- "3Across Then Up"单选按钮：按照元件在原理图上的排列位置，先按自左到右，再按自下而上的顺序自动标识。
- "4Across Then Down"单选按钮：按照元件在原理图上的排列位置，先按自左到右，再按自上而下的顺序自动标识。

打开"Advanced Options"选项卡，显示高级设置，如图 4-48 所示。

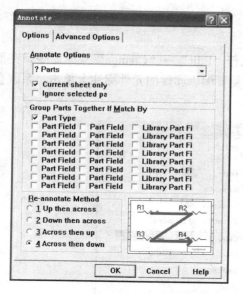

图 4-47 "Annotate" 对话框

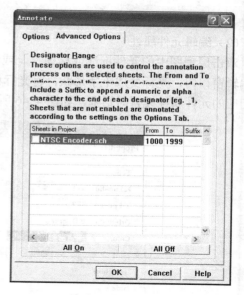

图 4-48 "Advanced Options" 选项卡

4.6.3 返回更新原理图元件标号

"Back Annotate"(反向标注)命令用于从印制电路返回更新原理图元件标号。在设计印制电路时,有时可能对元件重新编号,为了保持原理图和印制板图之间的一致性,可以使用该命令基于印制板图来更新原理图中的元件标号。

执行菜单命令"Tools"→"Back Annotate"后,系统弹出"Select"对话框,如图 4-49 所示,要求选择 WAS-IS 文件,用于从 PCB 文件更新原理图文件的元件标号。

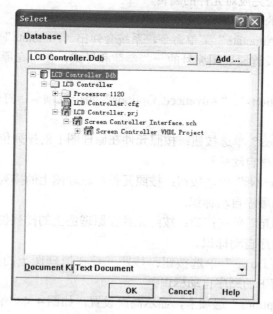

图 4-49 "Select" 对话框

WAS-IS 文件是在 PCB 文档中执行 Reannotate 命令后生成的文件。当选择好 WAS-IS 文件后，将弹出一个消息框，报告所有将被重新命名的元件，当然，这个时候原理图中的元件名称并没有真正被更新。

单击 OK 按钮后，弹出"Annotate"对话框，在此可以预览系统推荐的重命名，然后再决定是否执行更新命令，创建新的 ECO 文件。

4.7 元件的电气连接

元器件之间电气连接的主要方式是通过导线来连接。导线是电路原理图中最重要也是用得最多的图元，它具有电气连接的意义，不同于一般的绘图工具，绘图工具没有电气连接的意义。

电气连接主要应用"Place"菜单栏中的相应命令及对应的"Wiring Tools"工具栏中的按钮，如图 4-50、4-51 所示。

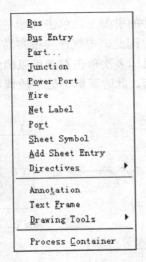

图 4-50 "Place"菜单栏 图 4-51 "Wiring Tools"工具栏

- ≈：导线连接。
- ⊧：总线连接。
- ⊮：总线分支连接。
- ⟙：电气节点连接。
- ≡：电源符号。
- Net1：网络标签连接。
- ×：忽略 ERC 测试点连接。
- ▣：放置 PCB 布局连接。

4.7.1 用导线连接元件（Wire）

导线是电气连接中最基本的组成单位，放置导线是电气连接的基本步骤。

执行方式：

■ 菜单栏："Place" → "Wire"。

■ 工具栏：单击"Wiring Tools"工具栏中的 ≈ 按钮。

■ 快捷键：P+W。

操作步骤：

（1）执行该命令后，鼠标变成十字形状并附加一个叉记号，如图4-52所示。

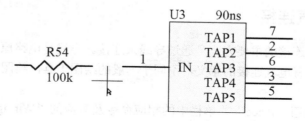

图4-52　显示标记

（2）将鼠标移动到想要完成电气连接的元件的引脚上，单击鼠标左键放置导线的起点。由于设置了系统电气捕捉节点（electrical snap），因此，电气连接很容易完成。出现红色的记号表示电气连接成功，如图4-53所示。移动鼠标多次单击左键可以确定多个固定点，最后放置导线的终点，完成两个元件之间的电气连接。此时鼠标仍处于放置导线的状态，重复上面操作可以继续放置其他的导线。

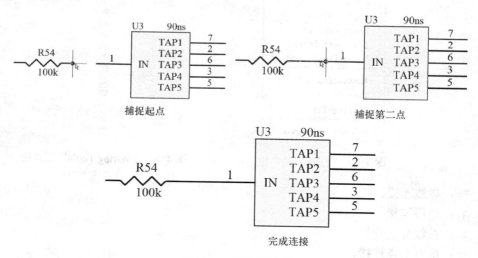

图4-53　导线的绘制

知识拓展：

导线的绘制在一般情况下是"横平竖直"的，但在特殊情况下，需要绘制斜线，这样就涉及到导线的拐弯模式。

如果要连接的两个引脚不在同一水平线或同一垂直线上，则绘制导线的过程中需要单击鼠标确定导线的拐弯位置，如图4-54所示。

也可以通过按〈Shift〉+空格键来切换选择导线的任意角，如图4-55所示。导线绘制完毕，单击鼠标右键或按〈Esc〉键即可退出绘制导线模式。

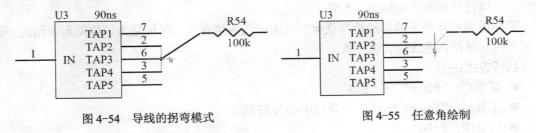

图 4-54 导线的拐弯模式   图 4-55 任意角绘制

💡 提示：

任何一个建立起来的电气连接都被称为一个网络（Net），每个网络都有自己唯一的名称，系统为每一个网络设置默认的名称，用户也可以自己进行设置。原理图完成并编译结束后，在导航栏中即可看到各种网络的名称。

选项说明：

在绘制导线的过程中，用户便可以对导线的属性进行编辑。双击导线或者在鼠标处于放置导线的状态时按〈Tab〉键即可打开导线的属性设置对话框，如图 4-56 所示。

在该对话框中主要是对线的颜色、线宽参数进行设置。

● "Color" 选项：单击对话框中的颜色块，即可在弹出如图 4-57 所示的 "Choose Color" 对话框中选择设置需要的导线颜色。系统默认为深蓝色。

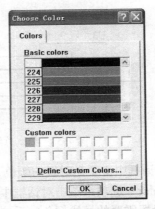

图 4-56 导线属性设置对话框   图 4-57 "Choose Color" 对话框

● "Wire Width" 下拉列表框：单击右边的 Small ▼ 按钮，打开下拉列表框，有 4 个选项 "Smallest"、"Small"、"Medium" 和 "Large" 可供用户选择。系统默认为 "Small"。实际中应该参照与其相连的元件引脚线宽度进行选择。

4.7.2 总线的绘制（Bus）

总线是一组具有相同性质的并行信号线的组合，如数据总线、地址总线、控制总线等。在大规模的原理图设计，尤其是数字电路的设计中，只用导线来完成各元件之间的电气连接的话，则整个原理图的连线就会显得细碎而烦琐，而总线的运用则可大大简化原理图的连线操作，可以使原理图更加整洁、美观。

原理图编辑环境下的总线没有任何实质的电气连接意义，仅仅是为了绘图和读图的方便而采取的一种简化连线的表现形式。

执行方式：
- 菜单栏："Place"→"Bus"。
- 工具栏："Wiring Tools"工具栏中的 ✎ 按钮。
- 快捷键：P+B。

操作步骤：
（1）执行该命令后，鼠标变成十字形状。

（2）将鼠标移动到想要放置总线的起点位置，单击鼠标确定总线的起点。然后拖动鼠标，单击确定多个固定点和终点，如图4-58所示。

提示：

总线的绘制不必与元件的引脚相连，它只是为了方便接下来对总线分支线的绘制而设定的。

选项说明：

在绘制总线的过程中，用户便可以对总线的属性进行编辑。双击总线或者在鼠标处于放置总线的状态时按〈Tab〉键即可打开总线的属性设置对话框，如图4-59所示。

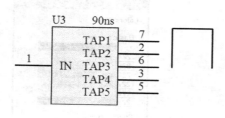

图4-58 绘制总线

图4-59 总线属性设置对话框

在该对话框中主要是对线的颜色、线宽参数进行设置。
- "Color"选项：单击对话框中的颜色块，即可在弹出的"Choose Color"对话框中选择设置需要的导线颜色。系统默认为深蓝色。
- "Bus"下拉列表框：单击右边的 Small ▾ 按钮，打开下拉列表框，有4个选项 "Smallest"、"Small"、"Medium"和"Large"可供用户选择。系统默认为"Small"。实际中应该参照与其相连的元件引脚线宽度进行选择。

4.7.3 绘制总线分支线（Bus Entry）

总线分支线是单一导线与总线的连接线。使用总线分支线把总线和具有电气特性的导线连接起来，可以使电路原理图更为美观、清晰且具有专业水准。

执行方式：

■ 菜单栏："Place"→"Bus Entry"。

■ 工具栏："Wiring Tools"工具栏中的 按钮。

■ 快捷键：P+U。

操作步骤

（1）执行该命令后，鼠标变成十字形状。

（2）在导线与总线之间单击鼠标，即可放置一段总线分支线。同时在该命令状态下，按空格键可以调整总线分支线的方向，如图4-60所示。

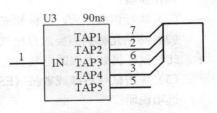

图4-60 绘制总线分支线

提示：

与总线一样，总线分支线也不具有任何电气连接的意义，而且它的存在并不是必须的，即便不通过总线分支线，直接把导线与总线连接也是正确的。

选项说明：

在绘制总线分支线的过程中，用户便可以对总线分支线的属性进行编辑。双击总线分支线或者在鼠标处于放置总线分支线的状态时按〈Tab〉键即可打开总线分支线的属性编辑对话框，如图4-61所示。

在该对话框中主要是不止对线的颜色、线宽参数进行设置，还可以设置总线分支放置位置。

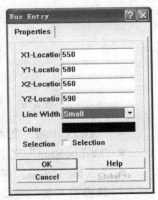

图4-61 总线分支线属性

● "X1-Location"文本框：第一点X向坐标。

● "Y1-Location"文本框：第一点Y向坐标。

● "X2-Location"文本框：第二点X向坐标。

● "Y2-Location"文本框：第二点Y向坐标。

● "Color"选项：单击对话框中的颜色块，即可在弹出的"Choose Color"对话框中选择设置需要的导线颜色。系统默认为深蓝色。

● "Line Width"下拉列表框：单击右边的 Small ▼按钮，打开下拉列表框，有4个选项"Smallest"、"Small"、"Medium"和"Large"可供用户选择。系统默认为"Small"。实际中应该参照与其相连的元件引脚线宽度进行选择。

4.7.4 放置电气节点（Manual Junction）

在Protel 99 SE中，默认情况下，系统会在导线的T形交叉点处自动放置电气节点，表示所画线路在电气意义上是连接的。但在其他情况下，如十字交叉点处，由于系统无法判断导线是否连接，因此不会自动放置电气节点。如果导线确实是相互连接的，就需要用户自己手动来放置电气节点。

执行方式：

■ 菜单栏："Place"→"Manual Junction"。

■ 工具栏：Wiring Tools"工具栏中的 按钮。

■ 快捷键：P+J。

操作步骤：

（1）执行该命令后，鼠标变成十字形状，并带有一个电气节点符号。

（2）移动光标到需要放置电气节点的地方，单击鼠标左键即可完成放置，如图 4-62 所示。此时鼠标仍处于放置电气节点的状态，重复操作即可放置其他的节点。

（3）单击鼠标右键或者按〈ESC〉键，退出该命令状态。

选项说明：

在放置电气节点的过程中，用户便可以对电气节点的属性进行编辑。双击电气节点或者在鼠标处于放置电气节点的状态时按〈Tab〉键即可打开电气节点的属性设置对话框，如图 4-63 所示。在该对话框中可以对节点的颜色、位置及大小进行设置。

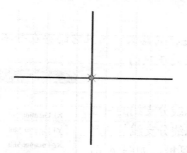

图 4-62　放置电气节点　　　　　图 4-63　电气节点属性设置

- "X-Location"文本框：X 向坐标。
- "Y-Location"文本框：Y 向坐标。
- "Color"选项：单击对话框中的颜色块，即可在弹出的"Choose Color"对话框中选择设置需要的导线颜色。系统默认为深蓝色。
- "Size"下拉列表框：单击右边的 Small ▼ 按钮，打开下拉列表框，有 4 个选项"Smallest"、"Small"、"Medium"和"Large"可供用户选择。系统默认为"Small"。实际中应该参照与其相连的元件引脚线宽度进行选择。

属性编辑结束后，单击 OK 按钮即可关闭该对话框。

知识拓展：

系统存在着一个默认的自动放置节点的属性，用户也可以按照自己的愿望进行改变。执行"Tools"→"Preferences"菜单命令，打开"Preferences"属性对话框，选择"Schematic"选项卡中的"Auto-Junction"复选框即可对节点属性进行设置，如图 4-64 所示。选中本选项，则用户在绘制导线时，就会在导线 T 字相接处自动产生节点，而十字相接处不会产生节点。如果不选中本选项，则无论在 T 字或十字相连接处都不会自动产生节点。

如果选定了 Lock 锁定属性，当在 Auto-Junction 状态下所画导线经过已存在的线路节点时，Protel 99 SE 会认为不该有此节点，而将该节点自动清除。

为了避免此种情况，通常设定 Lock 选项无效，以免线路节点被自动清除。

4.7.5　放置电源和地符号（Power Port）

电源和接地符号是电路原理图中必不可少的组成部分。在 Protel 99 SE 中提供了多种电源和接地符号供用户选择，每种形状都有一个相应的网络标签作为标识。

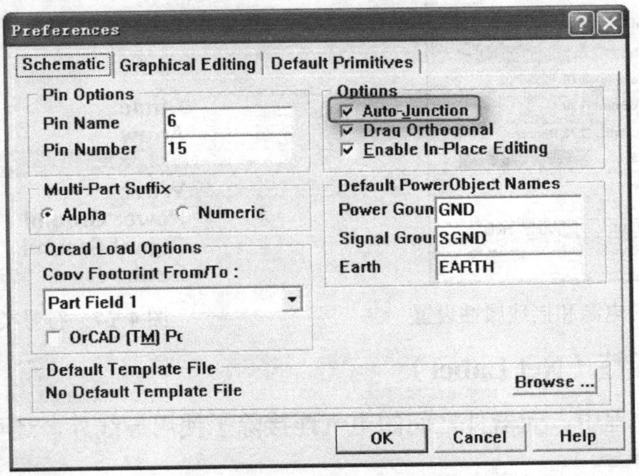

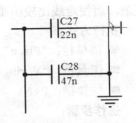

图 4-64 "Preferences" 属性对话框

执行方式:
- 菜单栏: "Place" → "Power Port"。
- 工具栏: "Wiring Tools" 工具栏中的 ⏚ 按钮。
- 快捷键: P+O。

操作步骤:

（1）执行此命令后，鼠标变成十字形状，并带有一个电源
或接地符号。

图 4-65 放置电源和接地符号

（2）移动光标到需要放置电源或接地的地方，单击鼠标左
键即可完成放置，如图 4-65 所示。此时鼠标仍处于放置电源或接地的状态，重复操作即可
放置其他的电源或接地符号。

选项说明:

在放置电源和接地符号的过程中，用户便可以对电源和接地符号的属性进行编辑。

双击电源和接地符号或者在鼠标处于放置电源和接地符号的状态时按〈Tab〉键即可打
开电源和接地符号的属性编辑对话框，如图 4-66 所示。

在该对话框中可以对电源端口的颜色、风格、位置、旋转角度及所在网络的属性进
行设置。

- "Net" 文本框: 输入符号名称。
- "Style" 下拉列表框: 选择符号类型，单击该下拉列表，显示如图 4-67 所示的类型。
- "Y-Location" 文本框: Y 向坐标。
- "X-Location" 文本框: X 向坐标。
- "Orientation" 下拉列表框: 放置方向，有 0°、90°、180°、270° 四个选项。
- "Color" 选项: 单击对话框中的颜色块，即可在弹出的 "Choose Color" 对话框中选
  择设置需要的导线颜色。系统默认为深蓝色。

属性编辑结束后单击 OK 按钮即可关闭该对话框。

图 4-66 电源和接地属性设置

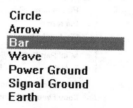

图 4-67 符号类型

4.7.6 放置网络标签（Net Label）

在原理图绘制过程中，元器件之间的电气连接除了使用导线外，还可以通过设置网络标签的方法来实现。

网络标签具有实际的电气连接意义，具有相同网络标签的导线或元件引脚不管在图上是否连接在一起，其电气关系都是连接在一起的。特别是在连接的线路比较远，或者线路过于复杂，而使走线比较困难时，使用网络标签代替实际走线可以大大简化原理图。

执行方式：

■ 菜单栏："Place"→"Net Label"。

■ 工具栏："Wiring Tools"工具栏中的 Net 按钮。

■ 快捷键：P+N。

操作步骤：

（1）执行此命令后，鼠标变成十字形状，并带有一个矩形虚线框。

（2）移动光标到需要放置网络标签的导线上，初始标号为"Net Label1"当出现红色米字标志时，单击鼠标左键即可完成放置，如图 4-68 所示。

（3）此时鼠标仍处于放置网络标签的状态，重复操作即可放置其他的网络标签。单击鼠标右键或者按下〈Esc〉键便可退出操作。

选项说明：

在放置网络标签的过程中，用户便可以对网络标签的属性进行编辑。双击网络标签或者在鼠标处于放置网络标签的状态时按〈Tab〉键即可打开网络标签的属性设置对话框，如图 4-69 所示。

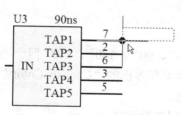

图 4-68 放置网络标签

图 4-69 网络标签属性设置

在该对话框中可以对"Net"的颜色、位置、旋转角度、名称及字体等属性进行设置。

● "Net"下拉列表框：输入标签名称。

● "Y-Location"文本框：Y 向坐标。

● "X-Location"文本框：X 向坐标。

● "Oritation"下拉列表框：放置方向，有 0°、90°、180°、270° 四个选项。

● "Color"选项：单击对话框中的颜色块，即可在弹出的"Choose Color"对话框中选择设置需要的导线颜色。系统默认为深蓝色。

● Font 选项：字体，单击 Change... 按钮，弹出如图 4-70 所示的"字体"对话框，设置网络标签显示的字体颜色、大小、字形等。

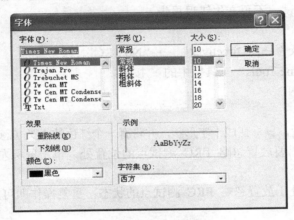

图 4-70　"字体"对话框

属性编辑结束后，单击"确定"按钮即可关闭该对话框。

知识拓展：

用户也可在工作窗口中直接改变"Net"的名称，具体操作步骤如下：

（1）执行菜单命令"Tools"→"Preferences"，打开"Preferences"属性对话框，选择"Schematic"选项卡，选中"Enable In-Place Editing"复选框（系统默认即为选中状态），如图 4-71 所示。

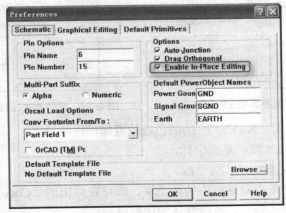

图 4-71　选中"Enable In-Place Editing"复选框

（2）此时在工作窗口中用鼠标左键单击网络标签的名称，过一段时间后再一次单击网络标签的名称即可对该网络标签的名称进行编辑。

4.7.7　放置忽略 ERC 测试点（No ERC）

在电路设计过程中，系统进行电气规则检查（ERC）时，有时会产生一些不希望出现的错误报告。例如，出于电路设计的需要，一些元器件的个别输入引脚有可能被悬空，但在系统默认情况下，所有的输入引脚都必须进行连接，这样在 ERC 检查时，系统会认为悬空的输入引脚使用错误，并在引脚处放置一个错误标记。

为了避免用户为检查这种"错误"而浪费时间，可以使用忽略 ERC 测试符号，让系统忽略对此处的 ERC 测试，不再产生错误报告。

执行方式：

■ 菜单栏："Place" → "Directives" → "No ERC"。
■ 工具栏："Wiring Tools" 工具栏中的 × 按钮。
■ 快捷键：P+I+N。

操作步骤：

（1）执行此命令后，鼠标变成十字形状，并带有一个红色的小叉（忽略 ERC 测试符号）。

（2）移动光标到需要放置忽略 ERC 测试点的位置处，单击鼠标左键即可完成放置，如图 4-72 所示。

（3）此时鼠标仍处于放置忽略 ERC 测试点的状态，重复操作即可放置其他的忽略 ERC 测试点。

（4）单击鼠标右键或者按下〈Esc〉键便可退出操作。

选项说明：

在放置忽略 ERC 测试点的过程中，用户便可以对忽略 ERC 测试点的属性进行编辑。双击忽略 ERC 测试点或者在鼠标处于放置忽略 ERC 测试点的状态时按〈Tab〉键即可打开忽略 ERC 测试点的属性设置对话框，如图 4-73 所示。

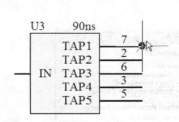
图 4-72　放置忽略 ERC 测试点

图 4-73　忽略 ERC 测试点属性设置

在该对话框中可以对 "No ERC" 的颜色及位置属性进行设置。

● "X-Location" 文本框：X 向坐标。
● "Y-Location" 文本框：Y 向坐标。
● "Color" 选项：单击对话框中的颜色块，即可在弹出的 "Choose Color" 对话框中选择设置需要的导线颜色。系统默认为深蓝色。

属性编辑结束后单击 OK 按钮即可关闭该对话框。

4.7.8 放置 PCB 布线指示（PCB Layout）

用户绘制原理图的时候，可以在电路的某些位置放置 PCB 布线指示，以便预先规划指定该处的 PCB 布线规则，包括铜模的厚度、布线的策略、布线优先权及布线板层等。这样，在由原理图创建 PCB 印制板的过程中，系统就会自动引入这些特殊的设计规则。

执行方式：

■ 菜单栏："Place"→"Directives"→"PCB Layout"。

■ 工具栏："Wiring Tools"工具栏中的回按钮。

■ 快捷键：P+I+P。

操作步骤：

（1）执行此命令后，鼠标变成十字形状，并带有一个 PCB 布线指示符号。

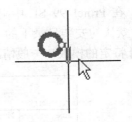

（2）移动光标到需要放置 PCB 布线指示的位置处，单击鼠标左键即可完成放置，如图 4-74 所示。

（3）此时鼠标仍处于放置 PCB 布线指示的状态，重复操作即可放置其他的 PCB 布线指示符号。

图 4-74 放置 PCB 布线指示

（4）单击鼠标右键或者按下〈Esc〉键便可退出操作。

选项说明：

在放置 PCB 布线指示的过程中，用户便可以对 PCB 布线指示的属性进行编辑。双击 PCB 布线指示或者在鼠标处于放置 PCB 布线指示的状态时按〈Tab〉键即可打开 PCB 布线指示的属性设置对话框，如图 4-75 所示。

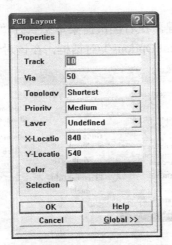

图 4-75 PCB 布线指示属性设置

在该对话框中可以对 PCB 布线指示的名称、位置、旋转角度及布线规则属性进行设置。

● "Tack"文本框：设置线宽。

● "Via"文本框：设置焊孔大小。

- "名称"文本框：用于输入 PCB 布线指示符号的名称。
- "X-Location"文本框：X 向坐标。
- "Y-Location"文本框：Y 向坐标。
- "Color"选项：单击对话框中的颜色块，即可在弹出"Choose Color"对话框中选择设置需要的导线颜色。系统默认为深蓝色。

属性编辑结束后单击 [OK] 按钮即可关闭该对话框。

4.8 原理图模板

在 Protel 99 SE 中附带了一些图纸模板，如图 4-76 所示，这些模板都保存在 Protel 99 SE 默认的安装目录下的"Templates"文件夹中。但在原理图设计过程中有可能需要自定义设计特定的模板，一般情况下，不同模板间的区别大多在于标题栏。

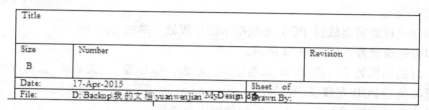

图 4-76 系统模板

设计好一个标题栏后，当然希望它可用在多张图纸上。最好的办法是建立图纸模板，当需要设计原理图时只要调用图纸模板就可以了。

下面讲解具体步骤：

（1）图纸参数设置

在编辑窗口内单击鼠标右键，在右键快捷菜单中执行"Document Options"命令，系统弹出如图 4-77 所示的"Document Options"对话框，在该对话框中可进行图纸参数设置。

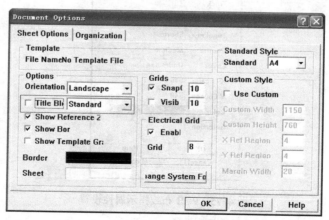

图 4-77 "Document Options"编辑对话框

在该对话框中的"Options"选项组中取消对"Title Block"复选框的选取，不选中"Title Block"复选框，也就是取消了原理图图纸上的标题栏，这时候就可以在原理图图纸上按照自己的需要自行定义标题栏。

（2）绘制标题栏

1）将图纸的右下角放大到主窗口工作区中，执行"Place"→"Drawing Tools"→"Line"菜单命令，或者单击"Drawing Tools"工具栏中的 ✎ 按钮，光标变成十字形，移动光标到原理图图纸的右下角准备绘制，在开始绘制标题栏之前，按〈Tab〉键打开如图 4-78 所示的"PolyLine"对话框，在其中将线的颜色设置为黑色，然后单击 OK 按钮退出对话框返回绘制直线的状态，在右下角绘制出一个标题栏的边框，如图 4-79 所示。

图 4-78　设置线条颜色

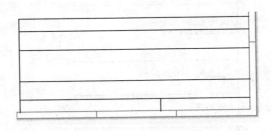

图 4-79　绘制标题栏边框

2）执行"View"→"Visible Grid"菜单命令，取消图纸上的栅格，这样在放置文本的时候就可以不受干扰。

3）执行"Place"→"Annotation"菜单命令，或者单击绘图工具栏中的 T 按钮，鼠标光标变为十字形，然后按〈Tab〉键打开如图 4-80 所示的"Annotation"对话框，再在其中的"Properties"选择区域中单击 Change... 按钮，打开如图 4-81 所示的"字体"对话框，在该对话框中将字体大小设置为 20，最后单击 确定 按钮退出字体对话框。在"Annotation"对话框中的"Properties"选项卡中的"Text"文本框内输入标题栏的内容。单击 确定 按钮退出对话框，将鼠标移动到前面画好的标题栏边框里并单击鼠标左键即可将文字放置到合适的位置。

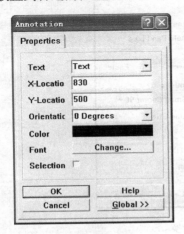

图 4-80　设置标题栏内容

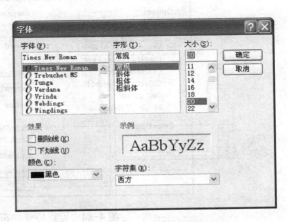

图 4-81　设置标题栏的字体

4）用同样的方式添加标题栏中其他的内容，添加完成后得到的自定义标题栏如图 4-82 所示。

5）为标题栏中的每一项"赋值"。再次执行"Place"→"Annotation"菜单命令，或者单击绘图工具栏中的 T 按钮，然后按〈Tab〉键打开"Annotation"对话框，在 "Properties"选择区域中的"Text"下拉列表框中选择相应的项目，如图 4-83 所示。同样的方法为标题栏中的每一项都"赋值"。

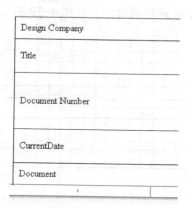

图 4-82　完成标题栏的制作

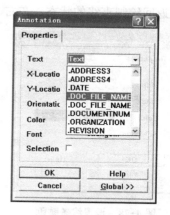

图 4-83　选择相应的项目

图 4-83 所示中"Text"下拉列表框中的各项是和"Document Options"对话框中"Parameters"选项卡原理图的各项参数对应的。如果选择了".CompanyName"项，那么所添加的这段文字就和原理图的 Company Name 这项参数关联起来了。

执行"Tools"→"Schematic Preferences…"菜单命令，打开"Preferences"对话框，在"Graphical Editing"选项卡中选中"Convert Special Strings"复选框，如图 4-84 所示。此时，当在"Parameters"选项卡中编辑了某项参数的时候，所添加的数值就会等于这项参数。

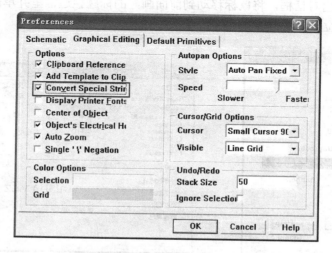

图 4-84　设置特殊字符的转换

108

6）创建完这样一个原理图图纸之后，可以将其定义为模板，以方便以后的引用。执行"File"→"Save Copy As..."菜单命令，打开"Save copy As"对话框，在该对话框中的"Format"下拉列表中选择"Advanced Schematic binary(*.sch)"项，然后选择 OK 按钮，如图4-85所示。

（3）使用模版

建立了一个模板以后，在设计原理图时可以调用该模板文件。打开一个原理图文件，然后执行"Design"→"Template"→"Set Template File Name..."菜单命令，在弹出的"打开"对话框中选择模板文件，再单击 OK 按钮即可，如图4-86所示。

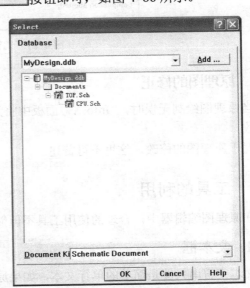

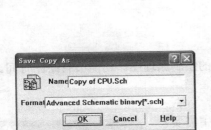

图4-85　保存模板

图4-86　使用模板

4.9　原理图的编译及修正

Protel 99 SE 和其他的 Protel 家族软件一样，提供了电气检测法则，可以对原理图的电气连接特性进行自动检查，检查后的错误信息将在"Messages"工作面板中列出，同时也在原理图中标注出来。用户可以对检测规则进行设置，然后根据面板中所列出的错误信息回过来对原理图进行修改。有一点需要注意，原理图的自动检测机制只是按照用户所绘制原理图中的连接进行检测，系统并不知道原理图设计的最终结果，所以如果检测后的"Messages"工作面板中并无错误信息出现，这并不表示该原理图的设计完全正确。用户还需将网络表中的内容与所要求的设计反复对照和修改，直到完全正确为止。

4.9.1　原理图的编译

对原理图各种电气错误等级设置完毕后，用户便可以对原理图进行编译操作，随即进入原理图的调试阶段。执行执行"PLD"→"Compile"菜单命令即可进行文件的编译。

文件编译完毕后，系统的自动检测结果将出现在"Info..."面板中，如图4-87所示。

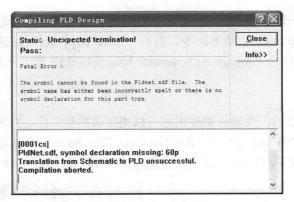

图 4-87　编译文件结果

4.9.2　原理图的修正

当原理图绘制无误时，"Info…"面板中将为空。当编译出现错误时，用户需要对错误进行修改。

对于原理图的修改，这里不再赘述。

4.10　工具的利用

在原理图编辑器中，合理的使用工具不但能完整的绘制原理图，还能节省绘图时间。

4.10.1　文本框

文本字符串只能是简单的单行文本，如果原理图中需要大段的文字说明，就需要用到文本框了。使用文本框可以放置多行文本，并且字数没有限制，文本框仅仅是对用户所设计的电路进行说明，本身不具有电气意义。

执行方式：

■ 菜单栏："Place"→"Text Frame"。

操作步骤：

（1）执行该命令，鼠标变成十字形状。

（2）移动鼠标到需要放置文本框的位置处，单击鼠标左键确定文本框的一个顶点，移动鼠标到合适位置再单击一次确定其对角顶点，完成文本框的放置。

（3）此时鼠标仍处于放置文本框的状态，重复上面的操作即可放置其他的文本框。

（4）单击鼠标右键或者按下〈Esc〉键便可退出操作。

选项说明：

双击需要设置属性的文本字符串（或在绘制状态下按〈Tab〉键），系统将弹出相应的文本字符串属性编辑对话框，如图 4-88 所示。

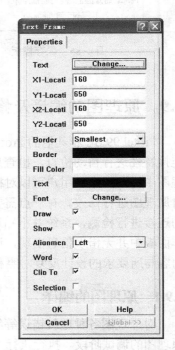

图 4-88　文本框的属性编辑对话框

文本框设置和文本字符串设置过程大致相同，这里不再赘述。

属性设置完毕后单击 _____ OK _____ 按钮关闭设置对话框。

4.10.2 搜索文件

如果设计文件都以数据库方式保存，那么就很难利用 Windows 的文件查找功能对其中的文件进行设定规则的搜索，因为可能会出现这种情况，比如用户在某一天打开了很多数据库文件，最终仅对这些数据库中的某个电路原理图进行了修改，却忘记了这个电路原理图存放在哪一个数据库文件中。因为这些数据库的最后访问时间都很近似，所以用户在查找的时候会比较麻烦。一种方法是把那天打开过的数据库再全部打开一遍，再在浏览器中按照时间顺序进行文件排序查找，最终找到特定的文件，这种方法当然比较烦琐。此时 Protel 99 SE 所提供的文件搜索功能就显得比较快捷了。

执行方式：

■ 菜单栏："File" → "Find Files…"，系统将弹出搜寻文件对话框，如图 4-89 所示。

操作步骤：

（1）对对话框中的选项进行合理设置后，单击 [Find] 按钮，系统开始进行搜索。

（2）系统将把搜索到的复合设置条件的文件以列表的形式显示，如图 4-90 所示。

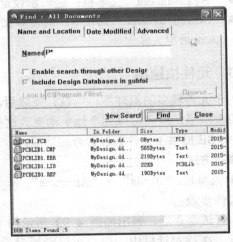

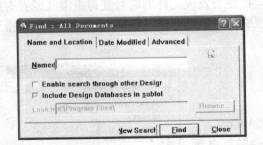

图 4-89 搜寻文件对话框   图 4-90 搜索到的符合设定条件的文件列表

选项说明：

在 "Name and Location" 选项卡中进行如下设置。

● "Named" 文本框：用于确定被搜寻文件的名称。

● ☑ Enable search through other Design Databases 复选框：选中该复选框后，搜寻工作将不仅仅局限于当前打开的数据库，还将包含指定文件夹中的所有数据库文件。

● ☑ Include Design Databases in subfolders 复选框：选中该复选框后，搜寻工作将覆盖到子文件夹中。

● "Lock In（固定）" 文本框：在该栏中确定需要搜寻的文件夹位置。

如图 4-91 所示，在 "Date Modified" 选项卡中进行如下设置。

● "All Files" 单选项：选中该单选项后，搜寻范围将不受文件修改时间的限制。

● "Find all files created or modified"单选项：选中该单选项后，将对搜寻的时间范围进行设定，其中包含精确制定时间区间或者此前若干月、若干天等选项，其设定方法比较简单。

如图 4-92 所示，在"Advanced"选项卡中进行如下设置。

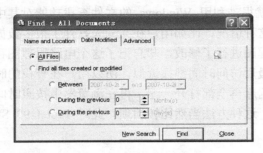
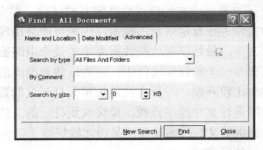

图 4-91　在"Date Modified"
选项卡中确定时间范围

图 4-92　在"Advanced"
选项卡中进行进一步的搜索设置

● "Search by type"下拉列表框：在右侧下拉列表中选择需要搜寻的文件类型，比如要搜寻电路原理图文件，就可以在下拉列表中选择"Schematic Document"。
● "By Comment"文本框：进一步设定被搜索文件的设计注释。
● "Search by size"列表框：对搜寻文件的大小进行设定，用户可以选择小于、等于或大于指定文件大小。

4.10.3　元件快速编号

对于元件较多的原理图，当设计完成后，往往会发现元件的编号变得很混乱或者有些元件还没有编号。用户可以逐个地手动更改这些编号，但是这样比较烦琐而且容易出现错误。Protel 99 SE 提供了元件编号管理的功能。

执行方式：

■ 菜单栏："Tools"→"Annotate"。

操作步骤：

执行该命令后，弹出如图 4-93 所示的"Annotate"对话框，在该对话框中，用户可以设置对元件进行重新编号。

选项说明：

"Annotate"对话框分为 3 部分：

（1）"Annotate Options"选项组：选择标注的范围，包括一下拉列表框和两个复选框，该栏的下拉菜单中有四个选项。

● "All Parts"选项：对所有元件序号做强制标注，不管元件是否已经标注，一律重新标注；
● "? Parts"选项：只对还没有标注的元件标注，而对已经标注的元件将不做改动；

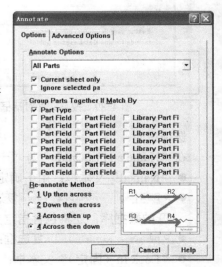

图 4-93　"Annotate"对话框

● "Reset Designer"选项：将所有元件序号恢复成没有标注的状态，即变回"？"；
● "Update Sheet Numbers"选项：包括层次式电路图中的电路框图序号也一起标注。

另外还有两个复选框"Current sheet only"和"Ignore selected parts"，前者表示只标注当前的电路图，后者表示标注时忽略已选择的元件。

（2）"Group Parts Together If Match By"选项组：选择组合元器件将集中标注的条件。

（3）"Re-annotate Method"选项组：选择标注的方式，共有四种，如图4-94所示。

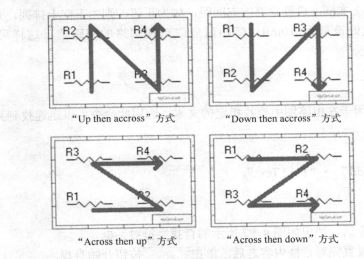

"Up then accross"方式   "Down then accross"方式

"Across then up"方式   "Across then down"方式

图4-94　标注的四种方式

选择好各项后单击 OK 按钮，系统自动对元件编号进行标注，并生成一个.rep报表文件，该报表显示处标注的结果。

4.10.4　阵列式粘贴的操作

执行方式：

■ 菜单栏："Edit"→"Paste Array"。

操作步骤：

首先利用剪切命令，选取对象，执行该命令后，弹出如图4-95所示的对话框，设置好各栏后单击 OK 按钮，再将鼠标指向所要粘贴的位置，按一下左键即可完成阵列式粘贴，如图4-96所示。

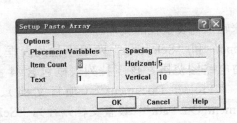

图4-95　阵列式粘贴对话框

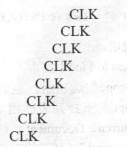

图4-96　完成阵列式粘贴

113

选项说明：

- "Item Count"文本框：设置所要粘贴的对象个数，此处设为8，表示粘贴8组；
- "Text Increment"文本框：设置标号数字的增量，此处设为1，如原来初值的序号是D0，则网络标号以此为D1、D2等；
- "Horizontal"文本框：设置水平方向间距，如为正值，则由左向右排列，负值为由右向左排列，此处设为0，表示水平方向无间距；
- "Vertical"文本框：设置垂直方向间距，如为正值，则由下向上排列，负值为由上向下排列，此处设置为-10mil，间距值应取可视网络的间距值，这样可使对象粘贴在网格线上。

4.10.5 查找文本

查找文本命令用于在电路图中查找指定的文本，运用此命令可以迅速找到某一文字标识的图案。

执行方式：

- 菜单栏："Edit"→"Find Text"。
- 快捷键：Ctrl+F。

操作步骤：

（1）执行该命令后，弹出如图4-97所示的查找字符对话框。

（2）按照所需设置完对话框内容之后，单击 OK 按钮开始查找。

（3）如果查找成功，在视图的中心高亮显示要查找的元件。如果没有找到需要查找的元件，屏幕上则会弹出"Design Explorer Warning"提示对话框，警告查找失败，如图4-98所示。

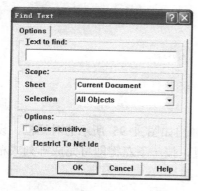

图4-97 "Find Text"设置对话框

图4-98 "Design Explorer Warning"提示对话框

选项说明：

- "Text to Find"文本框：该文本框用来输入需要查找的文本。
- "Scope"选项组：包含"Sheet Scope"和"Selection"两组下拉列表框。"Sheet Scope"下拉列表框用于设置查找的电路图范围，该下拉列表框包含4个选项："Current Document"（当前文档）、"Project Document"（项目文档）、"Open Document"（打开的文档）和"Document On Path"（设置文档路径）。"Selection"下拉列表框用于设置需要查找的文本对象的范围，共包含"All Objects"（所有项

目)、"Selected Objects"（选择项目）和"Deselected Objects"（撤销选择项目）3 个
选项。"All Objects"表示对所有的文本对象进行查找，"Selected Objects"表示对
选中的文本对象进行查找，而"Deselected Objects"表示对没有选中的文本对象进
行查找。

● "Options"选项组：用于设置查找对象具有哪些特殊属性，包含"Case
sensitive"和"Restrict To Net Ide"两个复选框，选中"Case sensitive"复选框表
示查找时要注意大小写的区别，而选中"Restrict To Net Ide"复选框表示查找时
限制条件相同。

4.10.6 替代文本

替代文本命令用于将电路图中指定文本用新的文本替换掉，这项操作在需要将多处相同
文本修改成另一文本时非常有用。

执行方式：

■ 菜单栏："Edit" → "Replace Text..."。

■ 快捷键：Ctrl+H。

操作步骤：

执行该命令后，这时屏幕上就会出现如图 4-99
所示的对话框。按照所需设置完对话框内容之
后，单击 OK 按钮，按照设置的选项将工作区
中的文本进行替换。

选项说明：

可以看出图 4-99 和图 4-97 所示的两个对话
框非常相似，对于相同的部分，这里就不介绍
了，读者可以参看 Find To Text 命令，下面只对上
面未提到的一些选项进行解释。

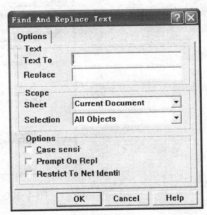

图 4-99 "Find And Replace Text"设置对话框

● "Text to Find"文本框：用于输入需要查找的内容。

● "Replace With"文本框：用于输入替换原文本的新文本。

4.10.7 查找下一个

该命令用于查找下一处"Find Text"对话框中指定的文本。

执行方式：

■ 菜单栏："Edit" → "Find Next.."。

■ 快捷键：F3。

操作步骤：

这个命令比较简单，这里不再赘述。

4.11 操作实例

通过前面章节的学习，用户对 Protel 99 SE 原理图编辑环境、原理图编辑器的使用有了

初步的了解，而且能够完成简单电路原理图的绘制。这一节从实际操作的角度出发，通过一个具体的实例来说明怎样使用原理图编辑器来完成电路的设计工作。

4.11.1 数字信号系统配置电路

目前绝大多数的电子应用设计脱离不了使用单片机系统。下面我们使用 Protel 99 SE 来绘制一个 A-D 转换电路组成原理图。其主要步骤如下：

（1）启动 Protel 99 SE。

（2）执行"开始"→"Protel 99 SE"→"Protel 99 SE"菜单命令，或者双击桌面上的快捷方式图标，启动 Protel 99 SE 程序。

（3）执行"Files"→"New"菜单命令，在弹出的工程文件创建对话框中，选择合适的路径，输入文件名"Analog Dimming"，建立".ddb"工程文件，如图 4-100 所示。

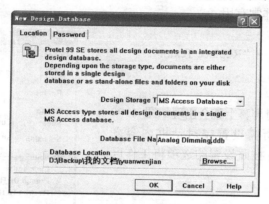

图 4-100　创建 Protel 99 SE 工程文件

（4）Protel 99 SE 在工作区打开工程文件，并在工程文件中创建一个空的"Document"文件夹，如图 4-101 所示。双击该文件夹，打开文件夹。

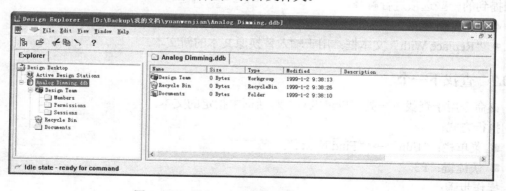

图 4-101　创建一个空的"Document"文件夹

（5）执行"Files"→"New"菜单命令，在打开的文件选择对话框中选择创建"Schematic Document"文件，如图 4-102 所示。单击确定后，在工作区"Document"文件夹中创建一个原理图文件，默认文件名称为"Sheet1.Sch"。双击该文件，即可进入原理图的编辑环境。

（6）在编辑窗口内单击鼠标右键，在右键快捷菜单中执行"Document Options"命令，系统弹出如图 4-103 所示的"Document Options"对话框，进行图纸参数设置。

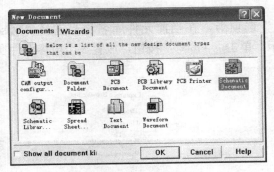

图 4-102　选择文件类型

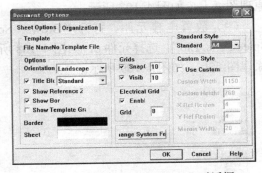

图 4-103　"Document Options"对话框

将图纸的尺寸及标准风格选择为"A4"，放置方向选择为"Landscape"，图纸明细表选择为"Standard"，单击对话框中的 Change System Font 按钮，弹出字体设置对话框，如图 4-104 所示，字体设置为"Arial"，字形为"常规"，大小为"10"，单击 OK 按钮。其他均采用系统默认设置。

（7）在项目管理窗口选择"Browse Sch"栏，在"Browse Sch"栏中进行元件库管理，单击 Add/Remove... 按钮，用来加载原理图设计时包含所需元件符号的原理图库文件，如图 4-105 所示。本例需加载"Miscellaneous Devices.ddb"库、"MyDesign Sch.ddb"库和"Spice ddb"库。

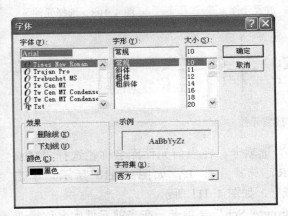

图 4-104　"字体"对话框

图 4-105　"Change Library File List"对话框

提示：

在绘制原理图的过程中，放置元件的基本原则是根据信号的流向放置，从左到右，或从上到下。首先应该放置电路中的关键元件，然后放置电阻、电容等外围元件。

（8）放置数字信号元件。打开"Browse Sch"选项卡，在当前元件库名称栏选择"Anolog. Lib"，选择元件 RT8482，如图 4-106 所示。单击 Place 按钮，将该元件放置在原理图纸上，如图 4-107 所示。

（9）放置电容元件。打开"Browse Sch"选项卡，在当前元件库名称栏选择"Misc Spice Parts. Lib"，选择元件 c，如图 4-108 所示。单击 Place 按钮，放置 5 个电容元件在原理图纸上，如图 4-109 所示。

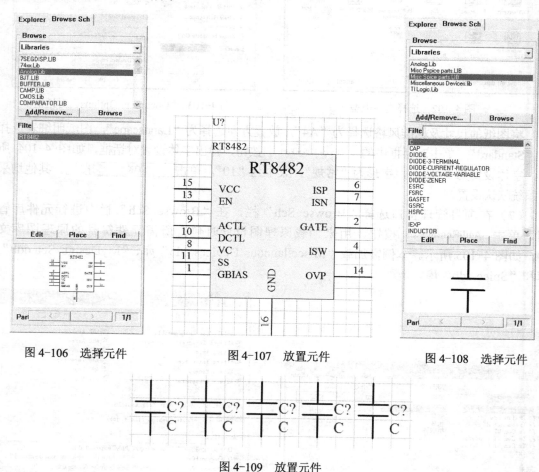

图 4-106　选择元件　　　　图 4-107　放置元件　　　　图 4-108　选择元件

图 4-109　放置元件

（10）放置电阻元件。打开"Browse Sch"选项卡，在当前元件库名称栏选择"Misc Spice Parts. Lib"，在过滤框中输入关键词 R，选择元件 R，如图 4-110 所示。单击 Place 按钮，放置 3 个电阻元件在原理图纸上，如图 4-111 所示。

（11）放置双向击穿二极管元件。打开"Browse Sch"选项卡，在当前元件库名称栏选择"Miscellaneous Devices.Lib"，选择元件 DIODE SCHOTTKY，如图 4-112 所示。单击 Place 按钮，放置 1 个元件在原理图纸上，如图 4-113 所示。

（12）放置发光二极管元件。打开"Browse Sch"选项卡，在当前元件库名称栏选择"Miscellaneous Devices.Lib"，选择元件 PHOTO，如图 4-114 所示。单击 Place 按钮，放置 2 个发光二极管元件在原理图纸上，如图 4-115 所示。

图 4-110　选择元件

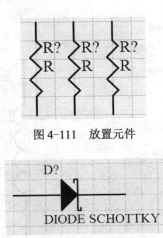

图 4-111　放置元件

图 4-112　选择元件

图 4-113　放置元件

图 4-114　选择元件

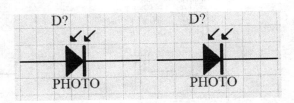

图 4-115　放置元件

（13）放置电感元件。打开"Browse Sch"选项卡，在当前元件库名称栏选择"Miscellaneous Devices.Lib"，选择元件 INDUCTOR，如图 4-116 所示。单击 Place 按钮，放置1个电感元件在原理图纸上，如图 4-117 所示。

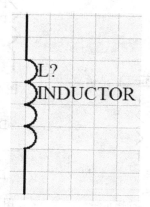

图 4-116　选择元件　　　　　　　　　　　图 4-117　放置元件

（14）放置场效应晶体管元件。打开"Browse Sch"选项卡，在当前元件库名称栏选择"Miscellaneous Devices.Lib"，选择元件 MOSFET N，如图 4-118 所示。单击 Place 按钮，放置1个晶体管元件在原理图纸上，如图 4-119 所示。

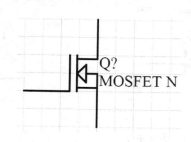

图 4-118　选择元件　　　　　　　　　　　图 4-119　放置元件

（15）在元件库中完成元件选择后，在图纸上大致确定主要元件的位置，做好原理图的布局，如图 4-120 所示。

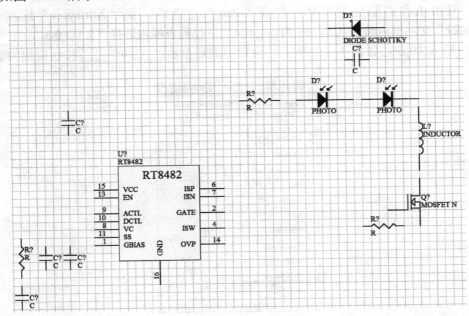

图 4-120　原理图布局

（16）执行"Place"→"Wire"菜单命令，或单击工具栏中的 ≈ 按钮，这时鼠标变成十字形状，移动光标到元件的一个引脚上，单击确定导线起点，然后拖动鼠标画出导线，在需要拐角或者和元件引脚相连接的地方单击鼠标左键即可。完成导线布置后的原理图如图 4-121 所示。

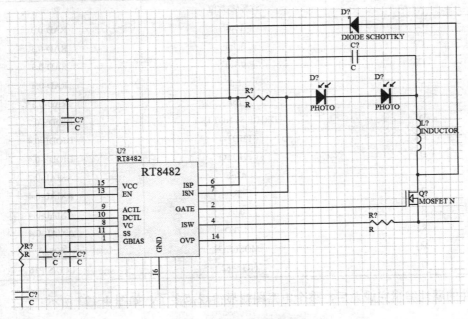

图 4-121　元件布线结果

（17）编辑元件属性。

1）双击电容的原理图符号，打开"Part"对话框，在"Attributes"选项卡中的"Designator"文本框内输入 C1，在"Footprint"下拉列表框内选择"RAD-0.3"，在"Part"文本框内输入 10μF，如图 4-122 所示。设置完成后单击 OK 按钮退出对话框。

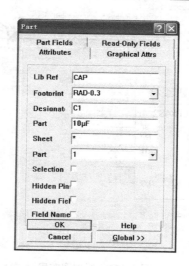

图 4-122 "Part"对话框

2）使用同样的方法，按照表 4-1 对所有元件的属性进行设置。

表 4-1 元件属性

编 号	注释/参数值	封 装 形 式
C1	10μF	RAD-0.3
C2	3.3nF	RAD-0.3
C3	0.1μF	RAD-0.3
C4	1μF	RAD-0.3
C5	1μF	RAD-0.3
D1	DIODE SCHOTTKY	DIODE-0.7
D2	PHOTO	DIODE-0.4
D3	PHOTO	DIODE-0.4
L1	47μF	AXIAL-0.7
R1	R	AXIAL-0.4
R2	0.05	AXIAL-0.4
R3	4.7kΩ	AXIAL-0.4
M1	MOSFETN	TO92A
U1	RT8482	LCD/SIP16

元件的属性编辑完成之后，整个电路图就显得规范多了，如图 4-123 所示。

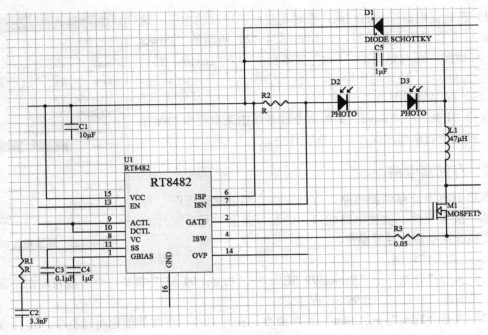

图 4-123 完成元件的属性编辑

（18）放置电源符号和接地符号。

1）电源符号和接地符号是一个电路中必不可少的部分。执行"Place"→"Power Port"菜单命令，或单击工具栏中的 按钮，放置接地符号和电源符号，移动光标到目标位置并单击鼠标左键，就可以将接地符号或电源符号放置在原理图中。放置完成电源符号和接地符号的原理图如图 4-124 所示。

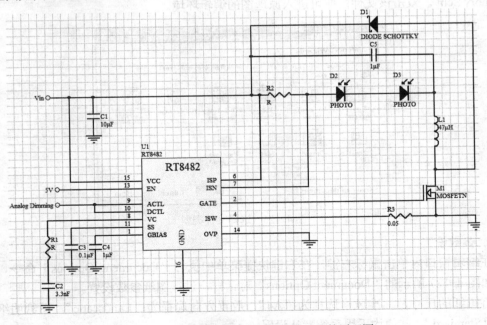

图 4-124 完成电源符号和接地符号放置的原理图

2）在放置电源符号的时候，有时需要标明电源的电压，这时只要双击放置的电源符号，打开如图 4-125 所示的"Power Port"对话框，在对话框的"Net"文本框中输入电压值，然后单击 OK 按钮退出即可。

（19）保存原理图。

执行"File"→"Save"菜单命令或者单击菜单栏中的保存按钮，将设计的原理图保存在工程文件中。

4.11.2 存储器电路

本实例将设计存储器电路。本例中将介绍创建原理图、设置图纸、放置元件、放置电路端口、绘制原理图符号、元件布局布线和放置电源符号等操作。

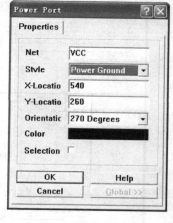

图 4-125　设置电源属性

1. 建立工作环境

（1）执行"开始"→"Protel 99 SE"→"Protel 99 SE"菜单命令，或者双击桌面上的快捷方式图标，启动 Protel 99 SE 程序。

（2）执行"Files"→"New"菜单命令，在弹出的工程文件创建对话框中，选择合适的路径，创建文件名称为"Memory.ddb"工程文件。

（3）在工作区打开工程文件，并在工程文件中创建一个空的"Document"文件夹。双击该文件夹，打开文件夹。

（4）执行"Files"→"New"菜单命令，在打开的文件选择对话框中选择创建"Schematic Document"文件，如图 4-126 所示。单击 OK 按钮后，在工作区"Document"文件夹中创建一个原理图文件，默认文件名称为"Sheet1.Sch"，将其改为"Memory.Sch"。双击该文件，即可进入原理图的编辑环境。

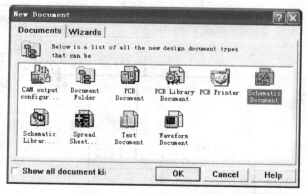

图 4-126　选择文件类型

2. 参数设置

在编辑窗口内单击鼠标右键，在右键快捷菜单中执行"Document Options"命令，系统弹出如图 4-127 所示的"Document Options"对话框，进行图纸参数设置。

将图纸的尺寸及标准风格选择为"A4"，放置方向选择为"Landscape"，图纸明细表选择为"Standard"，其他均采用系统默认设置。

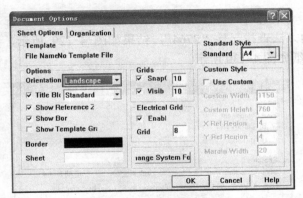

图 4-127 "Document Options" 编辑对话框

💡 提示:

在设置图纸栅格尺寸的时候，一般来说，捕捉栅格尺寸和可视栅格尺寸一样大，也可以设置捕捉栅格的尺寸为可视栅格尺寸的整数倍。电气栅格的尺寸应该略小于捕捉栅格的尺寸，因为只有这样才能准确地捕捉电气节点。

3. 查找元件

（1）执行 "Tools" → "Find Component" 菜单命令或在 "Browse" 栏单击 **Find** 按钮，系统弹出如图 4-128 所示的查找元件对话框。

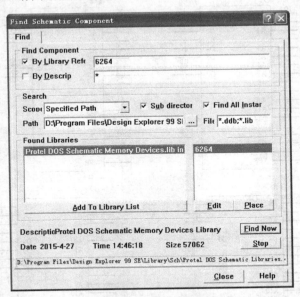

图 4-128 "Find Schematic Component" 对话框

（2）在文本框输入元件名 "6264"，单击 **Find Now** 按钮，系统将在设置的搜索范围内查找元件，在 "Found Libraries" 栏中显示查找结果。

（3）单击 **Add To Library List** 按钮，将元件所在元件库加载到元件库管理器中。

（4）单击 ___Place___ 按钮，在工作区放置 4 个存储器元件。

（5）使用同样的方法查找元件"2764"，结果如图 4-129 所示，并将其放置到原理图中，放置元件后的图纸如图 4-130 所示。

图 4-129 "Find Schematic Component" 对话框

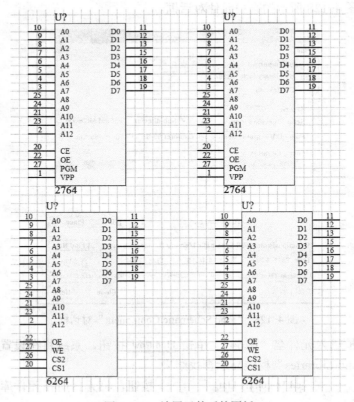

图 4-130 放置元件后的图纸

4．元件布局。

执行"Tools"→"Annotate"菜单命令，系统会弹出"Annotate"设置对话框。在该对话框里可以设置原理图编号的一些参数和样式，使得在原理图自动命名时符合用户的要求。

设置好元件编号后的电路原理图如图4-131所示。

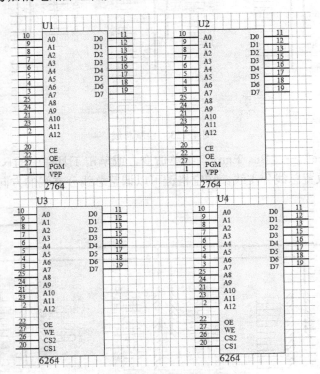

图4-131　编号设置后的电路原理图

根据电路图合理地放置元件，以达到美观地绘制电路原理图。设置好元件属性后的电路原理图如图4-132所示。

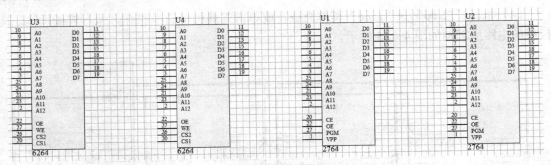

图4-132　布局元件后的电路原理图

5．连接线路。

（1）布局好元件后，下一步的工作就是连接线路。

（2）执行"Place"→"Bus"菜单命令，或单击工具栏中的 按钮，执行总线操作，结果如图4-133所示。

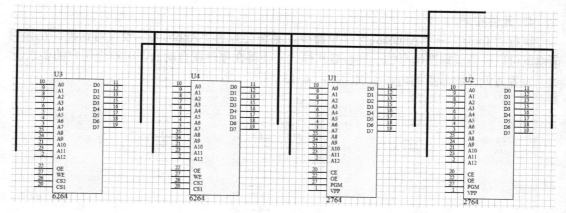

图 4-133 绘制总线

（3）执行"Place"→"Bus Entry"菜单命令，或单击工具栏中的 ⊾ 按钮，在导线与总线之间单击鼠标，放置总线分支线。按空格键可以调整总线分支线的方向，结果如图 4-134 所示。

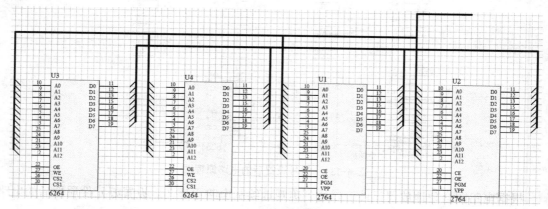

图 4-134 绘制总线分支线

（4）执行"Place"→"Line"菜单命令，或单击工具栏中的 ≍ 按钮，执行连线操作。连接好的电路原理图如图 4-135 所示。

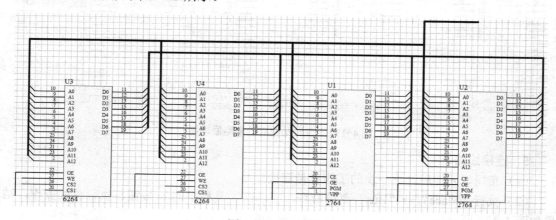

图 4-135 布线结果

（5）执行"Place"→"Net Label"菜单命令，或单击工具栏中的 Net 按钮，放置网络标签，如图 4-136 所示。

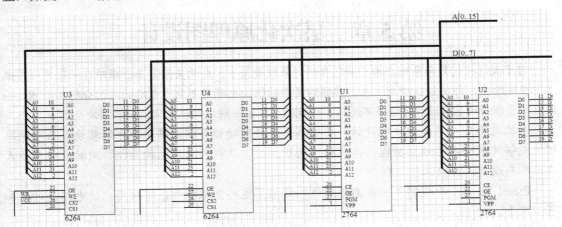

图 4-136　放置网络标签

（6）执行"Place"→"Power Port"菜单命令，或单击工具栏中的 ⏚ 按钮，放置接地符号和电源符号，放置完成电源符号和接地符号的原理图如图 4-137 所示。

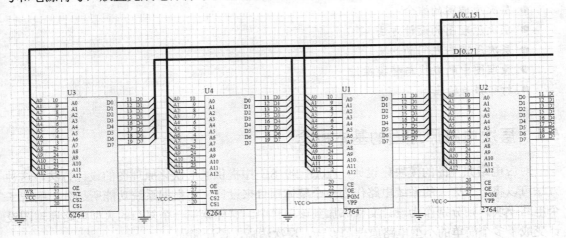

图 4-137　电路原理图

6. 保存原理图。

执行"File"→"Save"菜单命令或者单击菜单栏中的 🖫 按钮，将设计的原理图保存在工程文件中。

第5章 层次化原理图设计

对于大规模的复杂系统，由于所包含的对象数量繁多，结构关系复杂，很难在一张原理图纸上完整地绘出，即使勉强绘制出来，其错综复杂的结构也非常不利于电路的阅读分析与检测。一般电路原理图的基本设计方法并不适用，这就衍生了另一种电路设计方法——层次化设计。

层次电路即电路的模块化设计，将整体系统按照功能分解成若干个电路模块，每个电路模块能够完成一定的独立功能，具有相对的独立性，这样，电路结构清晰，同时也便于多人共同参与设计，加快工作进程。

Protel 99 SE 中提供了一些高级操作，掌握了这些高级操作，将使用户的电路设计更加得心应手。

本章将详细介绍层次电路，同时介绍原理图报表输出等操作，最后介绍原理图中的常用操作和打印。

 知识点

● 层次原理图的概念
● 层次原理图的设计方法
● 层次原理图之间的切换
● 原理图中的查找与替换操作
● 打印报表输出

5.1 层次电路原理图的基本概念

对应电路原理图的模块化设计，Protel 99 SE 中提供了层次化原理图的设计方法，这种方法可以将一个庞大的系统电路作为一个整体项目来设计，而根据系统功能所划分出的若干个电路模块，则分别作为设计文件添加到该项目中。这样就把一个复杂的大型电路原理图设计变成了多个简单的小型电路原理图设计，层次清晰，设计简便。

层次电路原理图的设计理念是将实际的总体电路进行模块划分，划分的原则是每一个电路模块都应该有明确的功能特征和相对独立的结构，而且，还要有简单、统一的接口，便于模块彼此之间的连接。

针对每一个具体的电路模块，可以分别绘制相应的电路原理图，该原理图一般称之为"子理图"。而各个电路模块之间的连接关系则是采用一个顶层原理图来表示，顶层原理图主要由若干个方块电路即图符号组成，用来展示各个电路模块之间的系统连接关系，描述了整体电路的功能结构。这样，把整个系统电路分解成了顶层原理图和若干个子原理图来分别进行设计。

在层次原理图的设计过程中还需要注意一个问题，在另一个层次原理图的工程项目中只能有一个总母图，一张原理图中的方块电路不能参考同一张图纸上的其他方块电路或其上一级的原理图。

5.2 层次原理图的基本结构和组成

Protel 99 SE 系统提供的层次原理图设计功能非常强大，能够实现多层的层次化设计功能。用户可以将整个电路系统划分为若干个子系统，每一个子系统可以划分为若干个功能模块，而每一个功能模块还可以再细分为若干个基本的小模块，这样依次细分下去，就把整个系统划分成为多个层次，使电路设计由繁变简。

如图 5-1 所示是一个二级层次原理图的基本结构图，由顶层原理图和子原理图共同组成，是一种模块化结构。

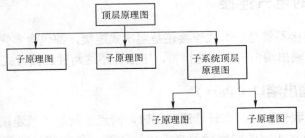

图 5-1　二级层次原理图结构

其中，子原理图就是用来描述某一电路模块具体功能的普通电路原理图，只不过增加了一些输入输出端口，作为与上层进行电气连接的通道口。普通电路原理图的绘制方法在前面已经学习过，本节主要由各种具体的元器件、导线等构成。

顶层电路图即母图的主要构成元素却不再是具体的元器件，而是代表子原理图的图纸符号，如图 5-2 所示，是一个电路设计实例采用层次结构设计时的顶层原理图。

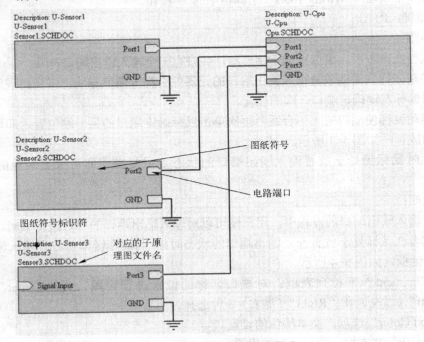

图 5-2　顶层原理图的基本组成

该顶层原理图主要由 4 个图纸符号组成，每一个图纸符号都代表一个相应的子原理图文件，共有 4 个子原理图。在图纸符号的内部给出了一个或多个表示连接关系的电路端口，对于这些端口，在子原理图中都有相同名称的输入输出端口与之相对应，以便建立起不同层次间的信号通道。

图纸符号之间也是借助于电路端口，可以使用导线或总线完成连接。而且，同一个项目的所有电路原理图（包括顶层原理图和子原理图）中，相同名称的输入输出端口和电路端口之间，在电气意义上都是相互连接的。

5.3　层次电路的电气连接

原理图的高级连接不管是平坦式连接还是层次式连接，都包含多张原理图图纸，图纸间的电气连接使用输入输出端口与页间连接符，下面介绍这两种连接方式的使用方法。

5.3.1　放置输入/输出端口（Port）

通过上面的学习我们知道，在设计原理图时，两点之间的电气连接，可以直接使用导线连接，也可以通过设置相同的网络标签来完成。还有一种方法，即使用电路的输入输出端口，能同样实现两点之间（一般是两个电路之间）的电气连接。相同名称的输入输出端口在电气关系上是连接在一起的，一般情况下在一张图纸中是不使用端口连接的，层次电路原理图的绘制过程中常用到这种电气连接方式。

执行方式：

■ 菜单栏："Place" → "Port"。

■ 工具栏：单击"Wiring Tools"工具栏中的 按钮。

■ 快捷键：P+R。

操作步骤：

（1）执行此命令后，鼠标变成十字形状，并带有一个输入输出端口符号。

（2）移动光标到需要放置输入输出端口的元器件引脚末端或导线上，当出现红色米字标志时，单击鼠标左键确定端口一端的位置。

（3）拖动鼠标使端口的大小合适，再次单击鼠标确定端口的另一端位置，即可完成输入输出端口的放置，如图 5-3 所示。

（4）此时鼠标仍处于放置输入输出端口的状态，重复操作即可放置其他的输入输出端口。

选项说明：

在放置输入输出端口的过程中，用户便可以对输入输出端口的属性进行编辑。双击输入输出端口或者在鼠标处于放置输入输出端口的状态时按〈Tab〉键即可打开输入输出端口的属性编辑对话框，如图 5-4 所示。

● "Alignment"下拉列表框：对端口名称的位置进行设置，有"Center"（居中）、"Left"（靠左）和"Right"（靠右）3 种选择。

● "Text Color"选项：文本颜色的设置。

● "Length"文本框：端口长度的设置。

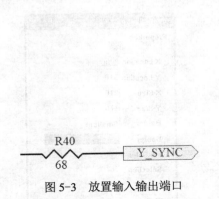

图 5-3　放置输入输出端口

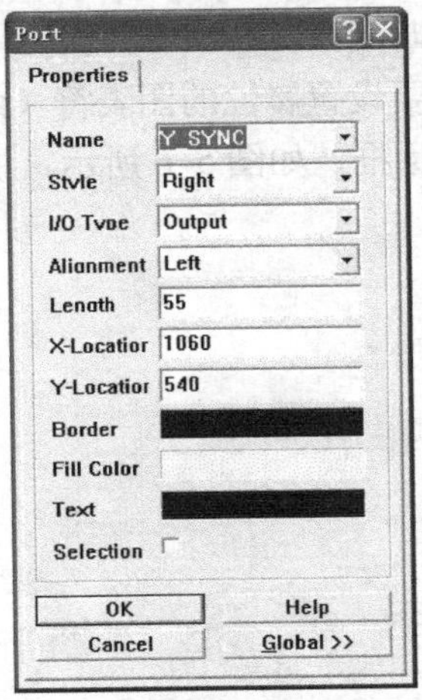

图 5-4　输入输出端口属性设置

- "Fill Color"选项：端口内填充颜色的设置。
- "Border Color"选项：边框颜色的设置。
- "Style"下拉列表框：端口外观风格的设置，有"None（Horizontal）"、"Left"、"Right"、"Left & Right"、"None（Vertical）"、"Top"、"Bottom"和"Top & Bottom"8种选择。
- "X-Location"、"Y-Location"文本框：端口位置的设置。
- "Name"下拉列表框：端口名称的设置。这是端口最重要的属性之一，具有相同名称的端口具备电气连接特性。
- "Unique ID"：唯一的ID。用户一般不需要改动此项，只保留默认设置即可。
- "I/O Type"下拉列表框：设置端口的电气特性，对后来的电气法则提供一定的依据。有"Unspecified"（未指明或不确定）、"Output"（输出）、"Input"（输入）和"Bidirectional"（双向型）4种类型可供选择。

5.3.2　放置图表符

放置的图表符并没有具体的意义，只是层次电路的转接枢纽，需要进一步进行设置，包括其标识符、所表示的子原理图文件，以及一些相关的参数等。

执行方式：
- 菜单栏："Place"→"Sheet Symbol"。
- 工具栏：单击"Wiring Tools"工具栏中的□按钮。
- 快捷键：P+R。

操作步骤：
（1）执行此命令，鼠标将变为十字形状，并带有一个图表符标志。
（2）移动鼠标到需要放置图表符的地方，单击鼠标左键确定图表符的一个顶点，移动鼠标到合适的位置再一次单击鼠标确定其对角顶点，即可完成图表符的放置，如图5-5所示。
（3）鼠标仍处于放置图表符的状态，重复操作即可放置其他的图表符。
（4）单击鼠标右键或者按下〈Esc〉键便可退出操作。

选项说明：

双击需要设置属性的图表符（或在绘制状态下按〈Tab〉键），系统将弹出相应的图表符属性编辑对话框，如图 5-6 所示。

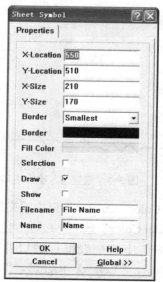

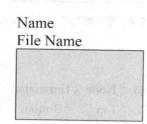

图 5-5　放置图表符

图 5-6　"Sheet Symbol"对话框

图表符属性的主要参数如下：

- "X-Location""Y-Location"文本框：表示图表符在原理图上的 X 轴和 Y 轴坐标，可以输入设置。
- "X-Size"："Y-Size"文本框：表示图表符的宽度和高度，可以输入设置。
- "Border Color"选项：设置图表符边框的颜色。
- "Fill Color"选项：设置图表符的填充颜色。
- "Border Width"下拉列表框：设置图表符的边框粗细，有"Smallest"、"Small"、"Medium"和"Large"4 种线宽可供选择。
- "Draw Solid"复选框：选中此复选框，则图表符将以"Fill Color"中的颜色填充多边形，此时单击多边形边框或填充部分都可以选中该多边形。
- "Name"文本框：该文本框用来输入相应图表符的名称，作用与普通电路原理图中的元件标识符相似，是层次电路图中用来表示图表符的唯一标志，不同的图表符应该有不同的标识符。在这里，输入"U-Sensor1"。
- "Filename"文本框：该文本框用来输入该图表符所代表的下层子原理图的文件名。在这里，输入"Sensor1.Sch"。
- "Show Hidden Text Fields"复选框：该复选框用来选择是显示还是隐藏图表符文本域。

完成以上操作后，单击"Sheet Symbol"属性对话框的"OK"按钮退出。

5.3.3　放置图纸入口

放置好图表符以后，下一步就需要在上面放置图纸入口了。图纸入口是图表符之间进行相互联系的信号在电气上的连接通道，应放置在图表符的边缘内侧。

执行方式：

- 菜单栏："Place"→"Add Sheet Entry"。
- 工具栏：单击"Wiring Tools"工具栏中的 ⊡ 按钮。
- 快捷键：P+A。

操作步骤：

（1）执行此命令后，鼠标将变为十字形状。

（2）移动鼠标到图表符内部，选择要放置的位置，单击鼠标左键，会出现一个图纸入口随鼠标移动而移动，但只能在图表符内部的边框上移动，在适当的位置再一次单击鼠标即可完成图纸入口的放置，如图5-7所示。

（3）此时，鼠标仍处于放置图表符的状态，重复操作即可放置其他的电路端口。

（4）单击鼠标右键或者按下〈Esc〉键便可退出操作。

选项说明：

根据层次电路图的设计要求，在顶层原理图中，每一个图表符上的每一个电路端口都应该与其所代表的子原理图上的一个电路输入输出端口相对应，包括端口名称及接口形式等。因此，需要对图纸入口的属性加以设置。

双击需要设置属性的电路端口（或在绘制状态下按〈Tab〉键），系统将弹出相应的电路端口属性编辑对话框，如图5-8所示。

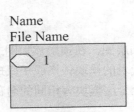

图5-7　添加图纸入口

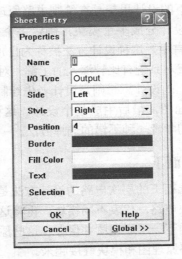

图5-8　电路端口属性设置对话框

电路端口属性中的主要参数如下：

- "Name"下拉列表框：电路端口的名称，应该与层次原理图子图种的端口名称对应，只有这样才能完成层次原理图的电气连接，这里设置为"0"。
- "I/O Type"下拉列表框：包含4种端口类型："Unspecified"、"Output"、"Input"和"Bidirectional"。"I/O Type"下拉列表框通常与电路端口外形的设置一一对应，这样有利于直观理解。端口的属性是由"I/O Type"决定的，这是电路端口最重要的属性。这里将端口属性设置为"Output"。

- "Side" 下拉列表框：有 "Top"、"Left"、"Bottom" 和 "Right" 4 种选择。该项决定了电路端口在图表符中的大致方位。
- "Style" 下拉列表框：列出了电路端口的形状，这里设置为 "Right"。
- "Position" 文本框：电路端口的位置。该选项的内容将根据端口移动而自动设置，用户不需要进行更改。
- "Border Color" 选项：设置电路端口边框的颜色。
- "Fill Color" 选项：设置电路端口内部的填充颜色。
- "Text Color" 选项：设置电路端口标注文本的颜色。

5.4 模块化绘制

根据上面所讲的层次原理图的模块化结构，我们知道，层次电路原理图的设计实际上就是对顶层原理图和若干子原理图分别进行设计的过程。设计过程的关键在于不同层次间的信号如何正确地传递，这一点主要就是通过在顶层原理图中放置图纸符号、电路端口，以及在各个子原理图中放置相同名称的输入输出端口来实现的。

基于上述的设计理念，层次电路原理图设计的具体实现方法有两种：一种是自上而下的层次原理图设计，另一种是自下而上的层次原理图设计。

自上而下的设计思想是在绘制电路原理图之前，要求设计者对设计有一个整体的把握。把整个电路设计分成多个模块，确定每个模块的设计内容，然后对每一模块进行详细的设计。在 C 语言中，这种设计方法被称为自顶向下，逐步细化。该设计方法要求设计者在绘制原理图之前就对系统有比较深入的了解，对于电路的模块划分比较清楚。

自下而上的设计思想则是设计者先绘制原理图子图，根据原理图子图生成图表符，进而生成上层原理图，最后生成整个设计。这种方法比较适用于对整个设计不是非常熟悉的用户，这也是初学者一种不错的选择方法。

5.4.1 自上而下

采用自上而下的层次电路的设计方法是：首先创建顶层图，在顶层添加图表符与图纸入口组成的方块电路，代表不同模块，再将这些方块电路代表的模块转换成子原理图，完成每个模块代表的下一层原理图并保存。这些原理图应该与上一层模块有相同的名称，这些名称应该确保能将原理图和模块链接起来。

自上而下的层次电路主要以一般原理图绘图方法进行设计，采用了特有的转换命令，根据顶层原理图中的图表符，把与之相对应的子原理图分别绘制出来，这一过程就是使用图表符来建立子原理图的过程。

下面详细介绍该命令。

（1）执行 "Design" → "Creat Sheet From Symbol" 菜单命令，工作区中的鼠标变为十字光标，在图 5-9 所示的方块电路上单击，系统会自动创建一个与方块电路同名的电路图文件，如图 5-10 所示。

（2）同时，在项目管理器中自动创建一个新的子原理图文

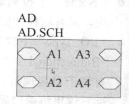

图 5-9　在原理图中选择层次块

136

件 AD.SCH，如图 5-11 所示。

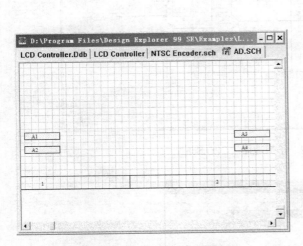

图 5-10　AD 方块电路对应的子电路

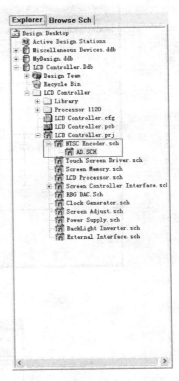

图 5-11　项目管理器窗口

（3）按照一般绘图的方法子原理图，使用同样的方法转换其余方块电路。这样，就完成了自上而下绘制层次电路的设计。

5.4.2　自下而上

对于一个功能明确、结构清晰的电路系统来说，采用层次电路设计方法时，使用自上而下的设计流程，能够清晰地表达出设计者的设计理念。但在有些情况下，特别是在电路的模块化设计过程中，我们知道，不同电路模块的不同组合，会形成功能完全不同的电路系统。用户可以根据自己的具体设计需要，选择若干个现有的电路模块，组合产生一个符合设计要求的完整电路系统。此时，该电路系统可以使用自下而上的层次电路设计流程来完成。

所谓自下而上的层次电路设计方法，就是先根据各个电路模块的功能，首先创建低层次的原理图，将低层次电路图转换成层次电路特有的层次块元件，然后利用该层次块元件创建高层次的原理图，最后完成高层原理图的绘制。

（1）打开带电路端口原理图文件"CPU.Sch"，如图 5-12 所示。执行"Design"→"Create Sheet Symbol From Sheet"菜单命令，系统弹出如图 5-13 所示的选择文件放置对话框。

（2）在该对话框中，系统列出了同一项目中除掉当前原理图外的所有原理图文件，用户可以选择其中的任何一个原理图来建立图表符。

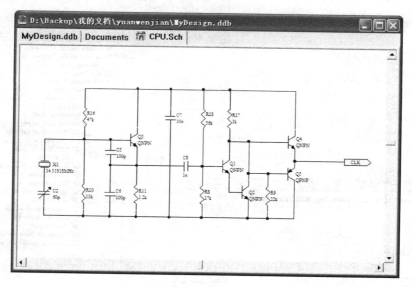

图 5-12 子原理图"CPU.Sch"

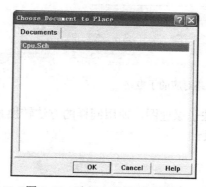

图 5-13 选择文件放置对话框

（3）选中"Cpu.Sch"，单击"OK"按钮关闭对话框，系统会弹出一个如图 5-14 所示的"Confirm"对话框，提示是否转换端口的方向。与前面介绍的一样，单击 Yes 按钮，则生成的原理图中的输入输出端口与图表符中的端口反向。单击 No 按钮，则生成的原理图中的输入输出端口与图表符中的端口方向相同。

（4）单击 No 按钮后，鼠标变成十字形状，并带有一个图表符的虚影，如图 5-15 所示。选择适当的位置，单击鼠标左键即可将该图表符放置在顶层原理图中。

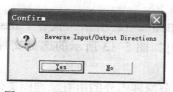

图 5-14 端口方向确认对话框

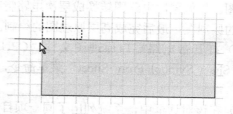

图 5-15 显示图表符

（5）该图表符的标识符为"U-Cpu"，其边缘已经放置了电路端口，方向与相应的子原理图中输入输出端口一致。

（6）按照同样的方法设置其余子原理图，将生成的层次块元件放置到顶层原理图中，完成顶层原理图的绘制，这样就完成了自下而上绘制层次电路的设计。

5.5 同步切换

绘制完成的层次电路原理图中一般都包含有顶层原理图和多张子原理图。用户在编辑时，常常需要在这些图中来回切换查看，以便了解完整的电路结构。在 Protel 99 SE 系统中，提供了层次原理图切换的专用命令，以帮助用户在复杂的层次原理图之间方便地进行切换，实现多张原理图的同步查看和编辑。

执行方式：
- 菜单栏："Tools" → "Up/Down Hierarchy"。
- 工具栏：单击主工具栏的 🔁 按钮。

操作步骤：

（1）执行该命令后，光标变成了十字形状。如果是上层切换到下层，只需移动光标到下层的方块电路上，单击鼠标左键，即可进入下一层。如果是下层切换到上层，只需移动光标到下层的方块电路的某个端口上，单击鼠标左键，即可进入上一层。

（2）利用项目管理器。用户直接可以用鼠标左键单击项目窗口的层次结构中所要编辑的文件名即可。

5.6 报表输出

当原理图设计完成后，经常需要输出一些数据或图纸。本节将介绍 Protel 99 SE 原理图的打印与报表输出。

Protel 99 SE 具有丰富的报表功能，可以方便地生成各种不同类型的报表。当电路原理图设计完成并且经过编译检测之后，应该充分利用系统所提供的这种功能来创建各种原理图的报表文件。借助于这些报表，用户能够从不同的角度，更好地去掌握整个项目的有关设计信息，以便为下一步的设计工作做好充足的准备。

5.6.1 电气检查报表

原理图的实际不等同于原理图的绘制，两张看似完全相同的图纸实际上天差地别，细小的疏忽可能导致电路图的错误。Protel 和其他的 Protel 家族软件一样提供了电气检查规则，可以对原理图的电气连接特性进行自动检查，为了避免在绘图过程中因疏忽造成的电气原理上不应该出现的"简单错误"，设计者可以使用 Protel 99 SE 提供的电气法则测试功能对整个原理图进行检查。

🛈 **提示：**

需要注意，原理图的自动检测机制只是按照用户所绘制原理图中的连接进行检测，系统并不知道原理图的最终效果，所以如果检测后的信息中并无错误信息出现，这并不表示该原理图的设计完全正确。用户还需将网络表中的内容与所要求的设计反复对照和修改，直到完全正确为止。

执行方式：

■ 菜单栏："Tools"→"ERC"。

操作步骤：

执行该命令，打开如图 5-16 所示的 "Setup Electrical Rule Check" 对话框，该对话框主要用于设置电气规则的选项、范围和参数，完成参数设置后，单击 OK 按钮，执行检查，生成以 ".ERC" 为后缀的报表文件，如图 5-17 所示。

图 5-16 "Setup Electrical Rule Check" 对话框

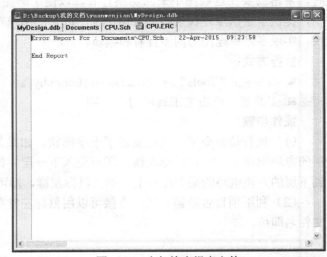

图 5-17 电气检查报表文件

选项说明：

该对话框包括 "Setup" 和 "Rule Matrix" 两个选项卡。

（1）"Setup" 选项卡

单击打开 "Setup" 选项卡，如图 5-16 所示。

● "Multiple net name on net" 复选框：检查同一个网络上是否拥有多个不同名称的网络标识符。

● "Unconnected net labels" 复选框：检查绘图页中是否有不连接到其他电气对象的网络标签。

● "Unconnected power objects" 复选框：检查是否有未连接到任一电气对象的电源对象。

● "Duplicate sheet numbers" 复选框：检查项目中是否有绘图页码相同的绘图页。

● "Duplicate component designators" 复选框：检查绘图页中是否有流水序号相同的元件。当没有执行菜单命令 "Tools"→"Annotate" 对所有元件重新排号时，或是没有使用 "Tools"→"Complex to Simple" 功能将一个复杂层次化项目转成简单的层次化设计时，这种情况最常发生。

● "Bus label format errors" 复选框：检查附加在总线上的网络标签的格式是否非法，以至于无法正确地反映出信号的名称与范围。由于总线的逻辑连通性是由放置在总线上的网络标签来指定的，所以总线的网络标签应该能够描述全部的信号。

- "Floating input pins"复选框：检查是否有未连接到其他任何网络的输入引脚，即出现所谓的 Floating（浮空）情形。
- "Suppress warnings"复选框：设置在执行 ERC 时，忽略警告等级的情况，而只对错误等级的情况进行标志。这种做法主要是为了让设计时省略一部分失误条件以加速 ERC 流程。但是，为了确保电路完美无缺，在作品最后一次进行 ERC 检查时千万不要设置这个选项。
- "Creat report file"复选框：设置列出全部 ERC 信息并产生一个文本报告。
- "Add error markers"复选框：设置在绘图页上有错误或警告情况的位置上放置错误标记，这些错误标记可以帮助用户精确地找出有问题的网络连线。
- "Descend into sheet parts"复选框：要求在执行 ERC 时，同时深入绘图页元件中详尽检查。所谓绘图元页件就是一个"举止行为"都像绘图页符号的元件，它的引脚与其对应的子层绘图页上的输入输出端口连通。子层的绘图页文件的路径与名称就定义在该元件的"Sheet Part path"数据栏中。
- "Net Identifier Scope"下拉列表框：设置网络标识符的工作范围。网络标识符的范围只要是在一个多张绘图页的设计中决定网络连通性的方法。

（2）"Rule Matrix"选项卡

打开"Rule Matrix"选项卡，如图 5-18 所示，这是个彩色的正方形区块，称之为电气规则矩阵。

该选项卡主要用来定义各种引脚、输入输出端口、绘图页出入端口彼此间的连接状态是否已经构成错误或警告等级的电气冲突。

所谓错误情形是指电路中有严重违反电子电路原理的连线情况出现，如 VCC 电源与 GND 接地短路这种情况；所谓警告情形是指某些轻微违反电子电路原理的连线情况（甚至可能是设计者故意的），由于系统不能确定它们是否真正有误，所以就用警告等级的消息来提醒设计者。

这个矩阵是以交叉接触的形式读入的。矩阵中以彩色方块来表示检查结果。绿色方块表示这种连接方式不会产生任何错误或警告信息（如某一输入引脚连接到某一输出引脚，黄色方块表示这种连接方式会

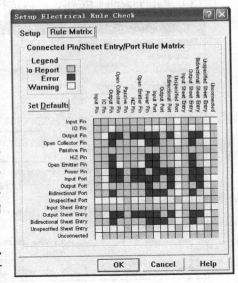

图 5-18 "Rule Matrix"选项卡

产生警告信息（如未连接的输入引脚），红色方块则表示这种连接方式会产生错误（如两个输出引脚连接在一块）。

用户可以定义一切与违反电气连接特性有关报告的错误等级，特别是元件引脚、端口和原理图符号上端口的连接特性。当对原理图进行编译时，错误的信息将在原理图中显示出来。要想改变错误等级的设置，单击选项卡中的颜色块即可，每单击一次改变一次。切换顺序为绿色（No Report，不产生报表）、黄色（Warning，警告）与红色（Error，错误），然后回到绿色。

对于大多数的原理图设计保持默认的设置即可，但对于特殊原理图的设计则需用户进行一定的改动。

💡 提示：

电气法则测试通常被简称为"ERC"，利用电气法则测试功能，用户可以按照设定的电气规则对绘制的电路原理图进行快速的设计验证。

5.6.2 打印报表

为方便原理图的浏览、交流，经常需要将原理图打印到图纸上。Protel 99 SE 提供了直接将原理图打印输出的功能。

1. 页面设置

执行方式：

■ 菜单栏："File" → "Setup Printer"。

操作步骤：

（1）执行该命令后，弹出"Schematic Printer Setup"对话框，如图5-19所示。

（2）单击 Refresh 按钮，可以刷新预览打印效果。

（3）单击 Properties.. 按钮，可以进行打印设置，如图5-20所示。

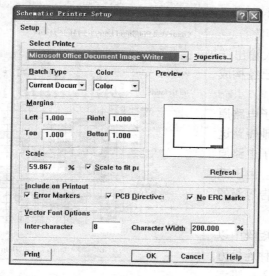

图 5-19 "Schematic Printer Setup"对话框   图 5-20 "打印设置"对话框

（4）设置、预览完成后，即可单击 🖨 Print 按钮，打印原理图。

选项说明：

（1）"Printer Paper"选项组

设置图纸，具体包括以下几个选项：

● "Size"：选择所用打印纸的尺寸。

● "Portrait"：选中该复选框，将使图纸竖放。

● "Landscape"：选中该复选框，将使图纸横放。

（2）"Margins"选项组

设置页边距，共有下面两个选项：

● "Horizontal"：设置水平页边距。

● "Vertical"：设置垂直页边距。

（3）"Scaling"选项组

设置打印比例，有下面两个选项。

● "Scale Mode"下拉菜单：选择比例模式，有下面两种选择。选择"Fit Document On Page"，系统自动调整比例，以便将整张图纸打印到一张图纸上。选择"Scaled Print"，由用户自己定义比例的大小，这时整张图纸将以用户定义的比例打印，有可能是打印在一张图纸上，也有可能打印在多张图纸上。

● "Scales"：当选择"Scaled Print"模式时，用户可以在这里设置打印比例。

（4）"Corrections"选项组

修正打印比例。

（5）"Color Set"选项组

设置打印的颜色，有3种选择："Mono"（单色）、"Color"（彩色）和"Gray"（灰度）。

2．打印

执行方式：

■ 菜单栏："File"→"Print"。

■ 工具栏：单击工具栏中的 按钮。

操作步骤：

执行该命令，连接好打印机后，即可实现打印原理图的功能。

5.6.3 网络报表

在由原理图生成的各种报表中，网络表最为重要。所谓网络，指的是彼此连接在一起的一组元件引脚，一个电路实际上就是由若干网络组成的。而网络表就是对电路或者电路原理图的一个完整描述，描述的内容包括两个方面：一是电路原理图中所有元件的信息（包括元件标识、元件引脚和 PCB 封装形式等）；二是网络的连接信息（包括网络名称、网络节点等），是进行 PCB 布线， PCB 设计不可缺少的工具。

网络表的生成有多种方法，可以在原理图编辑器中由电路原理图文件直接生成，也可以利用文本编辑器手动编辑生成，当然，还可以在 PCB 编辑器中，从已经布线的 PCB 文件中导出相应的网络表。

Protel 99 SE 为用户提供了方便快捷的实用工具，可以帮助用户针对不同的项目设计需求，创建多种格式的网络表文件。在这里，我们需要创建的是用于 PCB 设计的网络表，即 Protel 网络表。

执行方式：

■ 菜单栏："Design"→"Create Netlist"。

操作步骤：

（1）执行该命令后，系统弹出如图 5-21 所示的"Netlist Creation"对话框。

（2）完成对话框设置后，单击 OK 按钮。进入 Windows 的记事本程序，网络表已经存入".net"文件，如图 5-22 所示。

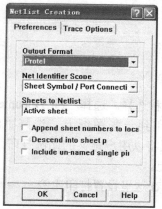

图 5-21 "Netlist Creation"对话框

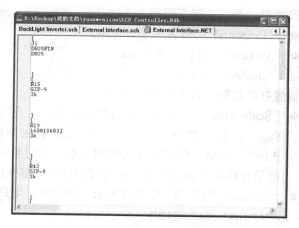

图 5-22 网络表文件

选项说明：

"网络"对话框中有两个选项卡，即"Preferences"选项卡和"Trace Options"选项卡。

1．"Preferences"选项卡的设置

（1）"Output Format"下拉列表框

该项内容用于选择生成网络表的格式。单击右边的下拉式按钮，在下拉式列表中选择不同的网络表格式。Protel 99 SE 提供了 Protel、Protel 2、EEsof、PCAD 等多种格式，如图 5-23 所示。我们采用最常用的 Protel 格式。

网络表有多种格式，通常为一个 ASCII 码的文本文件，网络表用于记录和描述电路中的各个元件的数据以及各个元件之间的连接关系。在以往低版本的设计软件中，往往需要生成网络表以便进行下一步的 PCB 设计或进行仿真。Protel 99 SE 提供了集成的开发环境，用户不用生成网络表就可以直接生成 PCB 或进行仿真。但有时为方便交流，还是要生成网络表。

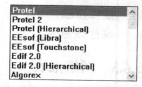

图 5-23 显示多种输出格式

（2）"Net Identifier Scope"下拉列表框

该项内容主要针对层次电路图，用于选择网络名称认定的范围。单击右边的下拉按钮，在下拉列表框中提供了 3 个选项。

● "Net Labels and Parts Global"选项指定网络名称及电路图输入输出点，适用于整个项目。在整个项目的所有电路图中，只要同名的网络及电路图输入输出点，都会被认为是互相连接的。

● "Only Ports Global"选项指定电路图输入输出点，适用于整个项目。在整个项目的所有电路图中，只要同名的电路图输入输出点，都被认为是相连接的。而网络名称仅适用于同一张电路图。不同的电路图中，即使网络名称相同也被认为没有连接。

● "Sheet Symbol/Port Connections"选项指定图表符进出点及电路图输入输出点，适用于整个项目。在整个项目的所有电路图中，只要图表符进出点及电路图输入输出点是同名的，都被认为是相连接的。

（3）"Sheets to Netlist" 下拉列表框

该项内容用于指定产生网络表的范围。单击右边的下拉式按钮，在下拉式列表中提供了下面 3 个选项，"Active sheet"、"Active project" 和 "Active sheet plus sub sheets"。

（4）"Append sheet numbers to local net" 复选框

该项内容用于设定在产生网络表时，系统自动将电路图编号，并且加到每个网络名称上，以识别该网络的位置。

（5）"Descend into sheet parts" 复选框

该项内容用于设定在产生网络表时，如果遇到电路图式元件，系统将深入该元件内部电路图，将它视为电路的一部分，且一并转化为网络表。

（6）"Include un-named sigule pin" 复选框

该项内容用于设定在产生网络表时，如果遇到没有名称的元件引脚，也一并转化为网络表。

2. "Trace Options" 选项卡的设置

单击 "Trace Options" 标签，即可切换到如图 5-24 所示的 "Trace Options" 选项卡。

（1）"Enable Trace" 复选框

选中该复选框，表示可以跟踪，并将跟踪结果保存为 *.tag 文件。

（2）"Netlist before any resolve" 复选框

表示在转换网络表时，将任何动作都加进跟踪文件中。

图 5-24 "Trace Options" 选项卡

（3）"Netlist after resolving sheets" 复选框

表示只有当电路图中的内部网络结合到项目网络后，才加以跟踪，并形成跟踪文件。

（4）"Netlist after resolving project" 复选框

表示只有当项目内部网络进行结合动作后，才将该步骤保存为跟踪文件。

（5）"Include Net Merging Information" 复选框

指定跟踪文件内包括网络资料。

5.6.4 元件报表

元件报表主要用来列出当前项目中用到的所有元件的标识、封装形式、库参考等，相当于一份元器件清单。依据这份报表，用户可以详细查看项目中元件的各类信息，同时，在制作 PCB 时，也可以作为元件采购的参考。

执行方式：

■ 菜单栏："Reports" → "Bill of Materials"。

操作步骤：

（1）执行该命令后，系统弹出相应的元件报表对话框，如图 5-25 所示。元件报表分两种："Project" 与 "Sheet"。

（2）选择 "Sheet" 选项，用鼠标左键单击图中的 Next > 按钮后，进入如图 5-26 所示的对话框，在此框中主要用于设置元件报表中所包含的内容。

（3）设置完后、用鼠标左键单击图中的 Next > 按钮，进入如图 5-27 所示的对话框，此时用户可以设定生成的 BOM 表（Bill of Material 表）的列名称。设定结束后，用鼠标左键单击图中的 Next> 按钮，退出该对话框，进入如图 5-28 所示的对话框，此时用户可以选择生成的表格格式。

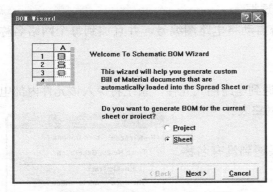

图 5-25　"BOM Wizard"对话框

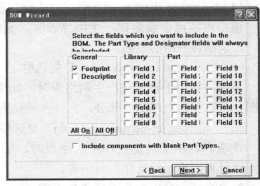

图 5-26　设置元件报表内容

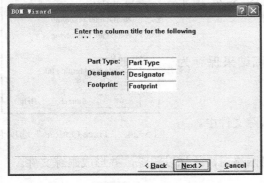

图 5-27　定义元件列表和项目名称

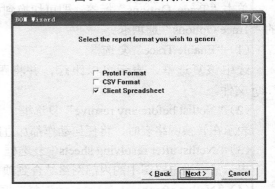

图 5-28　选择产生元件列表的格式

（4）选择"Spread Sheet"格式后，用鼠标左键单击图中的 Next> 按钮，进入如图 5-29 所示的对话框。用鼠标左键单击图中的 Finish 按钮，程序会进入表格编辑器，并形成后缀为"*.XLS"的原理图元件列表，如图 5-30 所示。

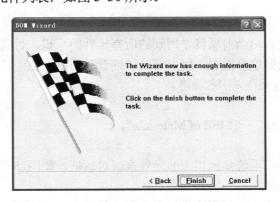

图 5-29　完成产生元件列表

（5）若在图 5-25 中的"BOM Wizard"对话框中选择"Project"选项，下面的参数选项设置相同，则生成基于项目文件的材料报表，如图 5-31 所示。

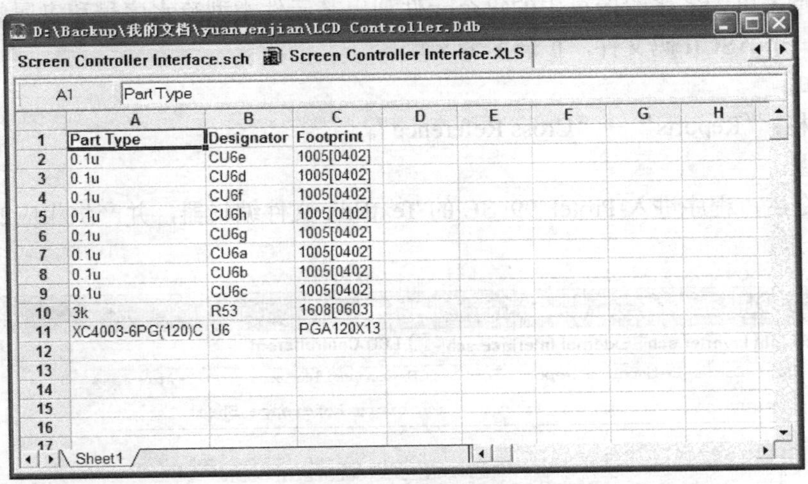

	A	B	C
1	Part Type	Designator	Footprint
2	0.1u	CU6e	1005[0402]
3	0.1u	CU6d	1005[0402]
4	0.1u	CU6f	1005[0402]
5	0.1u	CU6h	1005[0402]
6	0.1u	CU6g	1005[0402]
7	0.1u	CU6a	1005[0402]
8	0.1u	CU6b	1005[0402]
9	0.1u	CU6c	1005[0402]
10	3k	R53	1608[0603]
11	XC4003-6PG(120)C	U6	PGA120X13

图 5-30　生成基于原理图元件列表

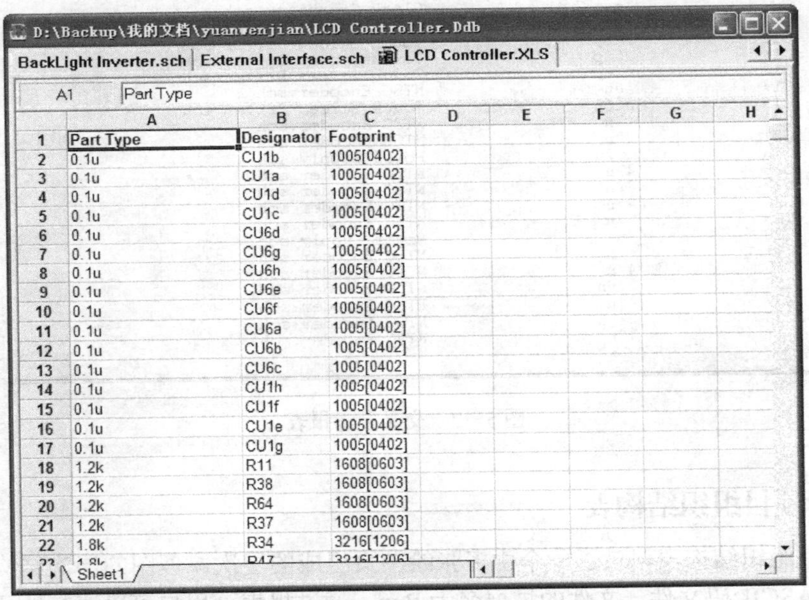

	A	B	C
1	Part Type	Designator	Footprint
2	0.1u	CU1b	1005[0402]
3	0.1u	CU1a	1005[0402]
4	0.1u	CU1d	1005[0402]
5	0.1u	CU1c	1005[0402]
6	0.1u	CU6d	1005[0402]
7	0.1u	CU6g	1005[0402]
8	0.1u	CU6h	1005[0402]
9	0.1u	CU6e	1005[0402]
10	0.1u	CU6f	1005[0402]
11	0.1u	CU6a	1005[0402]
12	0.1u	CU6b	1005[0402]
13	0.1u	CU6c	1005[0402]
14	0.1u	CU1h	1005[0402]
15	0.1u	CU1f	1005[0402]
16	0.1u	CU1e	1005[0402]
17	0.1u	CU1g	1005[0402]
18	1.2k	R11	1608[0603]
19	1.2k	R38	1608[0603]
20	1.2k	R64	1608[0603]
21	1.2k	R37	1608[0603]
22	1.8k	R34	3216[1206]

图 5-31　生成基于项目文件的元件列表

（6）由于该项目不只有一个原理图文件，因此基于原理图文件的网络表与基于整个项目的网络表是不同的，所包含的内容也是不完全相同的；如果该项目只有一个原理图文件，则基于原理图文件的网络表与基于整个项目的网络表，即使名称不同，但所包含的内容却是完全相同的。

5.6.5　交叉参考表

元器件交叉引用报表用于生成整个工程中各原理图的元器件报表，相当于一份元器件清单报表。

交叉参考表可为多张绘图页中的每个元件列出其元件类型流水序号和隶属的绘图页文件名称。这是一个 ASCII 码文件，扩展名为.xrf。

执行方式：

■ 菜单栏："Reports" → "Cross Reference"。

操作步骤：

执行命令后，程序进入 Protel 99 SE 的 TextEdit 文件编辑器，并产生相应的报表文件，如图 5-32 所示。

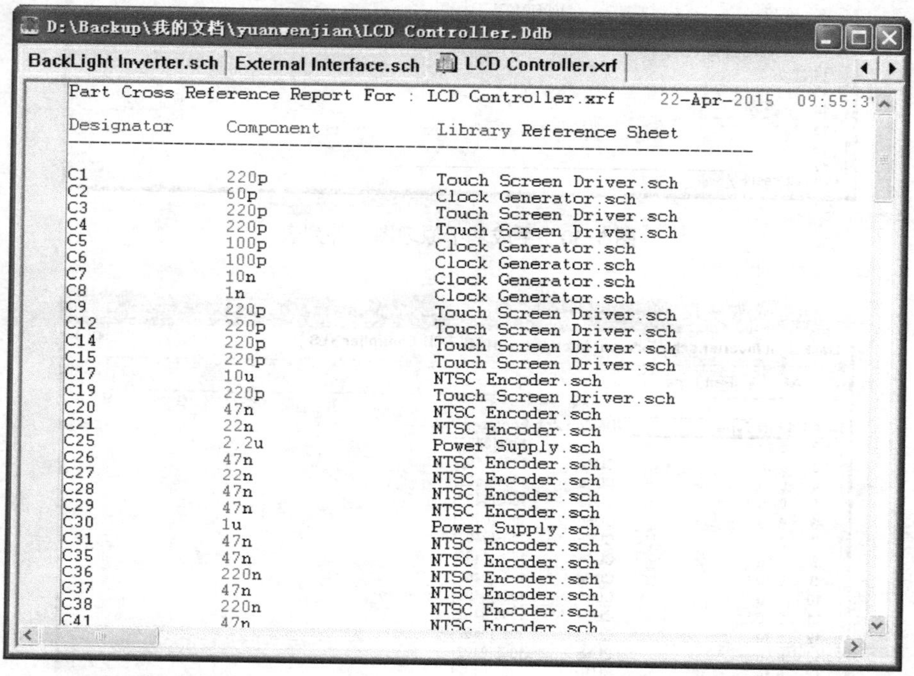

图 5-32　交叉参考报表

5.6.6　设计项目组织结构表

设计项目组织结构表记录了一个由多张绘图页组成的层次原理图的层次结构数据，其输出的结果为 ASCII 码文件，文件的扩展名为.Rep。通过报表，用户可以清楚地了解原理图的层次结构关系。

执行方式：

■ 菜单栏："Reports" → "Design Hierarchy"。

操作步骤：

执行该命令后，系统将会生成该原理图的层次关系，如图 5-33 所示。

在生成的设计表中，使用缩进格式明确地列出了本项目中的各个原理图之间的层次关系，原理图文件名越靠左，说明该文件在层次电路图中的层次越高。

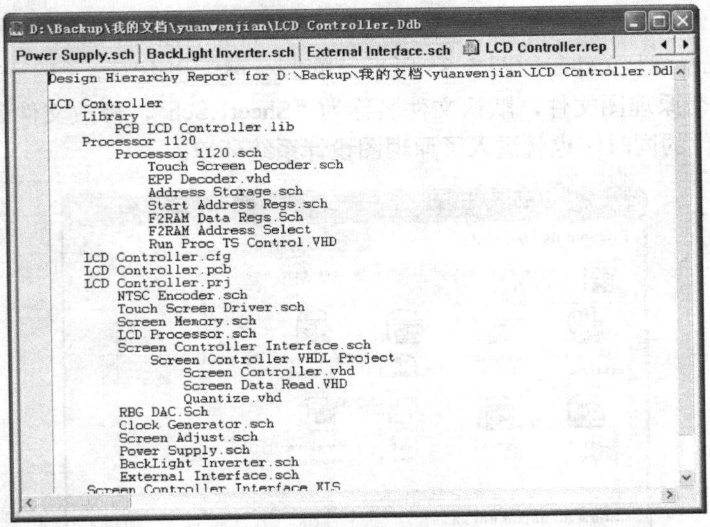

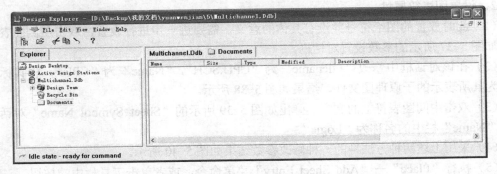

图 5-33　层次关系设计报表

5.7　操作实例

通过前面章节的学习，用户对 Protel 99 SE 层次原理图设计方法应该有一个整体的认识。在章节的最后，我们用一个实例来详细介绍一下两种层次原理图的设计方法。

单片机多通道电路总原理图分为单片机、逻辑电路和外围电路接口 3 个部分。要注意每个部分都有若干 I/O 接口。

自上而下层次化原理图设计的主要步骤如下：

1．启动 Protel 99 SE

（1）执行"开始"→"Protel 99 SE"→"Protel 99 SE"菜单命令，或者双击桌面上的快捷方式图标，启动 Protel 99 SE 程序。

（2）执行"Files"→"New"菜单命令，在弹出的工程文件创建对话框中，选择合适的路径，输入文件名称"Multichannel.ddb"，建立工程文件。

（3）Protel 99 SE 在工作区打开工程文件，并在工程文件中创建一个空的"Documents"文件夹，如图 5-34 所示。双击该文件夹，打开文件夹。

图 5-34　创建一个空的"Documents"文件夹

（4）执行"Files"→"New"菜单命令，在打开的文件选择对话框中选择创建"Schematic Document"文件，如图 5-35 所示。单击 OK 按钮后，在工作区"Document"文件夹中创建一个原理图文件，默认文件名称为"Sheet1.Sch"，修改文件名为"Top.Sch"。在创建原理图文件的同时，也就进入了原理图设计系统环境。

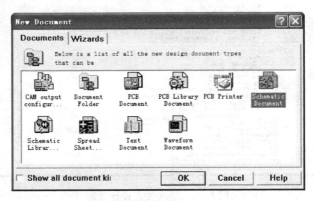

图 5-35　选择文件类型

（5）执行"Place"→"Sheet Symbol"菜单命令，或者单击工具栏中的按钮 ，鼠标将变为十字形状，并带有一个图表符标志。

（6）移动鼠标到需要放置图表符的地方，单击鼠标左键确定图表符的一个顶点，移动鼠标到合适的位置再一次单击鼠标确定其对角顶点，即可完成图表符的放置。

（7）此时，鼠标仍处于放置图表符的状态，重复操作即可放置其他的图表符。

（8）单击鼠标右键或者按下〈Esc〉键便可退出操作，结果如图 5-36 所示。

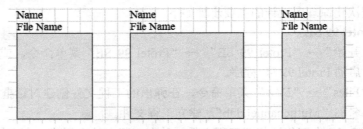

图 5-36　图表符放置结果

2．设置图表符属性

（1）此时放置的图纸符号并没有具体的意义，需要进一步进行设置，双击左侧图表符，弹出如图 5-37 所示的参数设置对话框。

（2）在该对话框中修改"Filename"为"CPU.SCH"，"Name"为"CPU"，将其标识符设置为其所表示的子原理图文件，结果如图 5-38 所示。

（3）双击中间图表符上的文字，弹出如图 5-39 所示的"Sheet Symbol Name"对话框，修改"Name"栏中的名称为"Logic"。

（4）采用上述两种方法种的一种修改参数结果如图 5-40 所示。

（5）执行"Place"→"Add Sheet Entry"菜单命令，或者单击工具栏中的按钮 ，鼠标将变为十字形状。

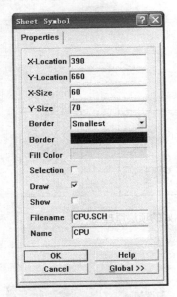

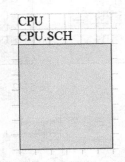

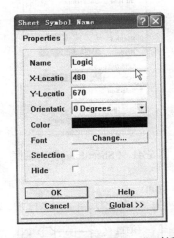

图 5-37 "Sheet Symbol"对话框   图 5-38 修改图表符参数   图 5-39 "Sheet Symbol Name"对话框

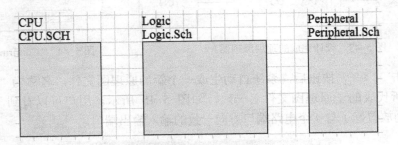

图 5-40 设置好的 3 个图表符

（6）移动鼠标到图表符内部，选择要放置的位置，单击鼠标左键，会出现一个电路端口随鼠标移动而移动，但只能在图表符内部的边框上移动，在适当的位置再一次单击鼠标即可完成电路端口的放置。

（7）此时，鼠标仍处于放置电路端口的状态，重复步骤（6）的操作即可放置其他的电路端口。

（8）单击鼠标右键或者按下〈Esc〉键便可退出操作。

3．设置电路端口的属性

（1）双击需要设置属性的电路端口，系统将弹出相应的电路端口属性编辑对话框，如图 5-41 所示，对电路端口的属性加以设置，结果如图 5-42 所示。

（2）执行"Place"→"Wire"菜单命令，或单击工具栏中的 按钮，使用导线把每一个图表符上的相应电路端口连接起来，完成顶层原理图的绘制，如图 5-43 所示。

（3）执行"Design"→"Creat Sheet From Symbol"菜单命令，这时鼠标将变为十字形状。移动鼠标到上图左侧图表符内部，单击鼠标左键，此时，系统将弹出一个"Confirm"

对话框，如图 5-44 所示，提示是否转换输入输出端口。

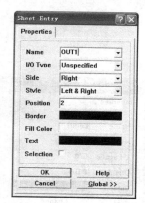

图 5-41 "Sheet Entry" 对话框

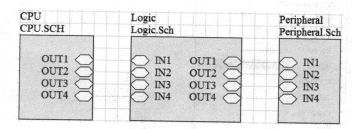

图 5-42 绘制好的顶层原理图

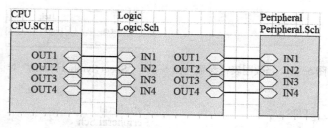

图 5-43 设计完成的顶层原理图

图 5-44 "Confirm" 对话框

（4）单击 No 按钮后，系统自动生成一个新的原理图文件，名称为"CPU"，与相应的图表符所代表的子原理图文件名一致，如图 5-45 所示。用户可以看到，在该原理图中，已经自动放置好了与 4 个电路端口方向一致的输入输出端口。

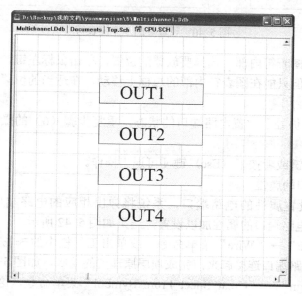

图 5-45 由图表符产生的子原理图

152

（5）使用普通电路原理图的绘制方法，放置各种所需的元器件并进行电气连接，完成"CPU.Sch"子原理图的绘制，如图 5-46 所示。

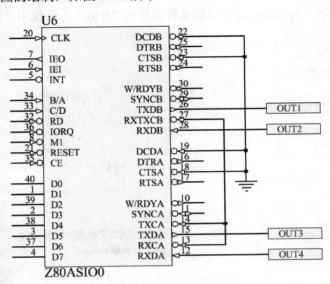

图 5-46　子原理图 "CPU.Sch"

（6）使用同样的方法，重复步骤（3）～（5），由顶层原理图中的另外 2 个图表符"Logic"和"Peripheral"建立与其相对应的 2 个子原理图 "Logic.Sch"和 "Peripheral.Sch"，并且分别绘制出来，结果如图 5-47 及图 5-48 所示。

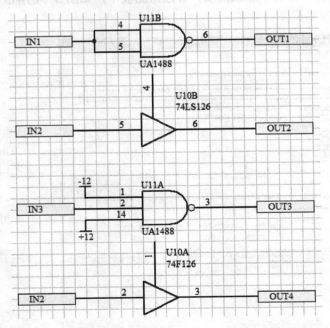

图 5-47　子原理图 "Logic.Sch"

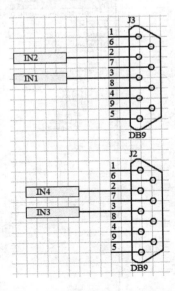

图 5-48　子原理图 "Peripheral.Sch"

在左侧项目管理器中显示层次电路的层次关系，如图 5-49 所示。

（7）这样就采用自上而下的层次电路图设计方法完成了整个系统的电路原理图绘制。

（8）执行"PLD"→"Compile"菜单命令即可进行文件的编译。

（9）文件编译后，系统的自动检测结果将出现在"Info>>"面板中，如图 5-50 所示。

图 5-49　项目管理器

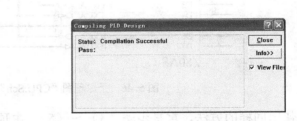

图 5-50　编译文件结果

（10）同时自动生成 4 个报告文件，并自动加载到项目管理器面板中，如图 5-51 所示，从而完成多通道电路原理图的编译。

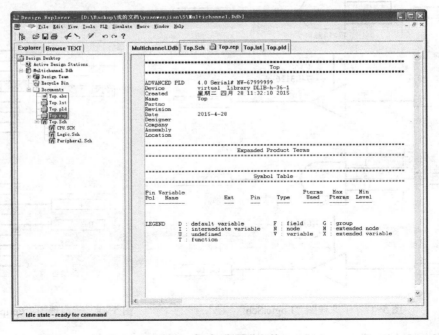

图 5-51　加载报告文件

（11）执行该菜单栏中的"Tools"→"ERC"命令，打开如图 5-52 所示的"Setup Electrical Rule Check"对话框，该对话框主要用于设置电气规则的选项、范围和参数，完成参数设置后，单击 OK 按钮，执行检查，生成以".ERC"为后缀的报表文件，如图 5-53 所示。

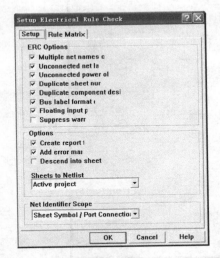

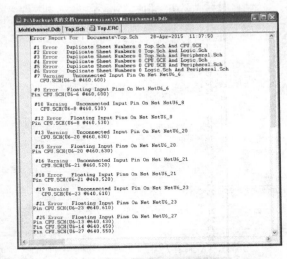

图 5-52 "Setup Electrical Rule Check"对话框   图 5-53   电气检查报表文件

执行菜单栏中的"Reports"→"Bill of Materials"命令，弹出相应的元件报表对话框，选择 Project 选项，如图 5-54 所示。

（12）单击图中的 Next> 按钮，进入元件报表设置对话框，选择默认设置，单击图中的 Next> 按钮，进入如图 5-55 所示的对话框。用鼠标左键单击图中的 Finish 按钮，程序会进入表格编辑器，并形成后缀为"*.xls"的原理图元件列表，如图 5-56 所示。

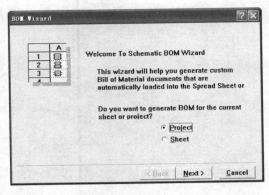

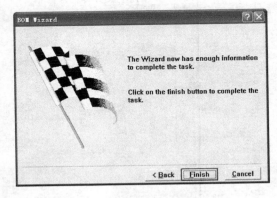

图 5-54 "BOM Wizard"对话框   图 5-55   完成产生元件列表

（13）执行菜单栏中的"Reports"→"Design Hierarchy"命令，系统将会生成该原理图的层次设计报表，如图 5-57 所示。

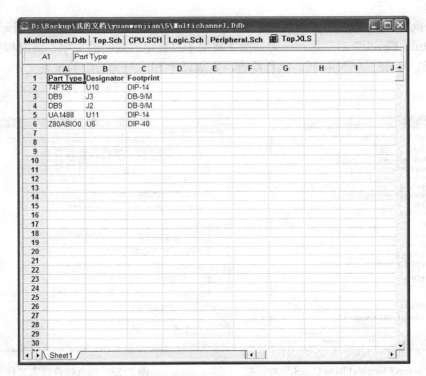

图 5-56 生成基于项目文件的元件列表

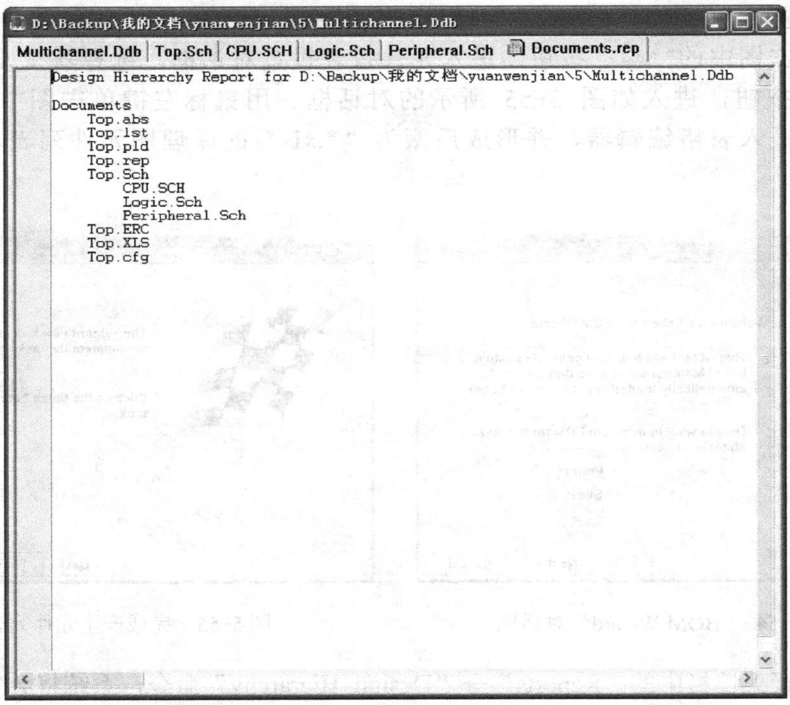

图 5-57 层次设计报表

第6章　创建元件封装库

随着电路设计技术的发展，系统自带的元件库不再成为电路设计者的依靠，另外根据工程的需要，建立基于该工程的元件封装库，有利于在以后的设计中更加方便快速地调入元件封装，管理工程文件。

本章将对元件库的创建及元件封装进行详细介绍，并学习如何管理自己的元件封装库，从而更好地为设计服务。

 知识点

- 创建原理图元件封装库
- 创建 PCB 元件封装库
- 元件封装元件的过滤

6.1　封装概述

电子元器件种类繁多，其封装形式也可谓五花八门。所谓封装是指安装半导体集成电路芯片用的外壳，它不仅起着安放、固定、密封、保护芯片和增强电热性能的作用，而且还是沟通芯片内部世界与外部电路的桥梁。

芯片的封装在 PCB 上通常表现为一组焊盘、丝印层上的边框及芯片的说明文字。焊盘是封装中最重要的组成部分，用于连接芯片的引脚，并通过 PCB 上的导线连接印制板上的其他焊盘，进一步连接焊盘所对应的芯片引脚，完成电路板的功能。在封装中，每个焊盘都有唯一的标号，以区别于封装中的其他焊盘。丝印层上的边框和说明文字主要起指示作用，指明焊盘组所对应的芯片，方便印制板的焊接。焊盘的形状和排列是封装的关键组成部分，只有确保焊盘的形状和排列正确才能正确地建立一个封装。此外，对于安装有特殊要求的封装，边框也需要绝对正确。

Protel 99 SE 提供了强大的封装绘制功能，能够绘制各种各样的新型封装。考虑到芯片的引脚排列通常是规则的，多种芯片可能有同一种封装形式，Protel 99 SE 提供了封装库管理功能，从而使绘制好的封装可以方便地保存和引用。

6.2　常用元器件的封装介绍

随着电子技术的发展，电子元器件的种类越来越多，每一种元器件又分为多个品种和系列，每个系列的元器件封装都不完全相同。即使是同一个元器件，由于不同厂家的产品也可能封装不同。为了解决元器件封装标准化的问题，近年来，国际电工协会发布了关于元器件封装的相关标准。下面介绍常见的几种元器件的封装形式。

6.2.1 分立元器件的封装

分立元器件出现最早，种类也最多，包括电阻、电容、二极管、晶体管和继电器等，下面就逐一介绍几种分立元器件的封装。

（1）电阻的封装

电阻只有两个引脚，它的封装形式也最为简单。电阻的封装可以分为插式封装和贴片封装两类。在每一类中，随着承受功率的不同，电阻的体积也不相同，一般体积越大承受的功率也越大。

电阻的插式封装图如图 6-1 所示。对于插式电阻的封装，主要需要下面几个指标：焊盘中心距、电阻直径、焊盘大小以及焊盘孔的大小等。在"Miscellaneouse Device.inLib"封装库中可以找到这些插式电阻的封装，名字为 AXIAL×××。例如 AXIAL-0.4，0.4 是指焊盘中心距为 0.4in，即 400mil。

电阻的贴片封装图如图 6-2 所示。这些贴片电阻的封装也可以在"Miscellaneouse Device.inLib"封装库中找到。

图 6-1 插式电阻封装

图 6-2 贴片电阻封装

（2）电容的封装

电容大体上可分为两类，一类为电解电容，一类为无极性电容。每一类电容又可以分为插式封装和贴片封装两大类。在 PCB 设计的时候，若是容量较大的电解电容，如几十μF 以上，一般选用插式封装，如图 6-3 所示。例如，在"Miscellaneouse Device.inLib"封装库中有名为 RB7.6-15 和 POLA0.8 的电容封装。RB7.6-15 表示焊盘间距为 7.6mm，外径为 15mm；POLA0.8 表示焊盘中心距为 800mil。

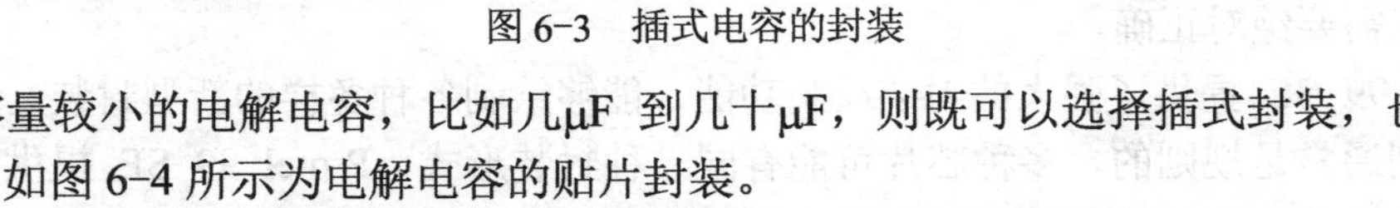

图 6-3 插式电容的封装

若是容量较小的电解电容，比如几μF 到几十μF，则既可以选择插式封装，也可以选择贴片封装，如图 6-4 所示为电解电容的贴片封装。

容量更小的电容一般都是无极性的。现在无极性电容已广泛采用贴片封装，如图 6-5 所示。这种封装与贴片电阻相似。

图 6-4 电解电容的贴片封装

图 6-5 无极性电容贴片封装

在确定电容使用的封装时，应该注意以下几个指标：

- 焊盘中心距：如果这个尺寸不合适，对于插式安装的电容，只有将引脚掰弯才能焊接。而对于贴片电容就要麻烦得多，可能要采用特殊的措施才能焊到电路板上。
- 圆柱形电容的直径或片状电容的厚度：若这个尺寸设置过大，在电路板上，元件会摆得很稀疏，浪费资源。若这个尺寸设置过小，将元器件安装到电路板时会有困难。
- 焊盘大小：焊盘必须比焊盘过孔大，在选项了合适的过孔大小后，可以使用系统提供的标准焊盘。
- 焊盘孔大小：选定的焊盘孔大小应该比引脚稍微大一些。
- 电容极性：对于电解电容还应注意其极性，应该在封装图上明确标出正负极。

（3）二极管的封装

二极管的封装与插式电阻的封装类似，只是二极管有正负极而已。二极管的封装如图 6-6 所示。

对于发光二极管的封装如图 6-7 所示。

图 6-6　二极管的封装

图 6-7　发光二极管的封装

（4）晶体管的封装

晶体管分为 NPN 和 PNP 两种，它们的封装相同，如图 6-8 所示。

图 6-8　晶体管的封装

6.2.2　集成电路的封装

（1）DIP 封装

DIP 为双列直插元器件的封装，如图 6-9 所示。双列直插元器件的封装是目前最常见的集成电路封装。

标准双列直插元器件封装的焊盘中心距是 100mil，边缘间距为 50mil，焊盘直径为 50mil，孔直径为 32mil。封装中第一引脚的焊盘一般为正方形，其他各引脚为圆形。

（2）PLCC 封装

PLCC 为有引线塑料芯片载体，如图 6-10 所示。此封装是贴片安装的，采用此封装形式的芯片的引脚在芯片体底部向内弯曲，紧贴芯片体。

（3）SOP 封装

SOP 为小外形封装，如图 6-11 所示。与 DIP 封装相比，SOP 封装的芯片体积大大减小。

图 6-9　双列直插元器件的封装

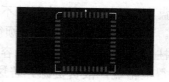

图 6-10　PLCC 封装

（4）OFP 封装

OFP 为方形扁平封装，如图 6-12 所示。此封装是当前芯片使用较多的一种封装形式。

图 6-11　SOP 封装

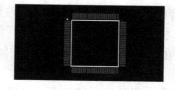

图 6-12　OFP 封装

（5）BGA 封装

BGA 为球形阵列封装，如图 6-13 所示。

（6）SIP 封装

SIP 为单列直插封装，如图 6-14 所示。

图 6-13　BGA 封装

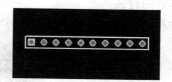

图 6-14　SIP 封装

6.3　封装编辑器

　　PCB 封装是一个实际零件在 PCB 上的脚印图形，如图 6-15 所示，有关这个脚印图形的相关资料都存放在库文件中，它包含各个引脚之间的间距及每个脚在 PCB 各层的参数、元件外框图形、元件的基准点等信息。所有的 PCB 封装只能在 PADS 的封装编辑中建立。

　　在图 6-16 所示的元件封装编辑器中绘制原理图中所需的元件封装，该界面与 PCB 其余编辑器界面相同，采用菜单栏、工具栏、项目管理器和工作区并存的形式。

　　对于一个 PCB 封装来讲，不管是标准还是不规则，它们都有一个共性，即它们一定是由元件序号、元件脚（焊盘）和元件外框构成。在元件封装编辑器中根据这些差异采用不同的方法创建元件封装。

图 6-15　PCB 封装

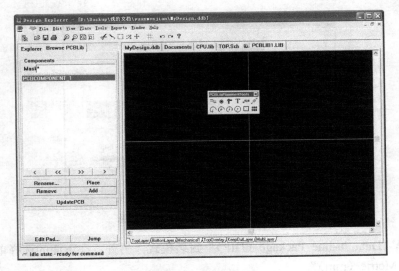

图 6-16　元件封装编辑器界面

6.3.1　用向导创建 PCB 元件规则封装

PCB 元件向导通过一系列对话框来让用户输入参数，最后根据这些参数自动创建一个封装。下面用 PCB 元件向导来创建元件封装。

💡 提示：

要创建的封装尺寸信息为：外形轮廓为矩形 10mm×10mm，引脚数为 16×4，引脚宽度为 0.6mm，引脚长度为 1.2mm，引脚间距为 0.5mm，引脚外围轮廓为 12mm×12mm。

（1）执行 "Tools" → "New Component" 菜单命令，系统弹出元件封装向导对话框，如图 6-17 所示。

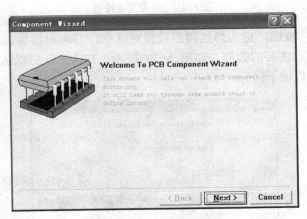

图 6-17　元件封装向导首页

（2）单击 [Next>] 按钮，进入元件封装模式选择界面，如图 6-18 所示。在该模式列表中列出了各种封装模式。

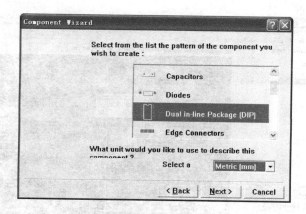

图 6-18　元件封装模式选择界面

这里选择"Dual in-line Package（DIP）"封装模式。另外，在下面的选择单位栏内，选择公制单位"Metric（mm）"。

（3）单击 Next> 按钮，进入焊盘尺寸设定界面，如图 6-19 所示。在这里输入焊盘孔的直径 0.6mm 和整个焊盘的直径 1.2mm，单击要修改的数据后，即可输入需要的数值。

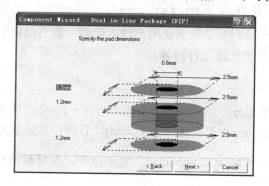

图 6-19　焊盘尺寸设置

（4）单击 Next> 按钮，进入焊盘间距设置对话框，若用户需要修改间距，单击要修改的数据，即可输入自己需要的数值。如图 6-20 所示。在这里使用默认设置，令第一脚为方形，其余脚为圆形，以便于区分。

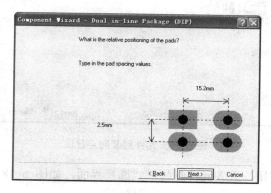

图 6-20　焊盘形状设置

（5）单击 Next> 按钮，进入轮廓宽度设置界面，如图 6-21 所示。这里使用默认设置"0.2mm"。

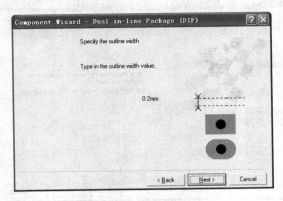

图 6-21　轮廓宽度设置

（6）单击 Next> 按钮，进入焊盘数目设置界面，如图 6-22 所示。将 X、Y 方向的焊盘数目均设置为 18。

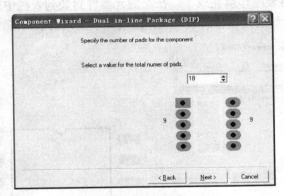

图 6-22　焊盘数目设置

（7）单击 Next> 按钮，进入封装命名界面，如图 6-23 所示。默认封装名为"DIP18"。

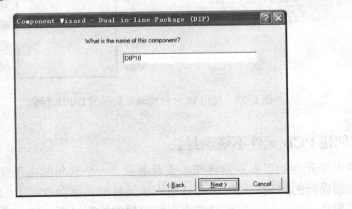

图 6-23　封装命名设置

（8）单击 ┆ Next › ┆ 按钮，进入封装制作完成界面，如图 6-24 所示。

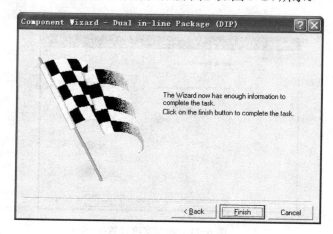

图 6-24　完成界面

（9）单击 ┆ Finish ┆ 按钮，退出封装向导。

至此，DIP18 的封装制作就完成了，在左侧元器件封装列表栏中显示出来，同时在库文件编辑区也将显示新设计的元器件封装，工作区内显示出来封装图形，如图 6-25 所示。

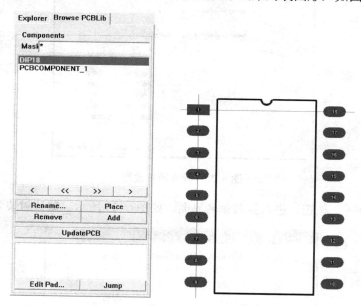

图 6-25　使用 PCB 封装向导制作的 DIP18 封装

6.3.2　手工创建 PCB 元件不规则封装

由于某些电子元件的引脚非常特殊，或者遇到了一个最新的电子元件，那么用 PCB 元件向导将无法创建新的封装。这时，可以根据该元件的实际参数手工创建引脚封装。用手工创建元件引脚封装，需要用直线或曲线来表示元件的外形轮廓，然后添加焊盘来形成引脚连接。元件封装的参数可以放置在 PCB 的任意图层上，但元件的轮廓只能放置在顶端覆盖层上，焊盘则只能放在信号层上。当在 PCB 文件上放置元件时，元件引脚封装的各个部分将分别放置到预先定义的图层上。

下面详细介绍如何手工制作 PCB 库元件。

1. 创建新的空元件文档

（1）执行"File"→"New"菜单命令，显示如图 6-26 所示的"New Document"对话框。

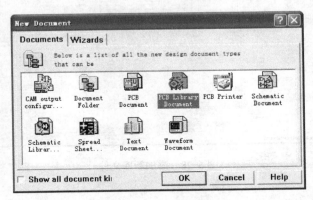

图 6-26 "New Document"对话框

（2）选择"PCB Library Document"图标后单击 OK 按钮，在项目文件数据库中建立一个新的元件封装，此时可在新的元件封装图标上修改库文件的名称。

（3）双击"PCBLIB1.LIB"元件封装文档图标进入元件封装编辑器工作界面。

6.3.3 PCB 库编辑器环境设置

执行"File"→"New"菜单命令，显示如图 6-27 所示的"New Document"对话框。选择"PCB Library Document"图标后单击 OK 按钮，在项目文件数据库中建立一个新的元件封装，此时可在新的元件封装图标上修改库文件的名称，如图 6-28 所示。

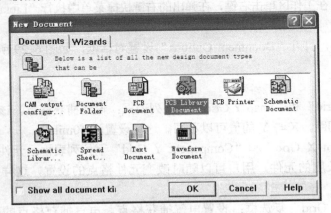

图 6-27 "New Document"对话框

双击"PCBLIB1.LIB"元件封装文档图标进入元件封装编辑器工作界面。

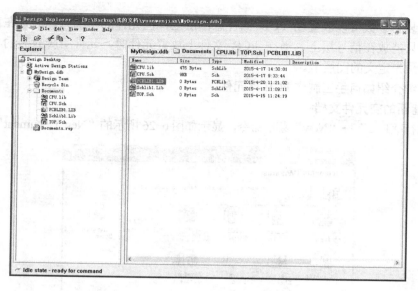

图 6-28 添加新库文件

6.4 工作环境设置

进入 PCB 库编辑器后，同样需要根据要绘制的元件封装类型对编辑器环境进行相应的设置。PCB 库编辑环境设置包括："Library Options"、"Layers & Colors"、"Layer Stack Manager"和"Preferences"。

6.4.1 库选项设置

执行方式：

- 菜单栏："Tools"→"Document Options"。
- 快捷命令：在工作区单击右键，在弹出的右键快捷菜单中执行"Library Options"命令

操作步骤：

执行该命令后，打开"Document Options"设置对话框，如图 6-29 所示。主要设置以下几项。

选项说明：

- "Snap X Grid"和"Snap Y Grid"下拉列表框：设置捕获格点。该格点决定了鼠标捕获的格点间距，X 与 Y 的值可以不同。这里设置为 10mil。
- "Component X Grid"和"Component Y Grid"下拉列表框：元件格点的设置。针对不同引脚长度的元件，用户可以随时改变元件格点的设置，这样就可以精确地放置元件了。
- "Electrical Grid"复选框：设置电气捕获格点。电气捕获格点的数值应小于"Snap Grid"的数值，只有这样才能较好地完成电气捕获功能。
- "Visible Kind"栏：可视格点的设置。这里 Grid 1 设置为 10mil。
- "Measurement Unit"栏：PCB 中单位的设置。

其他保持默认设置，单击 <u>OK</u> 按钮，退出对话框，完成"Document Options"对话框的属性设置。

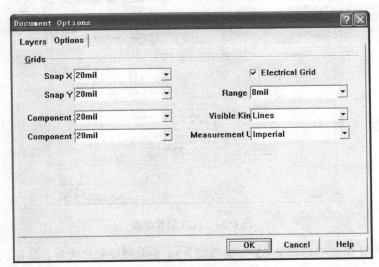

图 6-29 "Document Options"设置对话框

6.4.2 层堆栈设置

Protel 99 SE 现扩展到 32 个信号层、16 个内层电源/接地层及 16 个机械层，在层堆栈管理器用户可定义板层结构，可以看到层堆栈的立体效果。

执行方式：

■ 菜单栏："Design" → "Layer Stack Manager"。

操作步骤：

执行该命令后，弹出如图 6-30 所示的对话框，在该对话框中可以增加层、删除层、移动层所处的位置以及对各层的属性进行编辑。

选项说明：

（1）对话框的中心显示了当前 PCB 图的层结构。默认的设置为一双层板，即只包括"Top Layer"和"Bottom Layer"两层，用户可以单击上 <u>Add Layer</u> 按钮添加信号层或单击 <u>Add Plane</u> 按钮添加电源层和地层。选定一层为参考层进行添加时，添加的层将出现在参考层的下面，当选择"Bottom Layer"时，添加层则出现在底层的上面。

（2）鼠标双击某一层的名称或选中该层后单击 <u>Properties ...</u> 按钮都可以打开该层的属性编辑对话框，然后可对该层的名称及厚度进行设置。

（3）添加层后，单击 <u>Move Up</u> 按钮或 <u>Move Down</u> 按钮可以改变该层在所有层中的位置。在设计过程的任何时刻都可进行添加层的操作。

（4）选中某一层后单击 <u>Delete</u> 按钮即可删除该层。

（5）单击 <u>Menu</u> 按钮或在该对话框的任意空白处单击鼠标右键即可弹出一个"Menu"菜单，如图 6-30 所示。

此菜单项中的大部分选项也可以通过对话框右侧的按钮进行操作。"Example Layer

Stacks"菜单项提供了常用不同层数的 PCB 层数设置，可以直接选择进行快速板层设置。

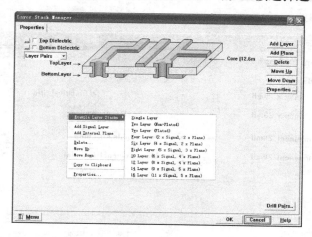

图 6-30　PCB 层管理器

（6）PCB 设计中最多可添加 32 个信号层、26 个电源层和地线层。各层的显示与否可在"Board Layers & Colors"对话框中进行设置，如要显示各层则选中各层中的"Show"复选框即可。

（7）层的堆叠类型。

PCB 的层叠结构中不仅包括拥有电气特性的信号层，还包括无电气特性的绝缘层，两种典型的绝缘层主要是指"Core"（填充层）和"Prepreg"（塑料层）。

层的堆叠类型主要是指绝缘层在 PCB 中的排列顺序，默认的 3 种堆叠类型包括"Layer Pairs"、"Internal Layer Pairs"和"Build-up"。改变层的堆叠类型将会改变"Core"和"Prepreg"在层栈中的分布，只有在信号完整性分析需要用到盲孔或深埋过孔的时候才需要进行层的堆叠类型的设置。

（8）各层的属性编辑。

● 信号层：如图 6-31 所示，用户可以自定义层的名称和"Copper thickness"（铜箔的厚度），铜箔的厚度的定义主要用于进行信号完整性分析。

● 电源层：如图 6-32 所示，对名称用户可以自定义，"Copper thickness"（铜箔的厚度）主要用于进行信号完整性分析。

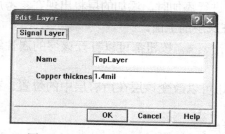

图 6-31　信号层属性设置对话框

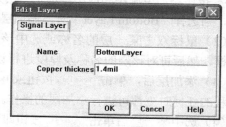

图 6-32　电源层属性设置对话框

● 绝缘层：如图 6-33 所示，"Material"表示材料的类型，"Thickness"表示绝缘层的厚度，"Dielectric constant"表示绝缘体的介电常数，绝缘层的厚度和绝缘体的介电常数主要用于进行信号完整性分析。

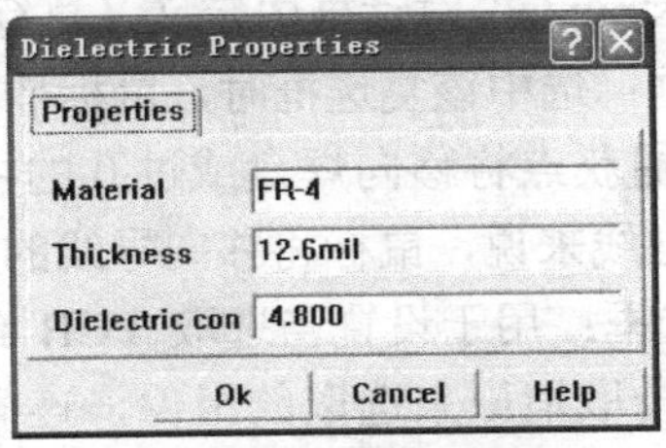

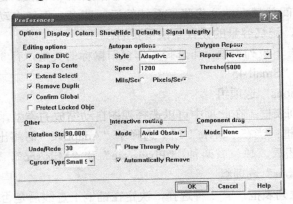

图 6-33 绝缘层属性设置对话框

6.4.3 优先设置

系统参数包括光标显示、板层颜色、系统默认设置、PCB 设置等。许多系统参数是符合用户的个人习惯的，因此一旦设定、将成为用户个性化的设计环境，以后无须再修改。

执行方式：

■ 菜单栏："Tools"→"Preferences"。

操作步骤：

执行该命令后，弹出如图 6-34 所示的 "Preference" 设置对话框。该对话框共有 6 个选项卡，包括 "Options" 选项卡、"Display" 选项卡、"Colors" 选项卡、"Show/Hide" 选项卡、"Defaults" 选项卡、"Signal Integrity" 选项卡。

图 6-34 "Preference" 对话框

选项说明：

1. "Options" 选项卡

单击 "Options" 标签即可进入 "Options" 选项卡，如图 6-34 所示。"Options" 选项卡用于设置一些特殊的功能。它包含 "Editing Options" 区域、"Autopan Options" 区域、"Polygon Repour" 区域、"Other" 区域、"Interactive routing" 和 "Component drag" 区域。

（1）"Editing Options" 选项组

● "Online DRC" 复选框：选中该复选框时，所有违反 PCB 设计规则的地方都将被标记出来。取消对该复选框的选中状态时，用户只能通过执行 "Tools"→"Design

169

Rule Check..."命令，在"Design Rule Check"属性对话框中进行查看。PCB 设计规则在"PCB Rules & Constraints"对话框中定义（执行"Design"→"Rules"命令）。

- "Snap To Center"复选框：选中该复选框时，鼠标捕获点将自动移到对象的中心。对焊盘或过孔来说，鼠标捕获点将移向焊盘或过孔的中心。对元件来说，鼠标将移向元件的第一个引脚；对导线来说，鼠标将移向导线的一个顶点。

- "Extend Selection"复选框：用于设置当选取 PCB 组件时，是否取消原来选取的组件。选中此项，系统不会取消原来选取的组件，连同新选取的组件一起处于选取状态。系统默认选中此项。

- "Remove Duplicates"复选框：选中该复选框，当数据进行输出时将同时产生一个通道，这个通道将检测通过的数据并将重复的数据删除。

- "Confirm Global Edit"复选框：选中该复选框，用户在进行全局编辑的时候系统将弹出一个对话框，提示当前的操作将影响到对象的数量。建议保持对该复选框的选中状态。

- "Protect Locked Objects"复选框：选中该复选框后，当对锁定的对象进行操作时系统将弹出一个对话框询问是否继续此操作。

（2）Other"选项组

- "Rotation Step"文本框：在进行元件的放置时，单击空格键可改变元件的放置角度，通常保持默认的 90°角设置。

- "Undo/Redo"文本框：该项主要设置撤销/恢复操作的范围。通常情况下，范围越大要求的存储空间就越大，这将降低系统的运行速度。但在自动布局、对象的复制和粘贴等操作中，记忆容量的设置是很重要的。

- "Cursor Type"下拉列表框：可选择工作窗口鼠标的类型，有 3 种选择："Large 90"、"Small 90"和"Small 45"。

（3）"Autopan options"选项组

- "Style"下拉列表框：在此项中可以选择视图自动缩放的类型，如图 7-46 所示。

- "Speed"文本框：当在"Style"项中选择了"Adaptive"时将出现该项。从中可以进行缩放步长的设置，单位有两种："Pixels/see"和"Mils/sec"。

（4）"Polygon Repour"选项组

- "Repour"下拉列表框：有 3 种选择，决定在铺铜上走线后是否重新进行铺铜操作。

- 当同一个对话框中的（Plow Through Polygons）复选框被选中时，此处选择"Never"时不进行"Repour"操作。选择"Threshold"，当多边形铺铜超出了极限值时系统将提示以确认是否进行"Repour"操作。选择"Always"时总是进行"Repour"操作，铺铜将位于走线的上方。

- "Threshold"文本框：设置覆铜极限值。

（5）"Interactive routing"选项组

- "Mdoe"下拉列表框：用来设置交互布线模式，用户可以选择三种方式："Ignore Obstacle"（忽略障碍）、"Avoid Obstacle"（避开障碍）和"Push Obstacle"（移开障碍）。

- "Plow Through Polygon"复选框：如果选中后，则布线时使用多边形来检测布线障碍。

- "Automatically Remove"复选框：用于设置自动回路删除选中此项，在绘制一条导线后，如果发现存在另一条回路，则系统将自动删除原来的列路。

（6）"Component drag"选项组

"Mode"下拉列表框中共有两个选项，即"Component Tracks"和"None"。选择"Component Tracks"项，在使用菜单命令"Edit"→"Move"→"Drag"移动组件时，与组件连接的铜膜导线会随着组件一起伸缩，不会和组件断开。选择 None 项，在使用菜单命令"Edit"→"Move"→"Drag"移动组件时，与组件连接的铜膜一导线会和组件断开，此时菜单命令"Edit"→"Move"→"Drag"和"Edit"→"Move"→"Move"没有区别。

2．"Display"选项卡

单击"Display"标签即可进入"Display"选项卡，如图 6-35 所示。

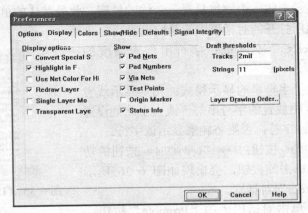

图 6-35 "Display"选项卡

（1）"Display options"复选框

- "Convert Special String"复选框：选中该复选框时，一些特殊的字符如".LAYER NAME"和".PRINT DATE"等将被翻译显示在窗口中。
- "Highlight in For Net"复选框：用于高亮显示所选网络。
- "Use Net Color For Highlight"复选框：对于选中的网络，用于设置是否仍然使用网络的颜色，还是一律采用黄色。
- "Redraw Layers"复选框：选中该复选框后，当用户在不同的板层间切换时窗口将被刷新，即将以不同层所设置的颜色显示该层的对象。当此复选框处于未选中的状态时，可以按〈Alt+End〉快捷键来刷新各层的显示，可以按数字键盘的+和-键在不同的层间切换。
- "Single Layer Mode"复选框：用于设置只显示当前编辑的 PCB 板层，其他板层不被显示。
- "Transparent Layer"复选框：选中该复选框后每一层的颜色都是透明的，这样可以显示所有层的对象。也就是说即使不同层间的对象是叠加的，也同样可以在工作窗口内观察到叠加的所有对象。

（2）"Show"复选框

- "Pan Nets"复选框：用于设置是否显示焊盘的网络名称。
- "Pad Numbers"复选框：用于设置是否显示焊盘序号。
- "Via Nets"复选框：选中此复选框，当视图处于足够的放大率时将显示过孔的网络名称。
- "Test Points"复选框：选中后，可显不测试点。
- "Origin Marker"复选框：选中此复选框则可显示坐标轴。
- "Status Info"复选框：选中此复选框，状态栏将显示当前的操作信息。通常情况下此项保持默认的选中状态。

（3）"Draft threshoulds"选项组

- "Tracks"文本框：设置走线宽度极限。

该项的设置决定了走线在拖曳时的显示模式：完全显示或轮廓显示。等于或小于此处设置的数值时将完全显示走线，否则将只显示走线的轮廓。此处默认的单位由单击"Design"→"Options"菜单项所打开的对话框中的单位设置决定。

- "Strings（pixels）"文本框：字符串像素高度的极限。

该项的设置决定了字符串的显示模式：完全显示或者轮廓显示。如果 PCB 中放置的字符串等于或大于此处设置的数值时将完全显示该字符，否则将轮廓显示该字符。

（4） Layer Drawing Order.. 按钮： Layer Drawing Order.. 按钮的功能是设定板层顺序。单击此按钮，会出现如图 6-36 所示的"Layer Drawing Order"对话框。

图 6-36　"Layer Drawing Order"对话框

选中一个板层，单击对话框中的"Promote"按钮，该板层被上移一层；单击对话框中的"Demote"按钮，该板层被下移一层；单击对话框中的"Default"按钮。板层顺序被设置为系统默认顺序。

3．"Colors"选项卡

（1）单击"Colors"标签即可进入"Colors"选项卡，如图 6-37 所示。如果要修改某层的颜色或系统的颜色，单击其对应的"Colors"栏内的色条，即可在弹出选择颜色对话框中进行修改，如图 6-38 所示。

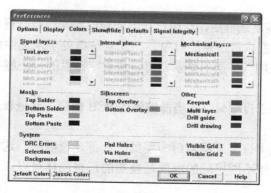

图 6-37　"Colors"选项卡

图 6-38　选择颜色对话框

（2）单击 [Default Colors] 按钮，各层将显示默认的颜色设置，如图 6-39 所示。单击 [Classic Colors] 按钮，各层将显示经典的颜色设置。通常各层的颜色采用经典的颜色设置。

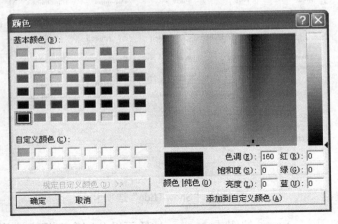

图 6-39 "颜色"对话框

（3）在"System Colors"栏中可以对系统的两种类型可视格点的显示或隐藏进行设置，还可以对不同的系统对象进行设置。

- Connections and from Tos：设置连接与 From-To 飞线的颜色；
- DRC Error Markers：设置 DRC 检查到的错误提示颜色；
- Selection：设置图元对象选中时的颜色；
- Visible Grid 1：设定可视网络 1 的颜色；
- Visible Grid 2：设定可视网络 2 的颜色；
- Pad Holes：设置焊盘孔的颜色；
- Via Holes：设置过孔的颜色；
- Board Line Color：设置 PCB 边界线的颜色；
- Board Area Color：设置 PCB 的颜色；
- Sheet Line Color：设置图纸边界线的颜色；
- Sheet Area Color：设置图纸页面的颜色；
- Workspace Start Color：设定工作区起始端颜色，也就是工作区上半部分的颜色；
- Workspace End Color：设定工作区终止端颜色，也就是工作区下半部分的颜色。若工作区起始颜色和终止颜色不同，则工作区内显示的颜色呈两种颜色的过渡状态。

4."Show/Hide"选项卡

单击"Show/Hide"标签即可打开"Show/Hide"选项卡，如图 6-40 所示。该页用于设置 PCB 工作区内各种内省图元的显示/隐藏状态及显示模式等。

各种类型图元的显示模式共有 3 种："Final"、"Draft"和"Hidden"。

- "Final"单选项：选中此单选项，则所有的对象以实心的形式显示出来。
- "Draft"单选项：选中此单选项，则所有的对象只显示其轮廓，即空心显示。
- "Hidden"单选项：选中此单选项则隐藏所有的对象，这时在工作窗口中不显示任何的对象。

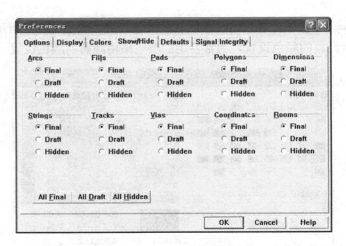

图 6-40 "Show/Hide" 选项卡

单击 All Final 按钮、 All Draft 按钮或 All Hidden 按钮可以分别全选相应的单选项。

5. "Defaults" 选项卡

（1）单击 "Defaults" 标签页即可打开 "Defaults" 选项卡，如图 6-41 所示。用于设置 PCB 设计中用到的各个对象的默认值，通常用户不需要改变此设置页中的内容。

● "Primitive Type" 列表框：该列表框列出了所有可以编辑的图元对象选项。双击其中一种类型的图元，或者单击选择其中一项，再单击该栏下面的 Edit Values... 按钮，可以进入相应的属性设置对话框，在对话框中进行图元属性的修改。例如，双击图元 "Coordinate"，进入坐标属性设置对话框，如图 6-42 所示，可以对各项参数的数值进行修改。单击 Reset 按钮，可以将当前选择图元的参数值重置为系统默认值。

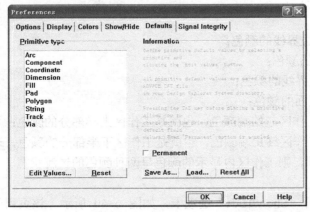
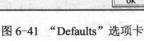

图 6-41 "Defaults" 选项卡

图 6-42 "Coordinate" 设置对话框

● "Permanent" 复选框：在对象放置前按〈Tab〉键进行对象的属性编辑时，如果选中 "Permanent" 复选框，则系统将保持对象的默认属性。例如放置元件 "cap" 时，如果系统默认的标号为 "Designator1"，则第一次放置时两个电容的标号分别为 "Designator1"、"Designator2"。退出放置操作进行第二次放置时，放置的电容的标号则为"Designatorl"、"Designator2"。但是如取消对"Permanent"复选框的选中状态，第一次放置的电容标号为"Designatorl"、"Designator2"，那么进行第二次放置时放置的电容标号就为"Designator3"、"Designator4"。

（2）单击 Load... 按钮，可以将其他的参数配置文件导入，使之成为当前的系统参数值。

（3）单击 Save As... 按钮，可以将当前各个图元的参数配置以参数配置文件*.DFT 的格式保存起来，供以后调用。

（4）单击 Reset All 按钮，可以将当前选择图元的参数值重置为系统默认值。

6. "Signal Integrity"选项卡

单击"Signal Integrity"标签页即可打开"Signal Integrity"选项卡，如图 6-43 所示，这里不再多作介绍。

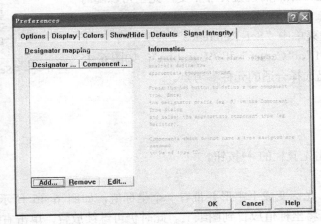

图 6-43 "Signal Integrity"选项卡

6.5 视图操作

在绘制封装元件过程中，有时候需要精确元件的外形及位置，这就需要从开始就设计坐标的确定，除了基准点的坐标、轮廓线也通过属性管理器来设置具体形状。

6.5.1 坐标原点定位

在开始绘制之前，还需要确定工作区的原点，因为它是该封装形式的基准点，封装放置到 PCB 上的时候就是以这一点来定位的。

执行方式：
■ 菜单栏："Edit" → "Jump" → "New Location"。
■ 快捷键：J＋L。

操作步骤：

执行该命令后，弹出的如图 6-44 所示的"Jump to Location"对话框，两个编辑框中均输入 0，表示跳转到视图原点，单击 OK 按钮，光标自动移动到工作区的原点。这时，可以从窗口底部的状态栏中看到光标所在处的坐标。

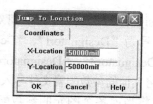

图 6-44 定位坐标原点

6.5.2 设置元件参考点

在设计中，常常需要设置一个原点（零点坐标）参考点。这样就可以知道设计中的任何一点的相对坐标，这个原点的设置并非不变，完全可以随时根据需要来设置。

在"Edit"下拉菜单中"Set Reference"菜单下有 3 个选项，分别为"Pin 1"、"Center"和"Location"，如图 6-45所示，用户可以自己选择合适的元件参考点。

图 6-45 "Set Reference" 子菜单

6.5.3 添加坐标

执行方式

■ 工具栏：单击工具栏的 ┴¹⁰·¹⁰ 按钮。

操作步骤：

执行该命令后，光标变成十字形并带有一个坐标值，如图 6-46 所示。移动光标到合适位置，单击左键即可将坐标值放置到图纸上。此时仍可继续放置，单击右键可退出。

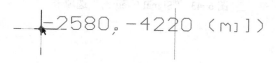

图 6-46 放置坐标值

选项说明：

在放置状态下按〈Tab〉键，或者双击放置完成的位置坐标，系统弹出位置坐标属性设置对话框，如图 6-47所示。

- "Size"文本框：设置标注点大小。
- "Line Width"文本框：设置线宽。
- "Unit Style"下拉列表框：设置坐标单位类型，有三种类型，"None"（不标注单位）、"Normal"（一般标注）和"Brackets"（单位放在小括号中）。
- "Text Width"文本框：设置坐标的宽度。
- "Text Height"文本框：设置坐标的长度。
- "Font"下拉列表框：设置文本字体。
- "Layer"下拉列表框：设置文字标注所在的层面。

图 6-47 位置坐标属性设置对话框

- "X-Location"、"Y-Location" 文本框：设置坐标的位置。
- "Locked" 复选框：设置是否锁定过孔。

6.5.4　添加标注

执行方式：

■ 工具栏：单击工具栏的 ↗ 按钮。

操作步骤：

（1）启动命令后，移动光标到指定位置，单击鼠标左键确定标注的起始点，如图 6-48 所示。

（2）移动光标到另一个位置，再次单击确定标注的终止点，如图 6-49 所示。

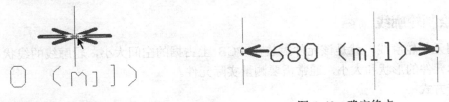

图 6-48　确定起点　　　　　　　　　　图 6-49　确定终点

（3）继续移动光标，可以调整标注的放置位置，在合适位置单击鼠标完成一次标注。

（4）此时仍可继续放置尺寸标注，也可单击鼠标右键退出。

选项说明：

双击放置的线性尺寸标注，系统弹出标注尺寸属性设置对话框，如图 6-50 所示。

- Height 文本框：设置标注大小。
- Line Width 文本框：设置线宽。
- Unit Style 下拉列表框：设置坐标单位类型，有三种类型：None（不标注单位）、Normal（一般标注）和 Brackets（单位放在小括号中）。
- Text Width 文本框：设置标注文字的宽度。
- Text Height 文本框：设置标注文字的长度。
- Font 下拉列表框：设置文本字体。
- Layer 下拉列表框：设置文字标注所在的层面。
- Start-X 文本框：起始点 X 方向坐标。
- Start-Y 文本框：起始点 Y 方向坐标。
- End-X 文本框：终止点 X 方向坐标。
- End-Y 文本框：终止点 Y 方向坐标。
- Locked 复选框：设置是否锁定过孔。

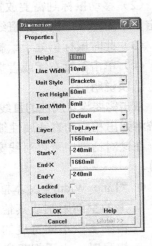

图 6-50　标注尺寸属性设置对话框

6.6　绘图工具

绘图工具不仅应用于原理图绘制，在封装库中对于需要自定义的元件同样重要，对于封装元件的外形是不可或缺的工具。

封装库中用到的绘图工具如图 6-51 所示，显示在"PCBLibPlacementTools"工具栏中，同样的，在图 6-52 中 "Place"菜单栏显示与之一一对应的绘图命令。

图 6-51 "PCBLibPlacementTools"工具栏　　　　　　图 6-52 "Place"菜单命令

6.6.1 绘制轮廓线

所谓元件轮廓线，就是该元件封装在 PCB 上占据的空间大小，轮廓线的线状和大小取决于实际元件的形状和大小，通常需要测量实际元件。

执行方式

- 菜单栏："Place" → "Track"。
- 工具栏：单击工具栏的 ≈ 按钮。
- 快捷键：P+T。

操作步骤：

（1）执行该命令，鼠标将变成十字形状。

（2）移动鼠标到需要放置"Line"的位置处，单击鼠标左键确定直线的起点，多次单击确定多个固定点，当一条直线绘制完毕后单击鼠标右键退出当前直线的绘制。

（3）此时鼠标仍处于绘制直线的状态，重复上面的操作即可绘制其他的直线。

（4）单击鼠标右键或者按下〈Esc〉键便可退出操作。

选项说明：

双击需要设置属性的直线（或在绘制状态下按〈Tab〉键），系统将弹出相应的直线属性编辑对话框，如图 6-53 所示。

在该对话框中可以对线宽、类型和直线的颜色等属性进行设置。

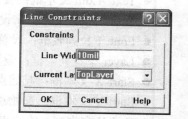

图 6-53 直线的属性编辑对话框

- "Line Width"文本框：可直接输入线宽值。由于 PCB 上的空间限制或其他特殊要求，一条连续的导线可能由于多段不同宽度的导线构成。比如当导线穿过两个焊盘时，由于焊盘之间的间距较小，粗的导线在当前设定的安全间距限制规则下不可能穿过两个焊盘时，这时经常采取的措施是改变导线的宽度，或者修改图件之间的安全间距限制。

- "Current Layer"下拉列表框：有 13 种活动层，选择哪层，即将轮廓线放置到哪层上。可视轮廓线的作用而定。

属性设置完毕后，单击 OK 按钮关闭设置对话框。

6.6.2 添加焊盘

焊盘是 PCB 封装设计中重要的一部分，焊盘确定了元件在 PCB 上的焊接位置，焊盘的作用是放置焊锡，连接导线与元件的引脚。是表面贴装装配的基本构成单元，构成了元件封装的引脚，描述了元件引脚与 PCB 设计中涉及的各个物理层之间的联系。

执行方式：
- 菜单栏："Place" → "Pad"。
- 工具栏：单击工具栏的 ⊙ 按钮。
- 快捷键：P+P。

操作步骤：

执行该命令，鼠标箭头上悬浮一个十字光标和一个焊盘，移动鼠标左键确定焊盘的位置，如图 6-54 所示。按照同样的方法放置另外两个焊盘。

选项说明：

双击焊盘即可进入设置焊盘属性设置对话框，如图 6-55 所示。

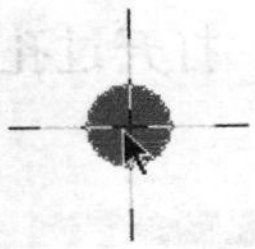

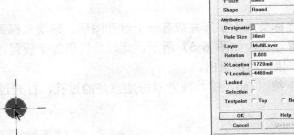

图 6-54　放置焊盘　　　　图 6-55　焊盘属性设置对话框

- "X-Size" 文本框：设置 X 方向的尺寸。
- "Y-Size" 文本框：设置 Y 方向的尺寸。
- "Shape" 下拉列表框：设置焊盘外形，有 "Round"、"Rectangle" 和 "Octagonal" 3 种形状可供用户选择，如图 6-56 所示。

圆形通孔　　　　　　　正方形通孔　　　　　　　槽形通孔

图 6-56　焊盘外形

- "Designator" 文本框：设置焊盘标号。
- "Hole Size" 文本框：设置焊盘中心通孔尺寸。
- "Layer" 下拉列表框：设置焊盘所在层面。对于插式焊盘，应选择 "Multi-Layer"，对于表面贴片式焊盘，应根据焊盘所在层面选择 "Top-Layer" 或 "Bottom-Layer"。
- "Rotation" 文本框：设置焊盘旋转角度。

- "X-Location"文本框：设置焊盘 X 方向的坐标。
- "Y- Location"文本框：设置焊盘 Y 方向的坐标。
- "Lock"复选框：设置是否锁定焊盘。
- "Selection"复选框；若选中该复选框，则焊盘孔内将涂上铜，是上下焊盘导通。
- "Testpoint"复选框：设置是否添加测试点，并添加到哪一层，后面有两个复选框"Top"、"Bottom"，供读者选择。

6.6.3 添加过孔

过孔是多层 PCB 设计中的一个重要因素，过孔可以起到电气连接，固定或定位器件的作用。一个过孔主要由三部分组成，一是孔，二是孔周围的焊盘区，三是 POWER 层隔离区。过孔主要用来连接不同板层之间的布线。一般情况下，在布线过程中，换层时系统会自动放置过孔，用户也可以自己放置。

执行方式：
- 菜单栏："Place"→"Via"。
- 工具栏：单击工具栏的 按钮。
- 快捷键：P+V。

操作步骤：

执行该命令后，光标变成十字形并带有一个过孔图形。移动光标到合适位置，单击鼠标左键即可在图纸上放置过孔，如图 6-57 所示。此时系统仍处于放置过孔状态，可以继续放置。放置完成后，单击鼠标右键退出。

在过孔放置状态下按〈Tab〉键，或者双击放置好的过孔，打开过孔属性设置对话框，如图 6-58 所示。

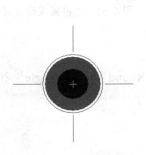

图 6-57　放置过孔

图 6-58　过孔属性设置对话框

选项说明：
- "Diameter"文本框：设置过孔直径外形参数。
- "Hole Size"文本框：设置过孔孔径的尺寸大小。
- "X Location"、"Y Location"文本框：设置过孔中心点的位置坐标。
- "Start Layer"下拉列表框：设置过孔的起始板层。
- "End Layer"下拉列表框：设置过孔的终止板层。
- "Net"下拉列表框：设置过孔所属网络。

- "Locked"复选框：设置是否锁定过孔。
- "Selection"复选框：若选中该复选框，则过孔内将涂上铜，是上下焊盘导通。
- "Testpoint"复选框：设置是否添加测试点，并添加到哪一层，后面有两个复选框供选择。

6.6.4 添加文本

文字标注主要是用来解释说明 PCB 图中的一些元素。与原理图中的文字标注有异曲同工之效。

执行方式：
- 菜单栏："Place"→"String"。
- 工具栏：单击工具栏的 T 按钮。
- 快捷键：P+S。

操作步骤：
（1）执行该命令后，光标变成十字形并带有一个字符串虚影。
（2）移动光标到图纸中需要文字标注的位置，单击鼠标左键放置字符串。
（3）此时系统仍处于放置状态，可以继续放置字符串。
（4）放置完成后，单击鼠标右键退出。

选项说明：
在放置状态下按〈Tab〉键，或者双击放置完成的字符串，系统弹出字符串属性设置对话框，如图 6-59 所示。

- "Text"下拉列表框：设置文字标注的内容。可以自定义输入，也可以单击后面的倒三角按钮进行选择。
- "Width"文本框：设置字符串的宽度。
- "Height"文本框：设置字符串长度。
- "Font"下拉列表框：设置文本字体。
- "Layer"下拉列表框：设置文字标注所在的层面。
- "Rotation"文本框：设置字符串的旋转角度。
- "X-Location"、"Y-Location"文本框：设置字符串的位置坐标。
- "Mirror"复选框：设置文本是否镜像。
- "Locked"复选框：设置是否锁定过孔。

图 6-59 字符串属性设置对话框

6.6.5 添加圆弧

绘制圆弧的方法主要有 4 种，即圆心画弧、边缘弧、角度圆弧与整圆圆弧。下面分别介绍这 4 种绘制圆弧的方法。

执行方式：
- 工具栏：单击工具栏的 按钮。

操作步骤：
（1）中心点
单击此按钮，在绘制过程中，先指定圆弧的圆心，然后顺序拖动光标指定圆弧的起点和终点，确定圆弧的大小和方向。

（2）边缘

单击此按钮，在绘制过程中，先指定圆弧的起点，然后单击确定圆弧终点，拖动光标指定圆弧的圆心和终点，确定圆弧的大小和方向。

（3）角度

单击此按钮，在绘制过程中，先指定圆弧的起点，然后顺序拖动光标指定圆弧的圆心，确定轨迹圆的大小和位置后，确定圆弧的终点。

（4）整圆

单击此按钮，在绘制过程中，先指定圆弧的圆心，然后向外拖动光标，指定圆上的点，确定圆的大小。

选项说明：

双击圆弧或在绘制过程中按〈Tab〉键，弹出如图 6-60 所示的圆弧属性设置对话框，该对话框中的圆弧选项在前面已详细介绍，这里不再赘述。

图 6-60　圆弧属性设置对话框

6.6.6　添加矩形

与原理图库中的元件相比，在封装库文件中，直线命令占主要地位。相比而言，封装与那件外形简单，直线命令使用较多。

执行方式：

■ 菜单栏："Place" → "Fill"。

■ 工具栏：单击工具栏的 □ 按钮。

■ 快捷键：P+F。

操作步骤：

启动命令后，光标变成十字形。移动光标到合适位置，单击左键确定矩形填充的一角。移动鼠标，调整矩形的大小，在合适大小时，再次单击左键确定矩形填充的对角，一个矩形填充完成。可以继续放置，也可以单击右键退出。

选项说明：

在放置状态下按〈Tab〉键，或者单击放置完成的矩形填充，打开矩形填充属性设置对话框，如图 6-61 所示。

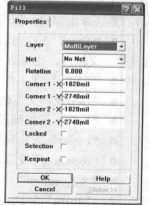

图 6-61　填充属性设置

该对话框中，可以设置矩形填充的旋转角度、角 1 X、Y 一角的坐标、角 2 X、Y 另一角的坐标以及填充所在的层面、所属网络等参数。

6.7　报表输出

Prote1 99 SE 的原理图库文件编辑器具有提供各种报表生成的功能，可以生成 5 种报表：PCB 信息报表、元器件报表、元器件规则检查报表、元器件库报表以及元器件物理检查报表。用户可以通过各种报表列出的信息，帮助自己进行元器件规则的有关检查，使自己创建的元器件以及元器件库更准确。

6.7.1 生成 PCB 信息报表

PCB 信息报表可以对 PCB 的信息进行汇总报告。

执行方式：

■ 菜单栏："Report" → "Library Status"。

操作步骤：

执行该命令后，打开 PCB 信息对话框，显示绘制的封装元件信息，如图 6-62 所示。

选项说明：

打开 "General" 选项卡，该选项卡显示了元件信息，如基本组成对象，如焊盘、导线、过孔等的总数，以及 PCB 的尺寸和 DRC 检查违反规则的数量等。

单击 Report... 按钮，打开 PCB 报告设置对话框，如图 6-63 所示。

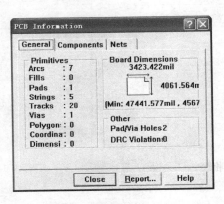

图 6-62 PCB 信息对话框

图 6-63 PCB 报告设置对话框

在该对话框中，选择需要生成的报表的项目。设置完成以后，单击 Report 按钮，系统自动生成以 ".REP" 为后缀的 PCB 信息报表，如图 6-64 所示。

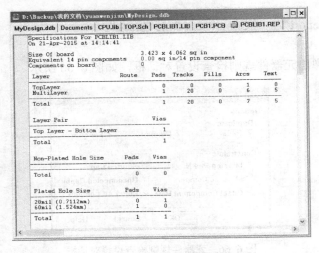

图 6-64 PCB 信息报表

6.7.2 元器件报表

执行方式：

■ 菜单栏："Report" → "Component"。

操作步骤：

执行该命令后，系统将自动生成后缀为"＊.CMP"的文本文件，该文件是库元器件的报表，如图 6-65 所示。用户可以通过该报表文件检查元器件的属性及其各引脚的配置情况。

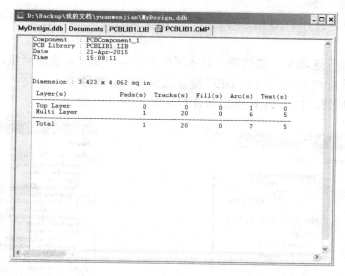

图 6-65　元器件报表

6.7.3 元器件规则检查报表

元器件规则检查报表的功能是检查元器件库中的元器件是否有错，并将有错的元器件列出来，指出错误的原因。

执行方式：

■ 菜单栏："Report" → "Component Rule Check"。

操作步骤：

执行该命令，弹出元器件规则检查设置对话框，如图 6-66 所示。

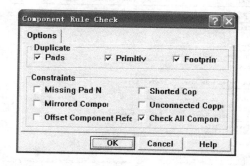

图 6-66　元器件规则检查设置对话框

设置完成后，单击 OK 按钮，关闭元器件规则检查设置对话框，系统将自动生成该元器件的规则检查报表，如图 6-67 所示。该报表是一个后缀名为 "*.ERR" 的文本文件。

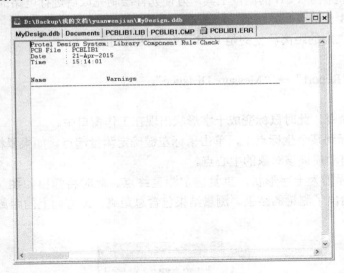

图 6-67　元器件规则检查报表

6.7.4　元器件库报表

元器件库报表列出了当前元器件库中的所有元器件名称。

执行方式：

■ 菜单栏："Report" → "Library"。

操作步骤：

执行该命令，系统将自动生成该元器件库的报表，如图 6-68 所示。

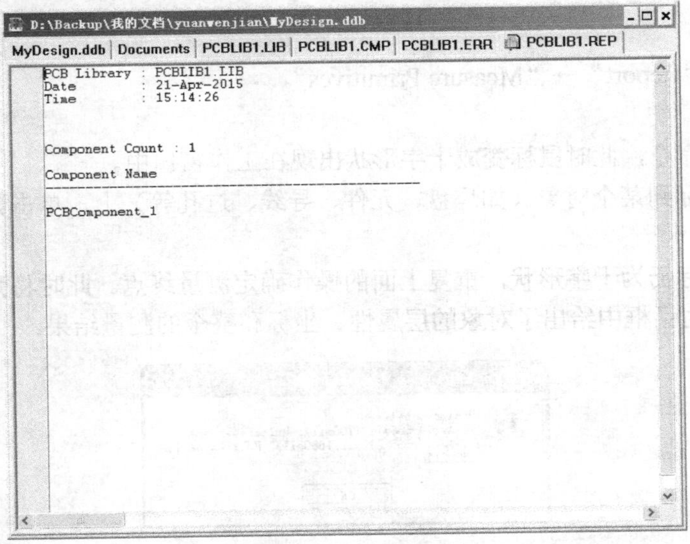

图 6-68　元器件库报表

6.7.5 元器件物理检查报表

Protel 99 SE 提供了 PCB 的测量工具，方便元件绘制完成后进行电路的物理检查。

1．测量 PCB 上两点间的距离

PCB 上两点之间的距离测量的是 PCB 上任意两点的距离。

执行方式：

■ 菜单栏："Report"→"Measure Distance"。

操作步骤：

（1）执行该命令，此时鼠标变成十字形状出现在工作窗口中。

（2）移动鼠标到某个坐标点上，单击鼠标左键确定测量起点。如果鼠标移动到了某个对象上，则系统将自动捕捉该对象的中心点。

（3）此时鼠标仍为十字形状，重复确定测量终点。此时将弹出如图 6-69 所示的对话框，在对话框中给出了测量的结果。测量结果包含总距离、X 方向上的距离和 Y 方向上的距离三项。

图 6-69　测量两点间距

（4）此时鼠标仍为十字状态，重复步骤（2）和（3）可以继续其他测量。

（5）完成测量后，单击鼠标右键或按〈Esc〉键即可退出该操作。

2．测量 PCB 上对象间的距离

这里的测量是专门针对两个相同或不同的对象进行的，在测量过程中，鼠标将自动捕捉对象的中心位置。

执行方式

■ 菜单栏："Report"→"Measure Primitives"。

操作步骤：

（1）执行该命令，此时鼠标变成十字形状出现在工作窗口中。

（2）移动鼠标到某个对象（如焊盘、元件、导线、过孔等）上，单击鼠标左键确定测量的起点。

（3）此时鼠标仍为十字形状，重复上面的操作确定测量终点。此时将弹出如图 6-70 所示的对话框，在对话框中给出了对象的层属性、坐标和整个的测量结果。

图 6-70　测量结果

（4）此时鼠标仍为十字状态，可重复操作步骤（2）和（3）继续其他测量。

（5）完成测量后，单击鼠标右键或按〈Esc〉键即可退出该操作。

6.8　操作实例

下面以一个实例来详细介绍如何制作 PCB 库元件。

6.8.1　制作电容元件封装

（1）启动 Protel 99 SE。

（2）执行"开始"→"Protel 99 SE"→"Protel 99 SE"菜单命令，或者双击桌面上的快捷方式图标，启动 Protel 99 SE 程序。

（3）执行"Files"→"New"菜单命令，在弹出的工程文件创建对话框中，在"Design Storage"栏选择"MS Access Database"选项，选择合适的路径，输入文件名"MyDesign PCB"，建立".ddb"工程文件，如图 6-71 所示。

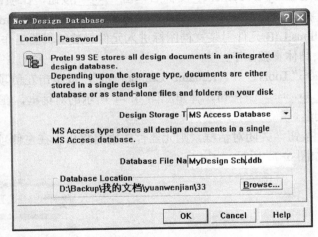

图 6-71　创建 Protel 99 SE 工程文件

（4）Protel 99 SE 在工作区打开工程文件，显示一个空的"Document"文件夹，如图 6-72 所示。

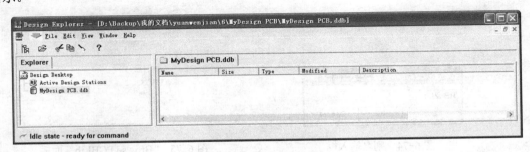

图 6-72　显示工作区

（5）执行"File"→"New"菜单命令，显示如图 6-73 所示的"New Document"对话框。

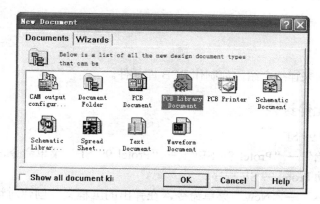

图 6-73 "New Document"对话框

（6）选择"PCB Library Document"图标后单击 OK 按钮，在项目文件数据库中建立一个新的元件封装，此时可在新的元件封装图标上修改库文件的名称"miscellous.LIB"。

（7）双击 miscellous.LIB 元件封装文档图标进入元件封装编辑器工作界面。

（8）命名元件，具体步骤如下：

1）执行菜单命令"Tools"→"Rename Component"，或单击左侧项目管理器"Browse SchLib"面板中的 Rename... 按钮，弹出如图 6-74 所示的对话框，在"Name"文本框中输入要添加的封装别名。

2）单击 OK 按钮，关闭对话框。则元器件的别名将出现在左侧项目管理器"Browse PCBLib"面板中，如图 6-75 所示。

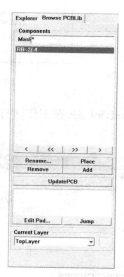

图 6-74 别名输入框

图 6-75 "Browse PCBLib"面板

（9）编辑工作环境设置。在主菜单中执行"Tools"→"Library Options"菜单命令，或者在工作区单击右键，在弹出的右键快捷菜单中选择"Library Options"命令，即可打开"Document Options"设置对话框，按照图 6-76 所示设置选项，单击 ☐ OK ☐按钮，退出对话框。

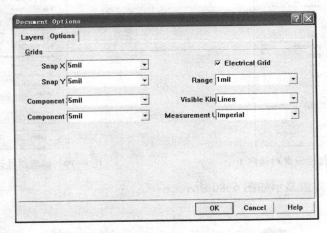

图 6-76 "Document Options"设置对话框

（10）"Preferences"属性设置。

1）执行"Tools"→"Preferences"菜单命令，或者在工作区单击右键，在弹出的右键快捷菜单中选择"Preferences"命令，即可打开"Preferences"设置对话框，如图 6-77 所示。这里在"Display"选项卡内选中"Origin Marker"复选框，其他各项使用默认设置即可。

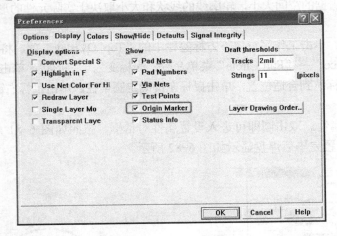

图 6-77 "Preferences"设置对话框

2）单击 ☐ OK ☐按钮，退出对话框。这样在工作区的坐标原点就会出现一个原点标志。

（11）放置焊盘。在"Top-Layer"层执行"Place"→"Pad"菜单命令，鼠标箭头上悬浮一个十字光标和一个焊盘，移动鼠标左键确定焊盘的位置。按照同样的方法放置另外一个焊盘。

（12）编辑焊盘属性。

1）双击焊盘即可进入设置焊盘属性对话框，两个焊盘属性如图 6-78、图 6-79 所示。

图 6-78　焊盘属性设置对话框 1

图 6-79　焊盘属性设置对话框 2

2）设置完毕后焊盘显示如图 6-80 所示。

图 6-80　放置 2 个焊盘

（13）绘制轮廓线。放置焊盘完毕后，需要绘制元件的轮廓线。所谓元件轮廓线，就是该元件封装在 PCB 上占据的空间大小，轮廓线的线状和大小取决于实际元件的形状和大小，通常需要测量实际元件。

（14）绘制圆。单击工作区窗口下方标签栏中的 "Top Overlay" 项，将活动层设置为顶层丝印层。执行 "Place" → "Full Circle" 菜单命令，光标变为十字形状，单击鼠标左键确定原点为圆心，并移动鼠标拉到合适位置，单击鼠标左键确定圆半径。单击鼠标右键或者按〈Esc〉键结束绘制圆。

（15）编辑圆属性。双击圆即可进入设置属性对话框，按照如图 6-81 所示的参数设置圆半径为 250mil，设置完毕后焊盘显示如图 6-82 所示。

图 6-81　圆属性设置对话框

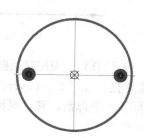

图 6-82　放置圆

（16）绘制直线。执行"Place"→"Line"菜单命令，光标变为十字形状，在圆右侧绘制"+"号，代表正极方向，结果如图 6-83 所示。单击鼠标右键或者按〈Esc〉键结束绘制弧线。

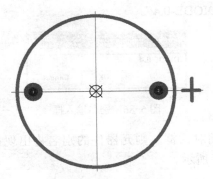

图 6-83　绘制轮廓线

（17）设置元件参考点。在"Edit"下拉菜单中"Set Reference"菜单下有 3 个选项，分别为"Pin 1"、"Center"和"Location"，用户可以自己选择合适的元件参考点。

6.8.2　制作二极管元件封装

1. 新建元件

执行菜单命令"Tools"→"New Component"，或单击左侧项目管理器"Browse PCBLib"面板中的 Add 按钮，弹出如图 6-84 所示的元件向导对话框，单击 Cancel 按钮，取消按照向导创建新元件的操作，在左侧项目管理器"Browse PCBLib"面板中自动添加一个默认名称为"PCBCOMPONENT_1"的元件，如图 6-85 所示。

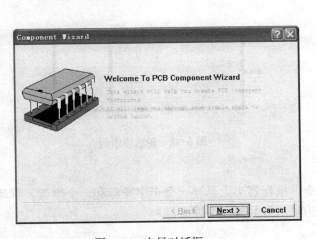

图 6-84　向导对话框　　　　　图 6-85　"Browse PCBLib"面板

2. 命名元件

执行菜单命令"Tools"→"Rename Component",或单击左侧项目管理器"Browse PCBLib"面板中的 [Rename...] 按钮,弹出如图6-86所示的对话框,在"Name"文本框中输入要添加的封装别名"DIODE-0.4"。

图6-86　别名输入框

单击 [OK] 按钮,关闭对话框。则元器件的别名将出现在左侧项目管理器"Browse PCBLib"面板中,如图6-87所示。

3. 绘制轮廓线。

单击工作区窗口下方标签栏中的"Top Overlay"项,将活动层设置为顶层丝印层。

执行"Place"→"Line"菜单命令,光标变为十字形状,单击鼠标左键确定直线的起点,并移动鼠标绘制闭合区域,其中矩形长为500,宽为200,引脚长为50,中间线离左侧水平间距为350,结果如图6-88所示。

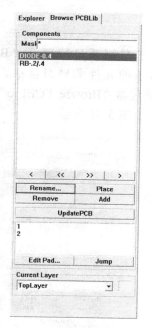

图6-87　"Browse PCBLib"面板

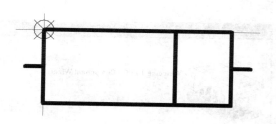

图6-88　轮廓线绘制

4. 放置焊盘

执行"Place"→"Pad"菜单命令,鼠标箭头上悬浮一个十字光标和一个焊盘,移动鼠标左键确定焊盘的位置。按照同样的方法放置另外一个焊盘。

5. 编辑焊盘属性

双击焊盘即可进入设置焊盘属性对话框,如图6-89所示。

在"Designator"文本框中的引脚名称分别为 1、2，焊盘的坐标分别为：1（-80，
-100）；2（-580，-100），设置完毕后如图 6-90 所示。

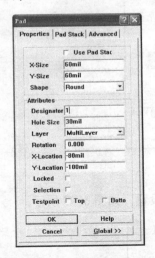

图 6-89　焊盘属性设置对话框

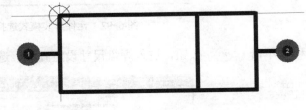

图 6-90　放置的焊盘

6.8.3　制作排阻元件封装 PGA120X13

本节通过手工创建一个 16DIP 元件封装，向读者介绍创建元件封装对的方法。

（1）执行"Tools"→"New Component"菜单命令，系统弹出元件封装向导对话框，如
图 6-91 所示。

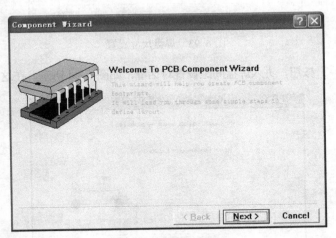

图 6-91　元件封装向导首页

（2）单击 Next> 按钮，进入元件封装模式选择画面，如图 6-92 所示。在模式类表中列
出了各种封装模式。

（3）这里选择"Pin Grid Arrays（PGA）"封装模式。另外，在下面的选择单位栏内，选
择公制单位"Metric（mm）"。

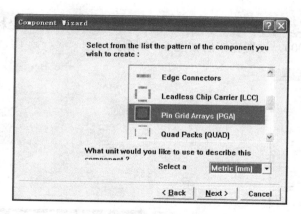

图 6-92　元件封装模式选择画面

（4）单击 Next> 按钮，进入焊盘尺寸设定画面，选择默认设置，如图 6-93 所示。

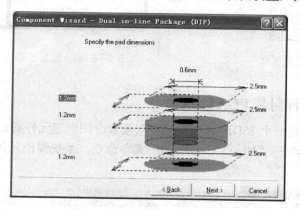

图 6-93　焊盘尺寸设置

（5）单击 Next> 按钮，进入焊盘间距设置对话框，如图 6-94 所示。在这里使用默认设置。

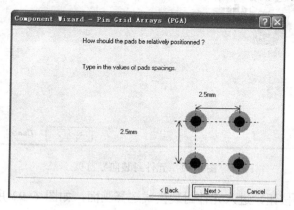

图 6-94　焊盘间距设置

（6）单击 Next> 按钮，进入轮廓宽度设置界面，如图 6-95 所示。这里使用默认设置
"0.2mm"。

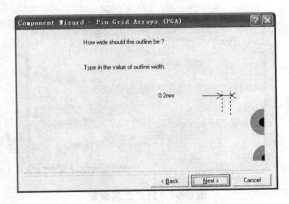

图 6-95　轮廓宽度设置

（7）单击 Next> 按钮，进入焊盘命名类型界面，如图 6-96 所示。选择类型为"Numeric"。

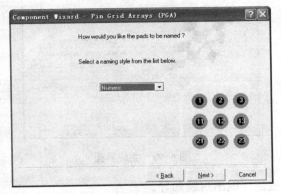

图 6-96　选择焊盘命名类型

（8）单击 Next> 按钮，进入焊盘数目设置界面，如图 6-97 所示。将上下两个方向的焊盘数目均设置为 10。

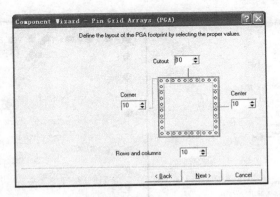

图 6-97　焊盘数目设置

（9）单击 Next> 按钮，进入封装命名界面，如图 6-98 所示。默认封装名为"PGA36x10"。

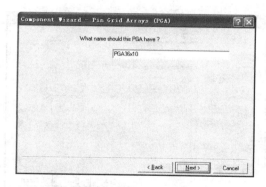

图 6-98　封装命名设置

（10）单击 Next> 按钮，进入封装制作完成界面，如图 6-99 所示。

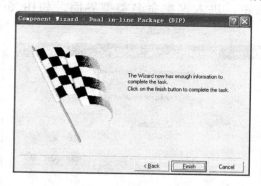

图 6-99　完成界面

（11）单击 Finish 按钮，退出封装向导。

在左侧元器件封装列表栏中显示 PGA36x10 元件，如图 6-100 同时在库文件编辑区也将显示新设计的元器件封装，工作区内显示出来封装图形，如图 6-101 所示。

图 6-100　项目浏览器

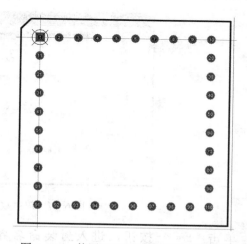

图 6-101　使用 PCB 封装向导制作的封装

第 7 章 PCB 编辑环境

设计印制电路板（PCB）是整个工程设计的核心。原理图设计得再完美，如果 PCB 设计得不合理则性能将大打折扣，严重时甚至不能正常工作。制板商要参照用户所设计的 PCB 图来进行电路板的生产。由于要满足功能上的需要，PCB 设计往往有很多的规则要求，如要考虑到实际工作中的散热和干扰等问题，因此相对于原理图的设计来说，对 PCB 图的设计则需要设计者更细心和耐心。

本章主要介绍 PCB 的结构、PCB 编辑器的特点、PCB 设计界面等知识，以使读者能对电路板的设计有一个全面的了解。

知识点

- PCB 的结构
- PCB 设计界面
- PCB 设计流程
- PCB 板的布局
- PCB 板的布线

7.1 PCB 的设计基础

在设计之前，首先介绍一下一些有关 PCB 的基础知识，以便用户能更好地理解和掌握以后 PCB 的设计过程。

7.1.1 PCB 的概念

印制电路板（Printed Circuit Board），简称 PCB，它是在覆铜板上用腐蚀的方法除去多余的铜箔而得到的可焊接电子元件的电路板。随着电子设备的飞速发展，PCB 越来越复杂，上面的元器件越来越多，功能也越来越强大。

下面我们介绍几种印制电路板中常用的概念。

1．电路板

电路板就是把电子元件焊接成为电路的绝缘板，它一般由绝缘基板、焊盘或焊接片等组成，元件与元件之间用导线连接，电子实训用的铆钉板，就是这样的电路板。

2．元器件封装

元器件的封装是 PCB 设计中非常重要的概念。元器件的封装就是实际元器件焊接到 PCB 时的焊接位置与焊接形状，包括了实际元器件的外形尺寸，空间位置，各引脚之间的间距等。元器件封装是一个空间的概念，对于不同的元器件可以有相同的封装，同样一种封装可以用于不同的元器件。因此，在制作 PCB 时必须知道元器件的名称，同时也要知道该元器件的封装形式。

对于元器件封装，在前面中已经作过详细讲述，在此不再讲述。

3．过孔

过孔是用来连接不同板层之间导线的孔。过孔内侧一般由焊锡连通，用于元器件引脚的插入。过孔可分为 3 种类型：通孔（Through）、盲孔（Blind）和隐孔（Buried）。从顶层直接通到底层，贯穿整个 PCB 的过孔称为通孔；只从顶层或底层通到某一层，并没有穿透所有层的过孔称为盲孔；只在中间层之间相互连接，没有穿透底层或顶层的过孔就称为隐孔。

4．焊盘

焊盘主要用于将元器件引脚焊接固定在 PCB 上并将引脚与 PCB 上的铜膜导线连接起来，以实现电气连接。通常焊盘的有三种形状：圆形（Round）、矩形（Rectangle）和正八边形（Octagonal），如图 7-1 所示。

图 7-1　焊盘

5．铜膜导线和飞线

铜膜导线是 PCB 上的实际走线，用于连接各个元器件的焊盘。它不同于 PCB 布线过程中飞线，所谓飞线，又叫预拉线，是系统在装入网络报表以后，自动生成的不同元器件之间错综交叉的线。

铜膜导线与飞线的本质区别在于铜膜导线具有电气连接特性，而飞线则不具有。飞线只是一种形式上的连线，只是在形式上表示出各个焊盘之间的连接关系，没有实际电气连接意义。

7.1.2　PCB 设计的基本原则

PCB 中元器件的布局、走线的质量，对 PCB 的抗干扰能力和稳定性有很大的影响，所以在设计 PCB 时应遵循 PCB 设计的基本原则。

1．元器件布局

元器件布局不仅影响 PCB 的美观，而且还影响电路的性能。在元器件布局时，应注意以下几点：

● 按照关键元器件布局，即首先布置关键元器件，如单片机、DSP、存储器等，然后按照地址线和数据线的走向布置其他元器件。
● 高频元器件引脚引出的导线应尽量短些，以减少对其他元器件以及电路的影响。
● 模拟电路模块与数字电路模块分开布置，不要杂乱放置在一起。
● 带强电的元器件与其他元器件的距离尽量远一些，并布置在调试时不易接触到的地方。
● 对于重量较大的元器件，安装到电路板上时要加一个支架固定，防止元器件脱落。
● 对于一些发热严重的元器件，可以安装散热片。
● 对于电位器、可变电容等元器件应放置在便于调试的地方。

2．布线

在布线时，应遵循以下基本原则：

● 输入端与输出端导线应尽量避免平行布线，以避免发生反馈耦合。

● 对于导线的宽度，应尽量宽些，最好取 15mil 以上，最小不能小于 10mil。

● 导线间的最小间距是由线间绝缘电阻和击穿电压决定的，在条件允许的范围内尽量
  大一些，一般不能小于 12mil。

● 微处理器芯片的数据线和地址线尽量平行布线。

● 布线时走线尽量少拐弯，若需要拐弯，一般取 45°走向或圆弧形。在高频电路中，
  拐弯时不能取直角或锐角，以防止高频信号在导线拐弯时发生信号反射现象。

● 在条件允许范围内，尽量使电源线和接地线粗一些。

7.2　PCB 设计界面

与原理图设计的界面一样，PCB 设计界面也是在软件主界面的基础上添加了一系列菜单
栏和工具栏，如图 7-2 所示。

这些菜单栏及工具栏主要用于 PCB 设计中的板设置、布局、布线及工程操作等。菜单
栏与工具栏基本上是对应的，能用菜单栏来完成的操作几乎都能通过工具栏中的相应工具按
钮完成。同时用右键单击工作窗口将弹出一个快捷菜单，其中包括一些 PCB 设计中常用的
菜单栏。

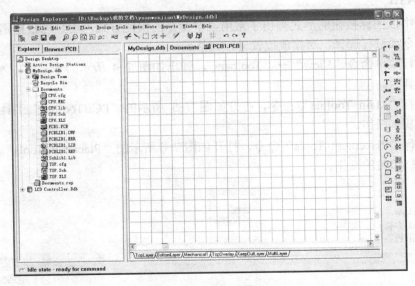

图 7-2　PCB 设计界面

7.2.1　菜单栏

PCB 编辑环境的主菜单与电路原理图编辑环境的主菜单风格类似，不同的是提供了许多
用于 PCB 编辑操作的功能选项如图 7-3 所示。

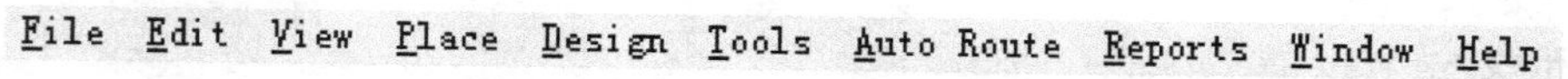

File Edit View Place Design Tools Auto Route Reports Window Help

图 7-3　PCB 编辑环境中主菜单

在 PCB 设计过程中，各项操作都可以使用菜单栏中相应的菜单命令来完成，各项菜单中的具体命令如下：

- "File" 菜单：主要用于文件的打开、关闭、保存与打印等操作。
- "Edit" 菜单：用于对象的选取、复制、粘贴与查找等编辑操作。
- "View" 菜单：用于视图的各种管理，如工作窗口的放大与缩小，各种工具、面板、状态栏及节点的显示与隐藏等。
- "Place" 菜单：包含了在 PCB 中放置对象的各种菜单项。
- "Design" 菜单：用于添加或删除元件库、网络报表导入、原理图与 PCB 间的同步更新及 PCB 的定义等操作。
- "Tools" 菜单：可为 PCB 设计提供各种工具，如 DRC 检查、元件的手动、自动布局、PCB 图的密度分析以及信号完整性分析等操作。
- "Auto Route" 菜单：可进行与 PCB 布线相关的操作。
- "Reports" 菜单：可进行生成 PCB 设计报表及完成 PCB 的测量操作。
- "Window" 菜单：可对窗口进行各种操作。
- "Help" 菜单：帮助菜单。

7.2.2　工具栏

工具栏中以图标按钮的形式列出了常用菜单命令的快捷方式，用户可根据需要对工具栏中包含的命令项进行选择，对摆放位置进行调整。

（1）执行菜单命令"View"→"Toolbars"，弹出如图 7-4 所示的子菜单，为 PCB 编辑环境中的工具栏。

（2）执行"Main Toolbar"命令，打开如图 7-5 所示的"PCBToolbar"工具栏。设置编辑界面中的基本操作。

（3）执行"Placement Tools"命令，打开如图 7-6 所示的"PlacementTools"工具栏。设置与元件绘制相关的操作。

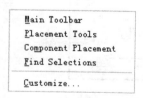

图 7-4　子菜单　　　图 7-5　"PCBToolbar"工具栏　　　图 7-6　"PlacementTools"工具栏

（4）执行"Component Placement"命令，打开如图 7-7 所示的"ComponentPlacement"工具栏。设置与元件放置相关的操作。

（5）执行"Find Selections"命令，打开如图 7-8 所示的"FindSelections"工具栏。设置与对象选择相关的操作。

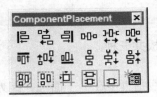

图 7-7 "ComponentPlacement"工具栏

图 7-8 "FindSelections"工具栏

（6）用鼠标右键单击菜单栏或工具栏的空白区域即可弹出工具栏的命令菜单，如图 7-9 所示。其中"Toolbar Properties"命令可以设置工具栏的属性，如图 7-10 所示。

图 7-9 工具栏命令菜单

图 7-10 工具栏属性

7.2.3 层次标签

单击层次标签，可以显示不同的层次的图纸，如图 7-11 所示。每层的元器件和走线都用不同颜色加以区分，便于对多层次 PCB 进行设计。

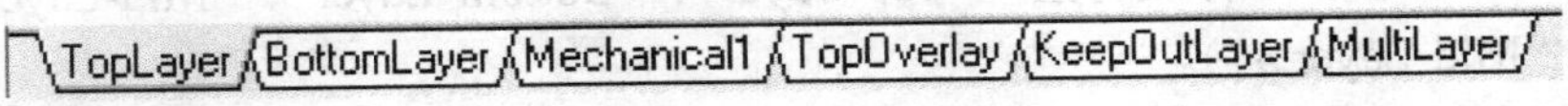

TopLayer / BottomLayer / Mechanical1 / TopOverlay / KeepOutLayer / MultiLayer /

图 7-11 层次标签

层次标签包括 6 个工作层面：
- 两个信号层"Top Layer"和"Bottom Layer"：主要用于建立电气连接的铜箔层。
- 1 个机械层"Mechanical 1"：用于支持 PCB 的印制材料层。
- 丝印层"Top Overlay"：用于添加 PCB 的说明文字。
- 禁止布线层"Keep-Out Layer"：用于设立布线框，支持系统的自动布局和自动布线功能。
- 更多层"Multi Layer"：横跨所有的信号板层。

7.3 设置 PCB 工作层面

在使用 PCB 设计系统进行 PCB 设计前，首先要了解一下工作层面，首先要了解的就是 PCB 的结构。

7.3.1 PCB 的结构

一般来说，PCB 的结构有单面板、双面板和多层板共三种。

1. "Single-Sided Boards"：单面板

在最基本的 PCB 上元件集中在其中的一面，走线则集中在另一面上。因为走线只出现在其中的一面，所以就称这种 PCB 叫做单面板（Single-Sided Boards）。在单面板上通常只有底面也就是"Bottom Layer"覆上铜箔，元件的引脚焊在这一面上，主要完成电气特性的连接。顶层也就是"Top Layer"是空的，元件安装在这一面，所以又称为"元件面"。因为单面板在设计线路上有许多严格的限制（因为只有一面，所以布线间不能交叉而必须绕走独自的路径），布通率往往很低，所以只有早期的电路及一些比较简单的电路才使用这类的板子。

2. "Double-Sided Boards"：双面板

这种 PCB 的两面都有布线，不过要用上两面的布线则必须要在两面之间有适当的电路连接才行。这种电路间的"桥梁"叫做过孔（via）。过孔是在 PCB 上充满或涂上金属的小洞，它可以与两面的导线相连接。双层板通常无所谓元件面和焊接面，因为两个面都可以焊接或安装元件，但习惯地可以称"Bottom Layer"为焊接面，"Top Layer"为元件面。因为双面板的面积比单面板大了一倍，而且因为布线可以互相交错（可以绕到另一面），因此它适合用在比单面板复杂的电路上。相对于多层板而言，双面板的制作成本不高，在给定一定面积的时候通常都能 100% 布通，因此一般的印制板都采用双面板。

3. "Multi-Layer Boards"：多层板

常用的多层板有 4 层板、6 层板、8 层板和 10 层板等。简单的 4 层板是在"Top Layer"和"Bottom Layer"的基础上增加了电源层和地线层，这一方面极大程度地解决了电磁干扰问题，提高了系统的可靠性，另一方面可以提高布通率，缩小 PCB 的面积。6 层板通常是在 4 层板的基础上增加了两个信号层："Mid-Layer 1"和"Mid-Layer 2"。8 层板则通常包括 1个电源层、2 个地线层、5 个信号层（"Top Layer"、"Bottom Layer"、"Mid-Layer 1"、"Mid-Layer 2"和"Mid-Layer 3"）。

多层板层数的设置是很灵活的，设计者可以根据实际情况进行合理的设置。各种层的设置应尽量满足以下的要求：

元件层的下面为地线层，它提供器件屏蔽层以及为顶层布线提供参考平面。

- 所有的信号层应尽可能与地平面相邻。
- 尽量避免两信号层直接相邻。
- 主电源应尽可能地与其对应地相邻。
- 兼顾层压结构应对称。

多层板结构如图 7-12 所示。

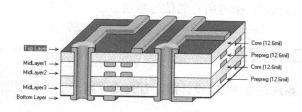

图 7-12　多层 PCB 结构

7.3.2 工作层面的类型

在设计 PCB 时，往往会碰到工作层面选择的问题。Protel 99 SE 提供了多个工作层面供用户选择，用户可以在不同的工作层面上进行不同的操作。

执行方式：

■ 菜单栏："Design"→"Options"。

操作步骤：

执行该命令，系统将弹出"Document Options"对话框，该对话框包括"Layers"和"Options"两个选项卡，如图 7-13 和 7-14 所示。

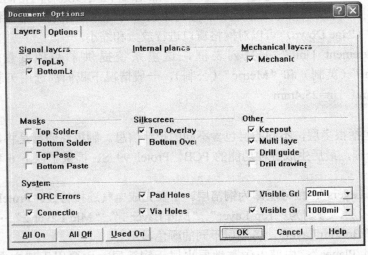

图 7-13 "Document Options"对话框中的"Layers"选项卡

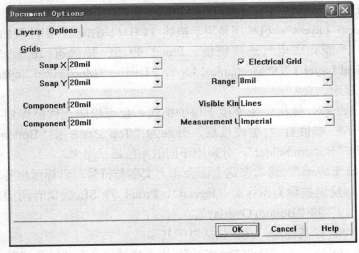

图 7-14 "Options"选项卡

选项说明：

● "Grids"选项组，包括捕获网格和元件网格。其中捕获网格用来控制工作面板中所选对象的移动格点距离点可以分别在 X 和 Y 两个方向上设置。当用户处在 PCB 的工作界面中时，可以通过快捷键〈Ctrl+G〉来打开此对话框进行设置。元件网格可以设置元件在网格中进行一次移动时的间距大小，同样分为 X 和 Y 两个方向上设置。

- "Electrical Grids"复选框，电气网格，其含义与原理图中的电气网格相同，选中该复选框表示具有自动捕获焊盘的功能。"Range"列表框用来设置捕获半径，当要布的导线在板上移动时，系统就会以当前的坐标点为圆点，以设定的值为半径进行捕捉，一旦捕捉到焊点后将自动把导线定位在该点上。

- "Visible Kind"下拉列表框，可视网格，可以进行可视网格的线型设置，系统提供了两种，包括"Lines"（线型）和"Dots"（点型）。还可以进行网格间距的设置。在工作面板中，可视网格作为移动和放置对象的参考是很有用的。通过键盘上的〈Page Up〉和〈Page Down〉可以对网格窗口进行放大和缩小。

- "Measurement Unit"下拉列表框，这里系统提供了两种度量单位，分别是"Imperial"（英制）和"Metric"（公制），一般情况下我们都选用英制。其换算关系是 1000mil=1in=25.4mm

知识拓展：

PCB 一般包括很多层，不同的层包含不同的设计信息。制板商通常是将各层分开做，期后经过压制、处理，最后生成各种功能的 PCB。Protel 99 SE 提供了以下 6 种类型的工作层面。

- "Signal Layers"：信号层即为铜箔层。主要完成电气连接特性。Protel 99 SE 提供有 32 层信号层，分别为"Top Layer"、"Mid Layer 1"、"Mid Layer 2"……"Mid Layer 30"和"Bottom Layer"，各层以不同的颜色显示。

- "Internal Planes"：内部电源与地层也属于铜箔层。主要用于建立电源和地网络。Protel 99 SE 提供有 16 层"Internal Planes"，分别为"Internal Layer 1"、"InternalLayer 2"……"Internal Layer 16"，各层以不同的颜色显示。

- "Mechanical Layers"：机械层是用于描述 PCB 机械结构、标注及加工等说明所使用的层面，不能完成电气连接特性。Protel 99 SE 提供有 16 层机械层，分别为"Mechanical Layer 1"、"Mechanical Layer 2"……"Mechanical Layer 16"，各层以不同的颜色显示。

- "Mask Layers"：掩模层主要用于保护铜线，也可以防止件被焊到不正确的地方。Protel 99 SE 提供有 4 层掩模层，分别为"Top Paster"、"Bottom Paster"、"Top Solder"和"Bottom Solder"，分别用不同的颜色显示出来。

- "Silkscreen Layers"：通常在这上面会印上文字与符号，以标示出各零件在板子上的位置。丝网层也被称为图标面（legend），Protel 99 SE 提供有两层丝印层。分别为"Top Overlay"和"Bottom Overlay"。

- "Other Layers"：其他层，具体包括以下几项：
    - "Drill Guides"和"Drill Drawing"：用于描述钻孔图和钻孔位置。
    - "Keep-Out Layer"：禁止布线层。只有在这里设置了布线框，才能启动系统的自动布局和自动布线功能。
    - "Multi-Layer"：设置更多层，横跨所有的信号板层。

7.3.3 机械层

在 Protel 99 SE 中最多可以设置 16 个机械层，可以给 PCB 设置更多的机械层。

执行方式：

■ 菜单栏："Design"→"Mechanical Layers"。

操作步骤：

执行该命令后，系统将弹出如图 7-15 所示的设置机械层对话框。

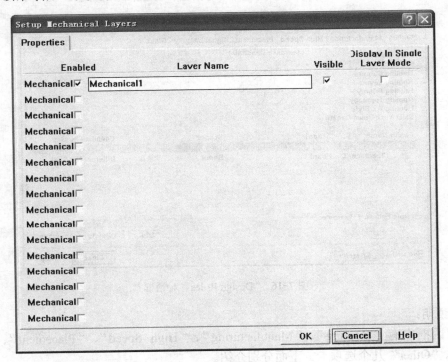

图 7-15　设置机械层对话框

选项说明：

通过该对话框可以选定使用哪一个机械层，"Visible"复选框用来确定可见方式，"Display In Singly Layer Mode"复选框用来授权是否可以在单层显示时放到各个层上。

7.3.4 板层管理器

Protel 99 SE 现扩展到 32 个信号层，16 个内层电源/接地层，16 个机械层，在层堆栈管理器用户可定义板层结构，可以看到层堆栈的立体效果。

在前面章节已介绍该命令，这里不再赘述。

7.3.5 优先选项设置

在 PCB 设计中，系统参数的设置是 PCB 设计过程中非常重要的一步。许多系统参数是符合用户的个人习惯的，因此一旦设定成功，将成为用户个性化的设计环境，无须再修改。

7.4 PCB 规则设置

执行方式：

■ 菜单栏："Design" → "Rules"。

操作步骤：

执行该命令后，系统弹出"Design Rules"对话框，如图 7-16 所示。

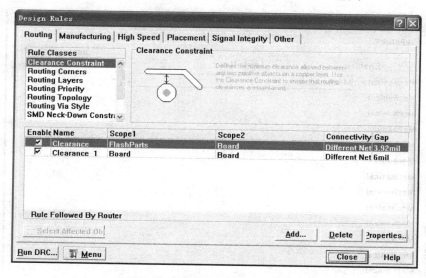

图 7-16 "Design Rules"对话框

选项说明：

该对话框中有"Routing"、"Manufacturing"、"High Speed"、"Placement"、"Signal Integrity"、"Other"几个选项卡。下面分别介绍。

（1）"Routing"布线规则，如图 7-16 所示

可以看到其中包括的主要选项如下：

● "Clearance Constraint"：设置具有电气特性对象之间间距的规则，可以设置导线与导线，导线与焊盘，焊盘与焊盘之间的间距规则。

● "Routing Topology"：选择走线的拓扑，可以设置一个网络中走线采用的拓扑。

● "Routing Priority"：设置走线优先级，可以设置每一个网络的走线优先级。

● "Routing Layers"：设置单个层上走线的主方向。

● "Routing Corners"：设置走线拐角形式，可以选择各种拐角方式。

● "Routing Via Style"：设置走线时采用的过孔。

（2）"Manufacturing"PCB 制作工艺规则，如图 7-17 所示。

该选项卡包括的主要选项如下：

● "Acute Angle Constraint"：设置走线角度。

● "Hole Size Constraint"：设置通孔孔径的上限和下限。

● "Layer Pairs"：设置是否允许使用差分层。

● "Minimum Annular Ring": 设置环状物内外径间距下限。

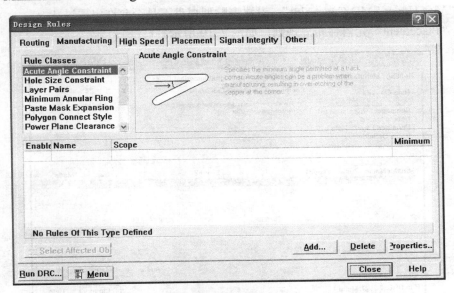

图 7-17 "Manufacturing"选项卡

（3）"High Speed"高速信号线布线规则，如图 7-18 所示。

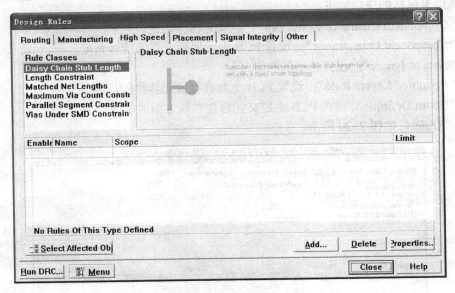

图 7-18 "High Speed"选项卡

该选项卡包括的选项如下：

● "Daisy Chain Stub Length"：设置 90°拐角和焊盘的距离。

● "Length Constraint"：设置高速信号线走线长度。

● "Matched Net Lengths"：设置匹配网络走线长度。

● "Maximum Via Count Constraint"：设置布线时过孔数目上限。

- "Parallel Segment Constraint"：设置差分线对布线规则。
- "Vias Under SMD Constraint"：设置表贴型焊盘下是否允许出现过孔。

（4）"Placement"元器件布局规则，如图 7-19 所示。

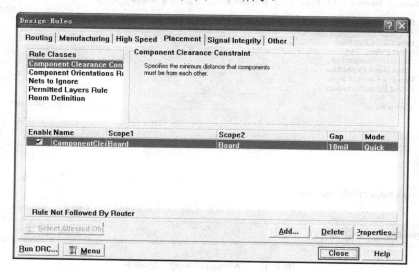

图 7-19 "Placement"选项卡

该选项卡包括的选项如下：

- "Component Clearance Constraint"：设置元器件间距。
- "Component Orientations"：设置 PCB 上元器件允许的旋转角度。
- "Nets to Ignore"：设置忽略的网络。
- "Permitted Layers Rule"：设置 PCB 上允许摆放元器件的层面。
- "Room Definition"：在 PCB 上定义元器件布局方面的区域。

（5）"Other"如图 7-20 所示。

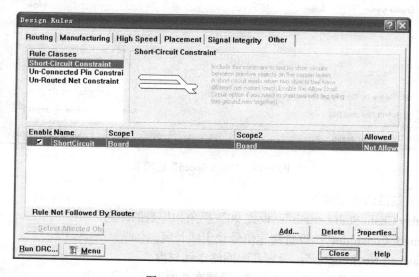

图 7-20 "Other"选项卡

该选项卡包括的选项如下：

- "Short-Circuit"：设置在 PCB 上是否可以出现短路的规则，通常情况不允许短路。
- "Un-Routed Net"：设置在 PCB 上是否可以出现未连通的网络。
- "Un-Connected Pin"：设置 PCB 上是否可以出现未连接的引脚。

7.5 PCB 编辑器的编辑功能

PCB 编辑器的编辑功能除了包括对象的选取、取消选取、移动、删除、复制、粘贴等基本操作外，还包括翻转以及对齐等，对象的基本功能与原理图中对象的基本操作相同，这里不再赘述，重点介绍对象的对齐与翻转。

利用图 7-21 所示的"ComponentPlacement"工具栏与图 7-22 所示的"Tools"→"Interactive Placement"子菜单中的命令，可以很方便地对 PCB 图进行修改和调整。这里的对象有很多种，不单指元件封装，还包括飞线、网络、边框线等，由于元件封装操作方便，因此下面的讲解均以元件封装为例，下面介绍对象的编辑功能。

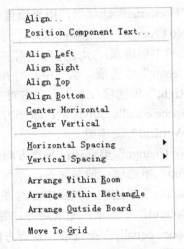

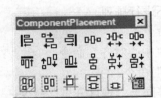

图 7-21　"ComponentPlacement"工具栏　　　　图 7-22　菜单栏命令

7.5.1　对象的翻转

在 PCB 设计过程中，为了方便布局，往往要对对象进行翻转操作。下面介绍对象的翻转方法。

单击需要翻转的对象并按住不放，等到鼠标光标变成十字形后，按空格键可以进行翻转。每按一次空格键，对象逆时针旋转 90°。

7.5.2　对象的对齐

执行方式
- 菜单栏："Tools"→"Interactive Placement"→"Align..."。

操作步骤：

执行该命令，弹出"Align Components"对话框，如图 7-23 所示。

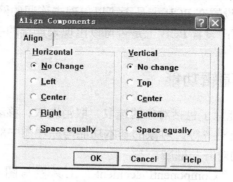

图 7-23 "Align Components"对话框

选项说明：

该对话框中主要包括两部分：

（1）"Horiontal"选项组，用来设置对象在水平方向的排列方式。

● "No Change"单选项：水平方向上保持原状，不进行排列。

● "Left"单选项：水平方向左对齐，等同于"左对齐"命令。

● "Center"单选项：水平中心对齐，等同于"水平中心对齐"命令。

● "Right"单选项：水平方向右对齐，等同于"右对齐"命令。

● "Space equally"单选项：水平方向均匀排列，等同于"水平对齐"命令。

（2）"Vertical"选项组

● "No Change"单选项：垂直方向上保持原状，不进行排列。

● "Top"单选项：顶端对齐，等同于"顶对齐"命令。

● "Center"单选项：垂直中心对齐，等同于"垂直中心对齐"命令。

● "Bottom"单选项：底端对齐，等同于"底对齐"命令。

● "Space equally"单选项：垂直方向均匀排列，等同于"垂直分布"命令。

知识拓展：

执行"Tools"→"Interactive Placement"子菜单中的下列命令，精确对齐对象。

● "Align Left"：单击"ComponentPlacement"工具栏中的 按钮，将选取的对象向最左端的对象对齐。

● "Align Right"：单击"ComponentPlacement"工具栏中的 按钮，将选取的对象向最右端的对象对齐。

● "Horizontal Center"：单击"ComponentPlacement"工具栏中的 按钮，将选取的对象向最左端对象和最右端对象的中间位置对齐。

● "Horizontal Spacing"：

 ○ "Make Equal"：单击"ComponentPlacement"工具栏中 按钮，的将选取的对象在最左端对象和最右端组对象之间等距离排列。

 ○ "Increase"：增加水平间距，也可单击"ComponentPlacement"工具栏中的 按

钮，将选取的对象水平等距离排列并加大对象组内各对象之间的水平距离。

  ○ "Decrease"：减少水平间距，也可单击"ComponentPlacement"工具栏中的 按钮，将选取的对象水平等距离排列并缩小对象组内各对象之间的水平距离。

● "Vertical Spacing"：

  ○ "Make Equal"：单击"ComponentPlacement"工具栏中 按钮，的将选取的对象在最左端对象和最右端组对象之间等距离排列。

  ○ "Increase"：增加垂直间距，也可单击"ComponentPlacement"工具栏中的 按钮，将选取的对象垂直等距离排列并加大对象组内各对象之间的垂直距离。

  ○ "Decrease"：减少水平间距，也可单击"ComponentPlacement"工具栏中的 按钮，将选取的对象垂直等距离排列并缩小对象组内各对象之间的垂直距离。

● "Align Top"：顶对齐，也可单击"ComponentPlacement"工具栏中的 按钮，将选取的对象向最上端的对象对齐。

● "Align Bottom"：底对齐，也可单击"ComponentPlacement"工具栏中的 按钮，将选取的对象向最下端的对象对齐。

7.5.3 PCB 图纸上的快速跳转

在 PCB 设计过程中，经常需要将光标快速跳转到某个位置或某个元器件上，在这种情况下，我们可以使用系统提供的快速跳转命令。

执行方式：

■ 菜单栏："Edit" → "Jump" → "New Location"。

操作步骤：

执行该命令后，系统弹出如图 7-24 所示的对话框。

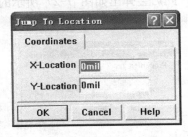

图 7-24 "Jump To Location" 对话框

在对话框中输入元器件标识符后，单击 OK 按钮，光标将跳转到该元器件处。

知识拓展：

执行菜单命令"Edit" → "Jump"，弹出如图 7-25 所示的子菜单，选择不同命令，跳转到不同位置。

● "Absolute Origin"选项：用于将光标快速跳转到 PCB 的绝对原点。

● "Current Origin"选项：用于将光标快速跳转到 PCB 的当前原点。

● "Component"选项：于将光标快速跳转到所选元件处，执行该命令，弹出如图 7-26 所示的对话框，在该对话框中输入元件标识符。

- "Net"选项：用于将光标跳转到指定网络处。
- "Pad"选项：用于将光标跳转到指定焊盘上。
- "String"选项：用于将光标跳转到指定字符串处。
- "Error Marker"选项：用于将光标跳转到错误标记处。
- "Selection"选项：用于将光标跳转到选取的对象处。
- "Location Marks"选项：用于将光标跳转到指定的位置标记处。
- "Set Location Marks"选项：用于设置位置标记。

图 7-25 "Jump" 菜单

图 7-26 "Component Designator" 对话框

7.5.4 元件说明文字的调整

元件的标注不合适虽然不会影响电路的正确性，但是对于一个资深的电路设计人员来说，PCB 板面的美观也是很重要的。因此元件标注应当加以调整。

（1）用鼠标左键双击标注，此后会弹出如图 7-27 所示的文字标注属性设置对话框，用于设置文字标注属性。

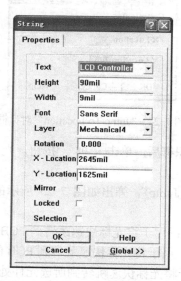

图 7-27 文字标注属性设置对话框

（2）通过该对话框，可以设置文字标注。可以设置以下各项内容。

● "Text"下拉列表框：用于设置文字内容，这里设置为"IC1"。

● "Height"文本框：用于设置字体的高度。

● "Width"文本框：用于设置字体的宽度。

● "Font"下拉列表框：用于设置字体类型，这里设置为"Default"。

● "Layer"下拉列表框：用于设置文字标注所处的工作层面。这里设置为"TopOverlay"。

● "Rotation"文本框：用于设置标注文字的放置角度，这里设置为水平方向，即0°。

● "X-Location"、"Y-Location"文本框：用于设置标注文字的位置坐标。

（3）单击 OK 按钮即可完成元件说明文字的自动调整。

第8章 PCB 设计

本章主要介绍印制电路板（PCB）的设计，使读者能对 PCB 的设计有一个全面的了解。将 PCB 文件的建立、元件的载入、布局布线、后期操作的一系列流程，直观、清晰的显示在读者面前，让 PCB 设计不再神秘。

 知识点

- PCB 的结构
- PCB 设计界面
- PCB 设计流程
- PCB 板的布局
- PCB 板的布线

8.1 PCB 的设计流程

要想制作一块实际的 PCB，首先要了解 PCB 的设计流程。PCB 的设计流程如图 8-1 所示。

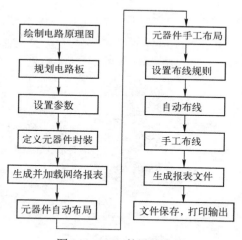

图 8-1 PCB 的设计流程

1. 绘制电路原理图

电路原理图是设计 PCB 的基础，此工作主要在电路原理图的编辑环境中完成。如果电路图很简单，也可以不用绘制原理图，直接进入 PCB 电路设计。

2. 规划 PCB

PCB 的规划包括 PCB 的规格、功能、工作环境等诸多因素，因此在绘制 PCB 之前，用户应该对 PCB 有一个总体的规划。具体是确定 PCB 的物理尺寸、元器件的封装、采用几层板以及各元器件的摆放位置等。

3．设置参数

主要是设置 PCB 的结构及尺寸，板层参数，通孔的类型，网格大小等。

4．定义元器件封装

原理图绘制完成后，正确加入网络报表，系统会自动地为大多数元器件提供封装。但是对于用户自己设计的元器件或者是某些特殊元器件必须由用户自己创建或修改元器件的封装。

5．生成并加载网络报表

网络报表是连接电路原理图和 PCB 设计之间的桥梁，是 PCB 自动布线的灵魂。只有将网络报表装入 PCB 系统后，才能进行 PCB 的自动布线。在设计好的 PCB 上生成网络报表和加载网络报表，必须保证产生的网表已没有任何错误，其所有元器件都能够加载到 PCB 中。加载网络报表后，系统将产生一个内部的网络报表，形成飞线。

6．元器件自动布局

元器件自动布局是由电路原理图根据网络报表转换成的 PCB 图。对于 PCB 上元器件较多且比较复杂的情况，可以采用自动布局。由于一般元器件自动布局都不很规则，甚至有的相互重叠，因此必须手动调整元器件的布局。

元器件布局的合理性将影响到布线的质量。对于单面板设计，如果元器件布局不合理将无法完成布线操作；而对于双面板或多层板的设计，如果元器件布局不合理，布线时将会放置很多过孔，使 PCB 走线变得很复杂。

7．元器件手工布局

对于那些自动布局不合理的元器件，可以进行手工调整。

8．设置布线规则

飞线设置好后，在实际布线之前，要进行布线规则的设置，这是 PCB 设计所必需的一步。在这里用户要设置布线的各种规则，比如安全距离、导线宽度等。

9．自动布线

Protel 99 SE 提供了强大的自动布线功能，在设置好布线规则之后，可以利用系统提供的自动布线功能进行自动布线。只要设置的布线规则正确、元器件布局合理，一般都可以成功完成自动布线。

10．手工布线

在自动布线结束后，有可能因为元器件布局，自动布线无法完全解决问题或产生布线冲突，此时就需要进行手工布线加以调整。如果自动布线完全成功，则可以不必手工布线。另外，对于一些有特殊要求的 PCB，不能采用自动布线，必须由用户手工布线来完成设计。

11．生成报表文件

PCB 布线完成之后，可以生成相应的各种报表文件，比如元器件报表清单、PCB 信息报表等。这些报表可以帮助用户更好地了解所设计的 PCB 和管理所使用的元器件。

12．文件保存，打印输出

生成了各种报表文件后，可以将其打印输出保存，包括 PCB 文件和其他报表文件均可打印，以便今后工作中使用。

8.2 PCB 文件的创建

执行"Files"→"New"菜单命令，在打开的文件选择对话框中选择创建"PCB Document"文件，如图8-2所示。单击 OK 按钮后，在工作区"Document"选项卡中创建一个PCB文件，默认文件名称为"PCB1.PCB"。双击该文件，即可进入PCB的编辑环境。

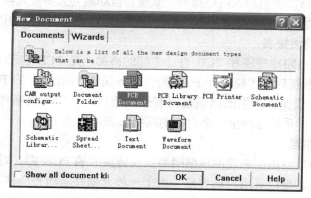

图 8-2　选择文件类型

8.2.1 PCB 的规划

在进行PCB设计之前，必须首先明确PCB的形状，并预估其大小，然后再设置PCB的边界和放置安装孔。

PCB的边界包括物理边界和电气边界，物理边界是定义在机械层上的，而电气边界是定义在禁止布线层上的。

PCB边界设定包括PCB物理边界设定和电气边界设定两个方面。物理边界用来界定PCB的外部形状，而电气边界用来界定元器件放置和布线的区域范围。

1．物理边界

对于要设计的电子产品，不可能没有尺寸卜的要求。这就需要设计人员首先要确定PCB的尺寸，因此首要的工作就是PCB的规划，也就是说PCB板边的确定。

单击工作窗口下方的"Mechanical 1"选项卡，使该层面处于当前的工作窗口中。

执行菜单命令"Place"→"Line"，鼠标将变成十字形状。将鼠标移到工作窗口的合适位置，单击鼠标左键即可进行线的放置操作，每单击左键一次就确定一个固定点。通常将板的形状定义为矩形。但在特殊的情况下，为了满足电路的某种特殊要求，也可以将板形定义为圆形、椭圆形或者不规则的多边形。这些都可以通过"Place"菜单来完成。

当绘制的线组成了一个封闭的边框时，即可结束边框的绘制。单击鼠标右键或者按下〈Esc〉键即可退出该操作，绘制结束后的PCB边框如图8-3所示。

2．电气边界

用户用鼠标单击编辑区下方的"KeepOut"选项卡，即可将当前的工作层面设置为"Keep Out Layer"。该层为禁止布线层，一般用于设置PCB的板边。

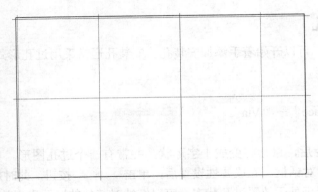

图 8-3　物理边界

执行菜单命令"Place"→"KeepOut"→"Track"，这时鼠标变成十字形状。移动鼠标到工作窗口，在禁止布线层上创建一个封闭的多边形，如图 8-4 所示。

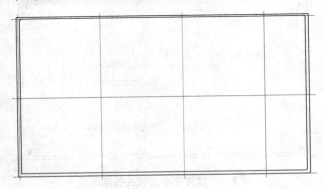

图 8-4　电气边界

用户在该命令状态下，按〈Tab〉键，进入"Line Constraints"对话框，如图 8-5 所示。在该对话框中用户可以很精确地进行定位，并且可以设置工作层面和线宽。

完成线框的设置后，单击鼠标右键或者按下〈Esc〉键即可退出布线框的操作。

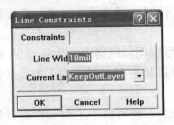

图 8-5　"Line Constrains"对话框

(!)提示:

通常情况下，制造商认为物理边界和电气边界是重合的，因此在定义 PCB 的边界时，可以只定义 PCB 的电气边界。在绘制过程中为了体现操作流程，绘制有一定间隔的两个边界。

8.2.2 添加安装孔

PCB 创建之后，可以开始着手添加安装孔。安装孔通常采用过孔形式，并和地网络连接以便后来的调试工作。

执行方式：

■ 菜单栏："Place" → "Via"。

操作步骤：

（1）执行该命令后，鼠标将变成十字形状，并带有一个过孔图形。单击〈Tab〉键，系统弹出过孔属性设置对话框，完成属性设置后，单击 OK 按钮，此时放置了一个过孔。

（2）此时，鼠标仍处于放置过孔状态，可以继续对其他的过孔进行放置。

（3）单击鼠标右键或者按下〈Esc〉键即可退出放置过孔操作。

（4）如图 8-6 所示为放置完毕安装孔的电路板。

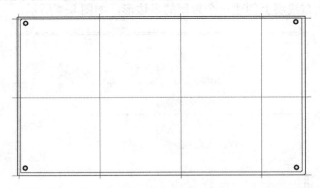

图 8-6　放置完毕安装孔的电路板

8.3　在 PCB 文件中导入原理图网络表信息

网络表是原理图与 PCB 图之间的联系纽带，原理图的信息可以通过导入网络表的形式完成与 PCB 之间的同步。在进行网络表的导入之前，需要装载元件的封装库及对同步比较器的比较规则进行设置。

在设计 PCB 之前，准备好原理图和网络表，为设计 PCB 打下基础。装入元件封装后，由于元件是重叠的，需要对元件封装进行布局，由于布局的好坏直接影响到 PCB 的自动布线，因此非常重要。

元件的布局可以采用自动布局，也可以手工对元件进行调整布局。元件封装在规划好的 PCB 上布完线后，可以运用 Protel 99 SE 提供的强大的自动布线功能，进行自动布线。在自动布线结束之后，往往还存在一些令人不满意的地方，这就需要设计人员利用经验通过手工去修改调整。当然对于那些设计经验丰富的设计人员，从元件封装的布局到布完线，都可以用手工去完成。

现在最普遍的电路设计方式是用双面板设计。但是当电路比较复杂而利用双面板无法实现理想的布线时，就要采用多层板的设计了。多层板是指采用四层板以上的 PCB 布线。它一般包括顶层、底层、电源板层、接地板层，甚至还包括若干个中间板层。板层越多，布线就越简单。但是多层板的制作费用比较高，制作工艺也比较复杂。多层板的布线主要以顶层和底层为主要布线层，以走中间层为辅。在需要中间层布线的时候，往往先将那些在顶层和底层难以布置的网络，布置在中间层，然后切换到顶层或底层进行其他的布线操作。

8.3.1 加载元件库

在装入网络表和元件封装之前，必须装入所需的元件封装库。如果没有装入元件封装库，在装入网络表及元件的过程中程序将会提示用户装入过程失败。

执行方式：

■ 菜单栏："Design"→"Add/Remove Library"。

操作步骤：

执行该命令后，弹出"PCB Libraries"对话框对话框，如图 8-7 所示，在该对话框中，找出原理图中的所有元件所对应的元件封装库。选中所需元件库，单击 Add 按钮，即可添加选中元件库。

图 8-7 "PCB Libraries"对话框

添加完所有需要的元件封装库后，程序即可将所选中的元件库装入。

💡**提示：**

由于 Protel 99 SE 采用的是集成的元件库，因此对于人多数设计来说，在进行原理图设计的同时便装载了元件的 PCB 封装模型，此时可以省略该项操作。

但 Protel 99 SE 同时也支持单独的元件封装库，只要 PCB 文件中有一个元件封装不是在集成的元件库中，用户就需要单独装载该封装所在的元件库。

8.3.2 加载网络表

PCB 规划好后，接下来的任务就是加载网络表、装入元件封装。

网络表与元件的装入过程实际上是将原理图设计的数据装入印制电路设计系统的过程。PCB 设计系统中的数据的变化，都可以通过网络宏（Netlist Macro）来完成。通过分析网络表文件和 PCB 系统内部的数据，可以自动产生网络宏。

执行方式：

■ 菜单栏："Design" → "Load Nets"。

操作步骤

（1）执行完该命令后，会出现如图 8-8 所示的 "Load/Forward Annotate Netlist" 对话框。

（2）单击 Browse... 按钮，弹出如图 8-9 所示的 "Select" 对话框，选择后缀名为 ".NET" 的网络表。

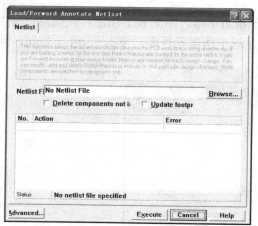

图 8-8 "Load/Forward Annotate Netlist" 对话框

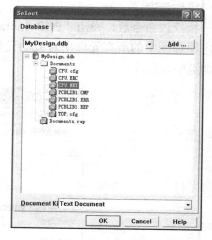

图 8-9 "Select" 对话框

（3）单击 OK 按钮，返回 "Load/Forward Annotate Netlist" 对话框，如图 8-10 所示，显示加载的网络表信息，检查无误后，单击 Execute 按钮，将封装导入到 PCB 工作区中，如图 8-11 所示，同时在左侧项目面板中显示导入的元件信息，如图 8-12 所示。

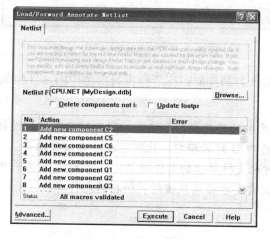

图 8-10 导入网络表

220

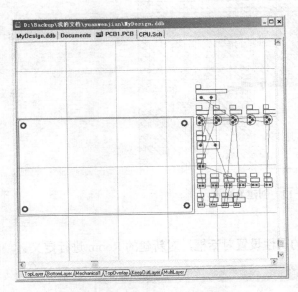

图 8-11 装入网络表与元件结果

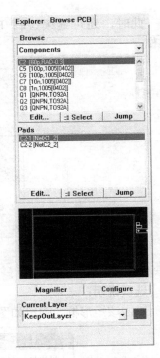

图 8-12 项目管理器面板

8.4 元件的摆放

网络报表导入后，所有元器件的封装放置在 PCB 边框外侧，封装元件合理的摆放不单单只是将封装元件杂乱无章地放置到PCB边框内。

元件的摆放方式可分为手工摆放和属性摆放两种。手工摆放为该用户提供了最大的自由化，属性摆放减轻布局操作的工作量。两者各有优缺。

8.4.1 Room 属性摆放

在 PCB 中对元件添加 Room 属性，在不同的功能的 Room 中放置同属性的元器件，将元件分成多个部分，在摆放元件的时候就可以使用 Room 属性。简化布局步骤，减小布局难度。

1．添加属性

Room 的添加主要是用来对布局后期细化时使用的，将所有元件均添加 Room 属性，并按照属性名称将元件分类放置。

执行方式：

■ 菜单栏："Place" → "Room"。

操作步骤：

执行该命令后，鼠标变为十字形，拖动鼠标，在适当位置绘制适当大小矩形，如图 8-13 所示。

此时，还可继续绘制 Room，若完成操作，也可按〈ESC〉键或单击鼠标右键结束操作。

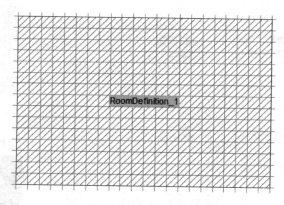

图 8-13　创建 Room

选项说明：

双击该矩形框，弹出如图 8-14 所示的属性设置对话框，对新建的 Room 进行定义。

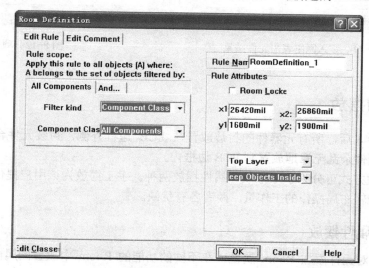

图 8-14　"Room Definition"对话框

对话框内选项参数设置如下：

（1）"Rule scope"：空间范围。

在该选项组下设置"All Components"、"Filter kind"、"Component Class"、"And"这四种类型下的属性。

● "Filter kind"：过滤种类。

● "Component Class"：元件定义。

（2）"Rule Name"：在该文本框中输入新建 Room 名称。

（3）"Rule Attributes"：空间属性。

- "x1"、"x2"、"y1"、"y2"：输入空间四个顶点坐标。
- 设置空间的位置，有 2 个选项："Top Layer"、"Bottom Layer"。

2．在空间放置

执行方式：

■ 菜单栏："Tools"→"Interactive Placement"→"Arrange winthin Room"。

操作步骤：

执行该命令后，鼠标变为十字形，在工作区选中 Room，将元件放置在该空间内，如图 8-15 所示。

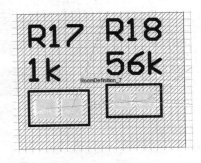

图 8-15　摆放元件

8.4.2　矩形摆放

执行方式：

■ 菜单栏："Tools"→"Interactive Placement"→"Arrange winthin Room"

操作步骤：

（1）执行该命令后，鼠标变为十字形，在工作区选中 Room，将元件放置在该空间内。

（2）执行该命令后，鼠标变为十字形，拖动鼠标，在适当位置绘拖动出适当大小矩形，即可将选中元件摆放到矩形中。

8.5　元件的布局

装入网络表和元件封装后，要把元件封装放入工作区，这就需要对元件封装进行布局。

8.5.1　自动布局

Protel 99 SE 提供了强大的 PCB 自动布局功能，PCB 编辑器根据一套智能的算法可以自动地将元件分开，然后放置到规划好的布局区域内并进行合理的布局。单击"Tools"→"Auto Placerment"菜单项即可打开与自动布局有关的菜单项，如图 8-16 所示。

- "Auto Placer"菜单命令：进行自动布局。
- "Stop Auto Placer"菜单命令：停止自动布局。
- "Shove"菜单命令：推挤布局。推挤布局的作用是将重叠在一起的元件推开。可以这样理解：选择一个基准元件，当周围元件与基准元件存在重叠时，则以基准元件为中心向四周推挤其他的元件。如果不存在重叠则不执行推挤命令。

- "Set Shove Depth"菜单命令：设置推挤命令的深度，可以为1~1000之间的任何一个数字。
- "Place From File"菜单命令：导入自动布局文件进行布局。

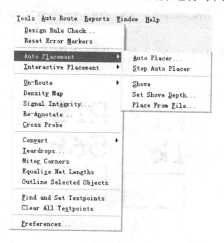

图 8-16 "Auto Placerment"菜单项

1. 参数设置

自动布局前，首先要设置自动布局的约束参数，合理地设置自动布局参数，可以使自动布局的结果更加完善，也就相对地减少了手工布局的工作量，节省了设计时间。

自动布局的参数设计在"Design Rules"对话框中进行。在主菜单中执行"Design"→"Rules"菜单命令，打开"Design Rules"对话框，单击规则列表中的"Placement"选项卡，逐项对其中的子规则进行参数设置。

- "Component Clearance"（元件间距限制规则）选项：设置元件间距，如图 8-17 所示为该项设置的对话框。在 PCB 可以定义元件的间距，该间距可以影响到元件的布局。单击 Properties.. 按钮，系统弹出属性设置对话框，如图 8-18 所示。

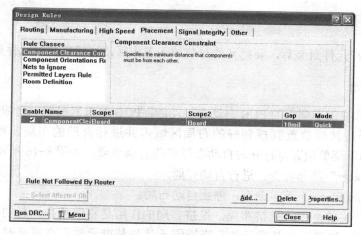

图 8-17 "Component Clearance Constraint"规则设置项

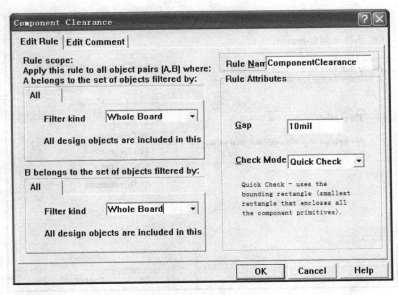

图 8-18 "Component Clearance" 规则属性对话框

- "Check Mode" 下拉列表框：检测的类型，有三种选项供用户选择："Quick Check"、"Multi Layer Check" 和 "Full Check"。
- "Gap" 文本框：元件间距最小值，默认设置为 10mil。
- "Component Orientations Rule"（元件布局方向规则）选项：设置 PCB 上元件允许的旋转角度，如图 8-19 所示为该项设置的对话框，在该对话框中可以设置 PCB 上所有元件允许出现的旋转角度。单击 Properties.. 按钮，系统弹出属性设置对话框，如图 8-20 所示。

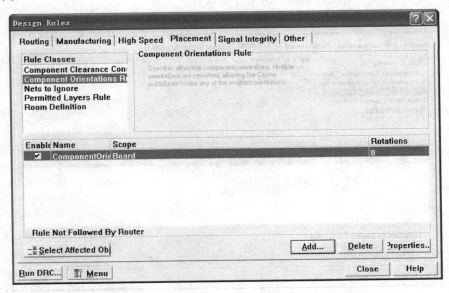

图 8-19 "Component Orientations Rule" 规则设置项

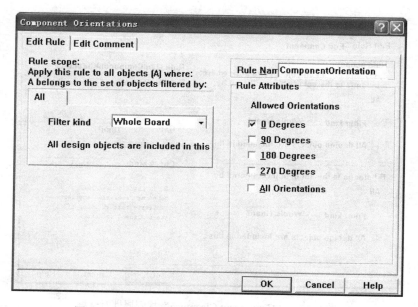

图 8-20 "Component Orientations"规则属性对话框

● "Nets to Ignore"（网络忽略规则）选项：设置在 Cluster placer 元件自动布局时需要忽略布局的网络，如图 8-21 所示。忽略电源网络将加快自动布局的速度，提高自动布局的质量。如果设计中有大量连接到电源网络的两引脚元件的话，那么忽略电源网络的布局将把与电源相连的各个元件归类到其他网络中进行布局。单击 Properties.. 按钮，系统弹出属性设置对话框，如图 8-22 所示。

    ○ "Filter Kind"下拉列表框：过滤项设置。

    ○ "Net Class"下拉列表框：网络分类设置。

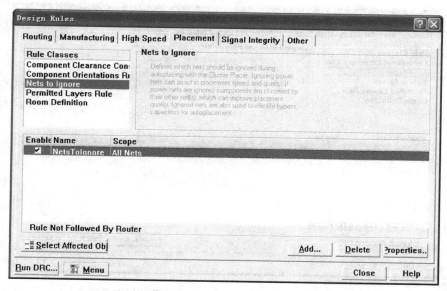

图 8-21 "Nets to Ignore"规则设置项

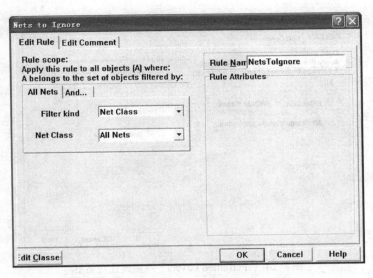

图 8-22 "Nets to Ignore"规则属性对话框

● "Permitted Layers Rule"（允许层规则）选项：指定元件可以放置的层，如图 8-23 所示。当放置元件时，每个元件都放置在指定的层。单击 Properties.. 按钮，系统弹出属性设置对话框，如图 8-24 所示。

○ "Filter Kind"下拉列表框：该下拉列表有 4 个选项，为"Whole Board"、"Footprint"、"Component Class"和"Component"。

○ "Top Layer"复选框：选中此复选框时设置规则将适用于"Top Layer"，取消选择则该设置规则不应用于该层。

○ "Bottom Layer"复选框：选中此复选框时设置规则将适用于"Bottom Layer"，取消选择则该设置规则不应用于该层。

● "Room Definition"（Room 定义规则）选项：在 PCB 上定义元件布局方面的区域，如

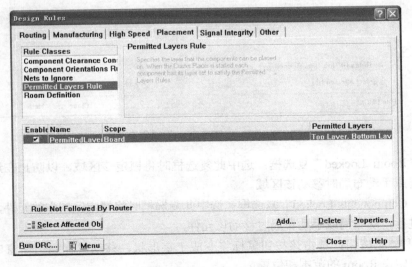

图 8-23 "Permitted Layers Rule"规则设置项

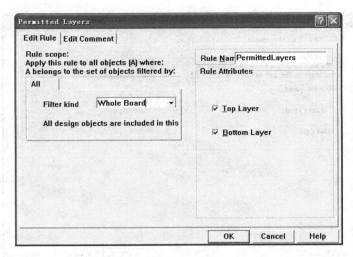

图 8-24 "Permitted Layers" 规则属性对话框

图 8-25 所示为该项设置的对话框。在 PCB 上定义的布局区域有两种，一种是区域中不允许出现元件，一种则是某些元件一定要在区域中。在该对话框中可以定义这些区域的范围（包括坐标范围和层的范围）和种类。该规则主要用于在线 DRC、批处理 DRC 和 Cluster placer 自动布局的进程中。单击 Properties.. 按钮，系统弹出属性设置对话框，如图 8-26 所示。

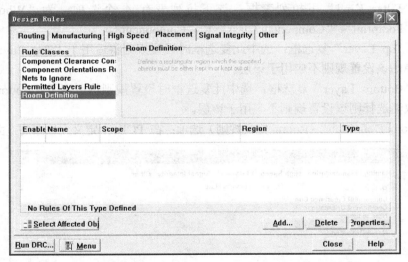

图 8-25 "Room Definition" 规则设置项

- "Room Locked" 复选框：选中此复选框时将锁定该区域，以防止在进行自动布局或手动布局时移动该区域。
- "Components Locked" 复选框：选中此复选框时将锁定区域中的元件，以防止在进行自动布局或手动布局时移动该元件。
- Define... 按钮：单击该按钮鼠标将变成十字形状，移动鼠标到工作窗口中单击可以定义 Room 的范围和位置。

228

- "x1" and "y1" 项：显示 Room 最左下角的坐标。
- "x2" and "y2" 项：显示 Room 最右上角的坐标。
- 最后两项下拉列表框中列出了该 Room 所在的工作层面和对象与此 Room 的关系。

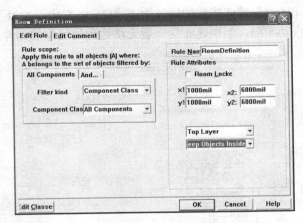

图 8-26 "Room Definition" 规则属性对话框

元件布局的参数设置完毕后，单击 OK 按钮，保存规则设置，返回 PCB 编辑环境。接着就可以采用系统提供的自动布局功能进行 PCB 元件的自动布局了。

2. 自动布局

执行方式：

■ 菜单栏："Tools" → "Auto Placerment" → "Auto Placer..."。

操作步骤：

（1）执行该命令后，系统弹出如图 8-27 所示的元件自动布局对话框。

（2）单击 OK 按钮，即可开始自动布局。自动布局需要经过大量的计算，因此需要耗费一定的时间。

（3）在完成自动布局后将弹出如图 8-28 所示的对话框，提示自动布局结束。

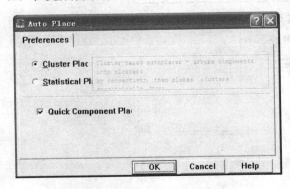

图 8-27 "Auto Place" 对话框

图 8-28 自动布局结束提示

选项说明：

自动布局有两种方式：成组布局方式和统计布局方式。

（1）"Cluster Placer"成组布局方式

成组布局方式。其自动布局思路为：根据电气连接关系将元件划分为不同的组，然后按照几何关系放置元件组。该布局方式比较适用于元件较少（少于 100 个）的电路，布局结果如图 8-29 所示。

在选中"Cluster Placer"单选按钮的同时选中"Quick Component Placement"复选框，系统将进行快速元件自动布局，但快速布局一般无法达到最优化的元件布局效果。

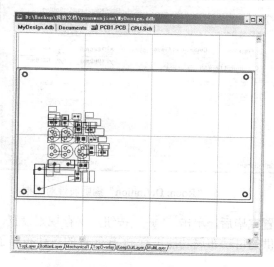

图 8-29 "Cluster Placer"自动布局结果

（2）"Statistical Placer"统计布局方式

统计布局方式。其自动布局思路为：根据统计算法放置元件，优化元件的布局使元件之间的连线长度最短。该布局方式比较适用于元件较多（多于 100 个）的电路，布局结果如图 8-30 所示。

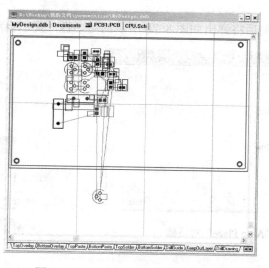

图 8-30 "Auto Place"自动布局结果

选择"Statistical Placer"选项，系统弹出统计布局方式对话框。其自动布局思路为：根据统计算法放置元件，优化元件的布局使元件之间的连线长度最短。该布局方式比较适用于元件较多（多于 100 个）的电路。选中该单选按钮后，对话框将变成如图 8-31 所示。

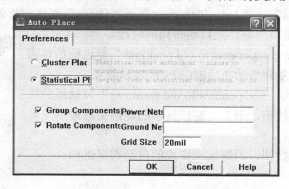

图 8-31 "Auto Place"设置对话框

- "Group Components"复选框：选中该复选框时，当前 PCB 设计中网络连接关系密切的元件将被归为一组，排列时该组的元件将作为整体考虑。
- "Rotate Components"复选框：选中该复选框时，在进行元件的布局时系统可以根据需要对元件或元件组进行旋转（方向为 0°、90°、180°或者 270°）。
- "Power Nets"文本框：在该项中可以填写一个电源网络的名称，也可以填写多个电源网络的名称。跨过这些网络的两个引脚的元件通常被称之为"de-coupling capacitor"，系统将其自动放置到与之相关的大元件旁边。详细地定义电源网络可以加速自动布局的进程。
- "Ground Nets"文本框：在该项中可以填写一个地网络的名称，也可以填写多个地网络的名称。跨过这些网络的两个引脚的元件通常被称之为"de-coupling capacitor"，系统将其自动放置到与之相关的大元件旁边。详细地定义地网络同样可以加速自动布局的进程。
- "Grid Size"文本框：该项详细定义了元件布局时格点的大小（通常采用 mil 单位）。格点间距设置过大可能导致元件挤出 PCB 的边框，因此通常保持默认设置。

（3）"Quick Component Placement"布局模式

在该模式下布局速度较快，但是布局效果可能较差。

在项目中执行自动布局后，所有的元件进入了 PCB 的边框内。所有的元件将按照分组的形式出现在 PCB 中，但是布局并不合理，PCB 的空间利用严重不足，需要手动调整。

可以看出，元件在自动布局后不再是按照种类排列在一起。各种元件将按照自动布局的类型选择，初步地分成若干组分布在 PCB 中，同一组的元件之间用导线建立连接将更加容易。

自动布局结果并不是完美的，自动布局中有很多不合理的地方，因此还需要对自动布局进行调整。

3. 终止布局

自动布局的终止操作主要是针对分组布局方式的。在大规模的设计中，自动布局涉及到很多计算，执行起来往往要花费很长的时间，用户可以在分组布局进程的任意时刻执行布局终止命令。单击"Tools"→"Auto Placement"→"Shove"菜单项将弹出一个对话框，如图8-32 所示，询问用户是否想要终止自动布局的进程。

（1）选中"Restore components to old positions"复选框后单击
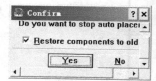

图 8-32 "Confirm"对话框

Yes 按钮，则可恢复到自动布局前的 PCB 显示效果。

（2）取消对"Restore components to old positions"复选框的选中状态后单击 Yes 按钮，则工作窗口显示的是结束前最后一步的布局状态。

（3）单击 No 按钮，则继续未完成的自动布局进程。

8.5.2 推挤式布局

推挤式的自动布局不是全局式的元件自动布局，它的概念和推挤式自动布线类似。在某些设计中定义了元件间距规则，即元件之间有最小间距。在对某个元件执行了移动操作后，可能违反了先前定义的元件间距规则。执行推挤式的自动布局后，系统将根据设置的元件间距规则，自动地平行移动违反了间距规则的元件及其连线等对象，增加元件间距到符合元件间距规则为止。

1. 在进行推挤式布局前首先应该设定推挤式布局的深度参数。

执行方式：

■ 菜单栏："Tools"→"Component Placement"→"Set Shove Depth…"。

操作步骤：

执行该命令后，打开"Shove Depth"对话框，如图8-33 所示。设置完成后单击 OK 按钮关闭该对话框。

2. 完成参数设置后可直接进行推挤操作

执行方式：

■ 菜单栏："Tools"→"Component Placement"→"Shove"。

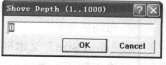

图 8-33 "Shove Depth"对话框

操作步骤：

（1）执行该命令后，开始推挤式布局操作。这时鼠标会变成十字形状，选择基准元件，移动鼠标到所选元件上，然后单击左键，系统将以用户设置的"Shove Depth"推挤基准元件周围的元件，使之处于安全间距之外。

（2）此时鼠标仍处于激活状态，单击其他的元件可继续进行推挤式布局操作。

（3）单击鼠标右键或者按下〈ESC〉键退出推挤式布局操作。

（4）对于元件数目比较小的 PCB，大多不需要对元件进行推挤式自动布局操作。

8.5.3 手动布局

元件的手动布局是指手工设置元件的位置。前面曾经看到过元件自动布局的结果，虽然设置了自动布局的参数，但是自动布局只是对元件进行了初步的摆放，自动布局中元件的摆放并不整齐，需要走线的长度也不是最小，随后的 PCB 布线效果不会很好，因此需要对元件的布局进一步调整。

1．移动。

用鼠标左键单击需要移动的元件，并按住左键不放，此时光标变为十字形状，表示已选中要移动的元件。用户按住左键不放，然后拖动鼠标，则十字光标会带动被选中的元件进行移动，将元件移动到适当的位置后，松开鼠标左键即可。

2．旋转。

用鼠标左键单击需要旋转的元件，并按住左键不放，此时光标变为十字形状，表示已选中要旋转的元件。用户按住左键不放，按空格键、字母〈X〉键或〈Y〉键，即可调整元件的方向。这和原理图元件调整是一样的。

手工调整后的 PCB 布局如图 8-34 所示。

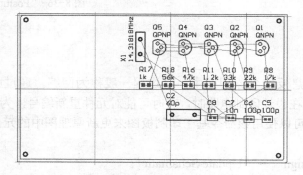

图 8-34　布局结果

布局完毕，会发现我们原来定义的 PCB 形状偏大，需要重新定义 PCB 形状，这些内容前面已有介绍，这里不再赘述，结果如图 8-35 所示。

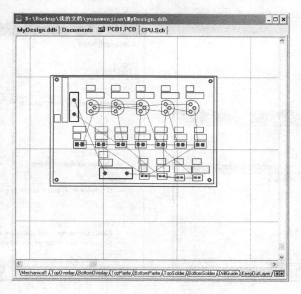

图 8-35　重新定义边框

8.6 重新标注

导入的元器件的封装已经摆放到 PCB 上，我们需要对这些封装进行布局。对元件命名是可以更改的，也就是重命名。

执行方式：

■ 菜单栏："Tools" → "Re-Annotate"。

操作步骤：

执行该命令后，弹出如图 8-36 所示的设置对话框，在该对话框中有 5 种命名方式，按照所需选择任意一种，单击 OK 按钮，退出对话框，对当前封装元件进行重新编号。

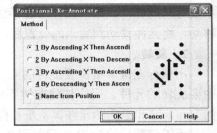

图 8-36 "Positional Re-Annotate" 对话框

8.7 回编

把 PCB 上的信息反馈到原理图中，这过程一般称为回编，通过此操作，以保证实物 PCB 与原理图同步。在设计印制电路时，有时可能对元件重新编号，为了保持原理图和印制板图之间的一致性，可以使用该命令基于印制板图来更新原理图中的元件标号。

执行方式：

■ 菜单栏："Design" → "Update Schamatic"。

操作步骤：

（1）执行该命令，弹出 "Synchronizer" 对话框，如图 8-37 所示，选择需要设置同步装置的原理图文件，单击 Apply 按钮，弹出 "Update Design" 对话框，如图 8-38 所示，设置需要更新的参数。

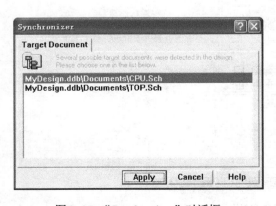

图 8-37 "Synchronizer" 对话框

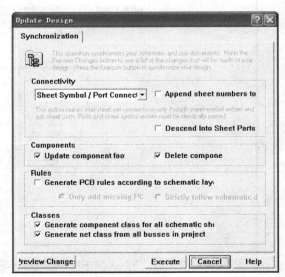

图 8-38 "Update Design" 对话框

（2）选择默认设置，单击 Execute 按钮，弹出如图 8-39 所示的元件确认信息对话框，在该对话框中将显示匹配、不匹配的元件，单击 Apply 按钮，执行更新。

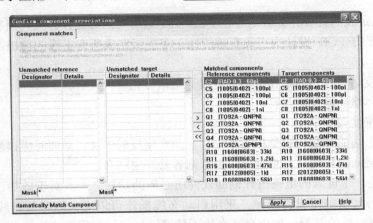

图 8-39 "Confirm component associations" 对话框

8.8 3D 效果图

元件布局完毕后，可以通过 3D 效果图，直观地查看效果，以检查布局是否合理。

执行方式：

■ 菜单栏：View→Board in 3D。

■ 工具栏：单击工具栏中的 按钮。

操作步骤：

执行该命令后，系统生成该 PCB 的 3D 效果图，如图 8-40 所示。

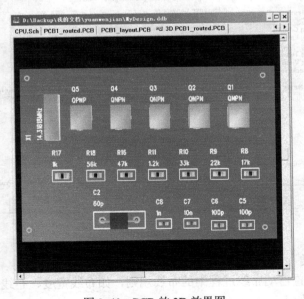

图 8-40 PCB 的 3D 效果图

8.9 PCB 的自动布线

在 PCB 上走线的首要任务就是要在 PCB 上走通所有的导线，建立起所有需要的电气连接，这在高密度的 PCB 设计中很具有挑战性。在能够完成所有走线的前提下，布线的要求如下：

- 走线长度尽量短和直，在这样的走线上电信号完整性较好。
- 走线中尽量少地使用过孔。
- 走线的宽度要尽量宽。
- 输入输出端的边线应避免相邻平行，一面产生反射干扰，必要时应该加地线隔离。
- 两相邻层间的布线要互相垂直，平行则容易产生耦合。

自动布线是一个优秀的电路设计辅助软件所必需的功能之一。对于散热、电磁干扰及高频等要求较低的大型电路设计来说，采用自动布线操作可以大大地降低布线的工作量，同时，还能减少布线时的漏洞。如果自动布线不能够满足实际工程设计的要求，可以通过手动布线进行调整。

8.9.1 设置 PCB 自动布线的规则

Protel 99 SE 在 PCB 编辑器为用户提供了 6 大类设计法则，覆盖了元件的电气特性、走线宽度、走线拓扑布局、表贴焊盘、阻焊层、电源层、测试点、电路板制作、元件布局、信号完整性等设计过程中的方方面面。在进行自动布线之前，用户首先应对自动布线规则进行详细的设置。单击"Design"→"Rules"菜单项，即可打开"Design Rules"对话框，如图 8-41 所示。

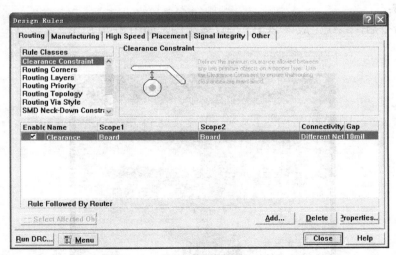

图 8-41 "Design Rules"对话框

1."Routing"类

该项规则主要设置自动布线过程中的布线规则，如布线宽度、布线优先级、布线拓扑结构等，具体选项介绍如下：

● "Clearance Constraint"（安全间距规则）选项：选中左侧的该项规则后，对话框右侧将列出该项规则的详细信息，如图 8-41 所示。单击 Properties.. 按钮，系统弹出属性设置对话框，如图 8-42 所示。

在该对话框中可以设置具有电气特性对象之间间距的规则，在 PCB 上具有电气特性的对象包括导线、焊盘、过孔和铜箔填充区等，在间距设置中可以设置导线与导线之间、导线与焊盘之间、焊盘与焊盘之间的间距规则，在规则设置时可以选择规则的对象和具体的间距值。

通常情况下安全间距越大越好，但是太大的安全间距会造成电路不够紧凑，同时也意味着制板成本的提高。因此，安全间距通常设置在 10mil～20mil，根据不同的电路结构可以设置不同的安全间距。用户可以对整个 PCB 的所有网络设置相同的布线安全间距，也可以对某一个或多个网络进行单独的布线安全间距设置。

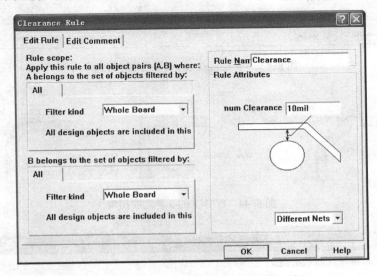

图 8-42 "Clearance Rule" 规则属性对话框

◎ "Rule Scope" A 栏：设置该规则优先应用的对象。应用的对象范围为 Whde Board（整个网络）、Net（某一个网络）、Net Class（某一网络类）、Layer（某一个工作层）、Net and Layer（指定工作层的某一网络）和 Advanced（高级设置）。选中某一范围后，可以在该栏中的下拉列表中选择相应的对象，也可以在右侧的 "Full Query" 框中填写相应的对象。通常缺省的是 All 对象应用范围。

◎ "Rule Scope" B 栏：设置该规则其次应用的对象。通常采用系统的默认设置 All。

◎ "Minimum Clearance" 栏：进行布线最小间距的设置，这里采用系统的默认设置。

● "Routing Corners"（导线拐角规则）选项：设置导线拐角形式，如图 8-43 所示为该项设置的示意图，在该示意图中可以选择各种拐角方式。PCB 上有 3 种拐角方式，它们如图 8-44 所示，通常情况下会采用 45°的拐角形式。设置规则时可以针对每个连接、每个网络直到整个 PCB 定义拐角形式。单击 Properties.. 按钮，系统弹出属性设置对话框，如图 8-45 所示。

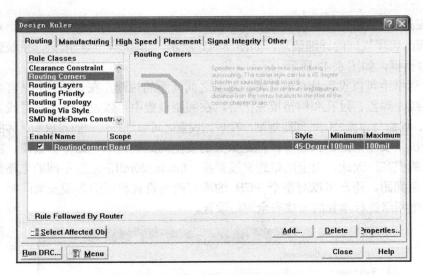

图 8-43 "Routing Corners" 规则设置选项

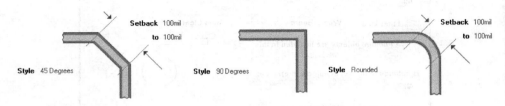

图 8-44 PCB 上的 3 种走线拐角

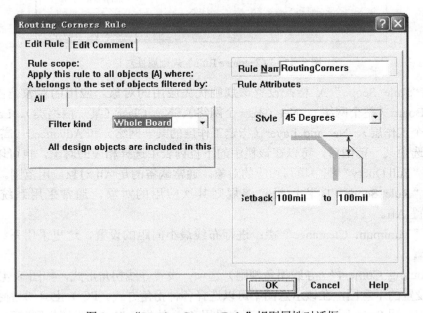

图 8-45 "Routing Corners Rule" 规则属性对话框

● "Routing Layers"（板层布线规则）选项：设置允许该布线规则的层，如图 8-46 所示。

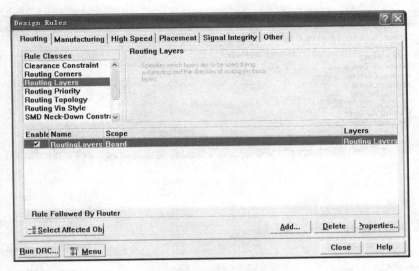

图 8-46 "Routing Layers" 规则设置选项

- "Routing Priority"（走线优先级规则）选项：设置布线优先级，如图 8-47 所示为该项设置的对话框，在该对话框中可以设置每一个网络设置走线优先级。在 PCB 上空间有限，可能有若干根导线需要在同一块空间内走线才能得到最佳的走线效果，通过设置走线的优先级可以决定导线占用空间的先后。设置规则时可以针对单个网络设置优先级。Protel 99 SE 提供了 0～100 共 101 种优先级选择，0 表示优先级最低，100 表示优先级最高，默认的布线优先级规则为应用与所有网络的优先级为 0 的布线规则。

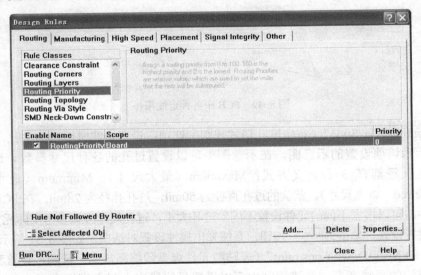

图 8-47 "Routing Priority" 规则设置选项

- "Routing Topology"（走线拓扑布局规则）选项：选择走线的拓扑，如图 8-48 所示为该项设置的对话框。在设置该项规则时可以设置一个网络中采用的拓扑走线，各种拓扑如图 8-49 所示。

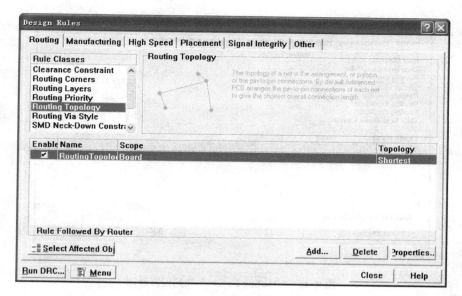

图 8-48 "Routing Topology" 规则设置对话框

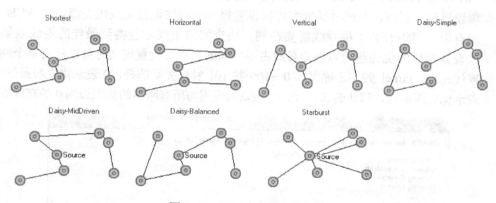

图 8-49 PCB 中各种走线拓扑

- "Routing Via Style"（布线过孔形式规则）选项：设置走线时采用的过孔，如图 8-50 所示为该项设置的示意图，在示意图中可以设置过孔的各种尺寸参数。过孔直径和过孔孔径都有 3 种定义方式：Maximum（最大尺寸）、Minimum（最小尺寸）和 Preferred（首选尺寸）。默认的过孔直径为 50mil，过孔孔径为 28mil。在 PCB 的编辑过程中，可以根据不同的元件设置不同的过孔大小，过孔尺寸应该参考实际元件引脚的粗细进行设置。单击 Properties.. 按钮，系统弹出属性设置对话框，如图 8-51 所示。
- "SMD Neck-Down Constraint"（表贴型元件焊盘颈缩率规则）选项：设置和表贴型焊盘连线的导线宽度，在该规则中可以设置导线线宽上限占据焊盘宽度的百分比，通常来说走线总是比焊盘要小，如图 8-52 所示。在设置规则时可以根据实际需要对每一个焊盘、每一个网络直到整个 PCB 上设置焊盘上的走线宽度与焊盘大小之间的最大比率，默认值为 50%。

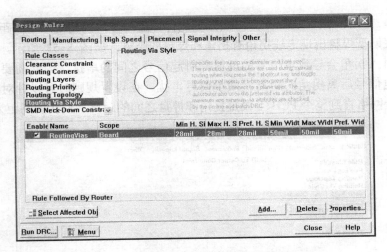

图 8-50 "Routing Via Style" 规则设置选项

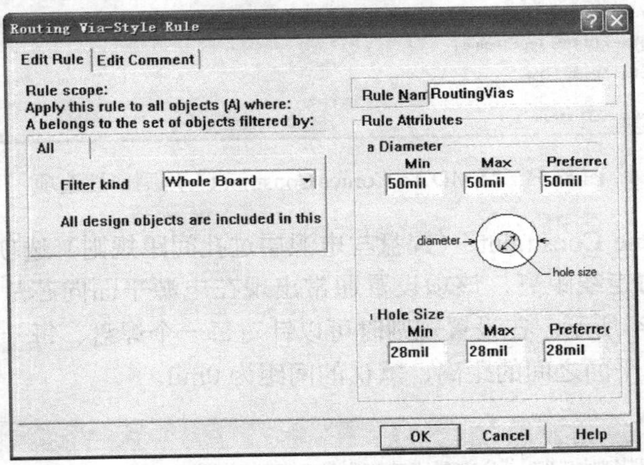

图 8-51 "Routing Via Style Rule" 规则属性对话框

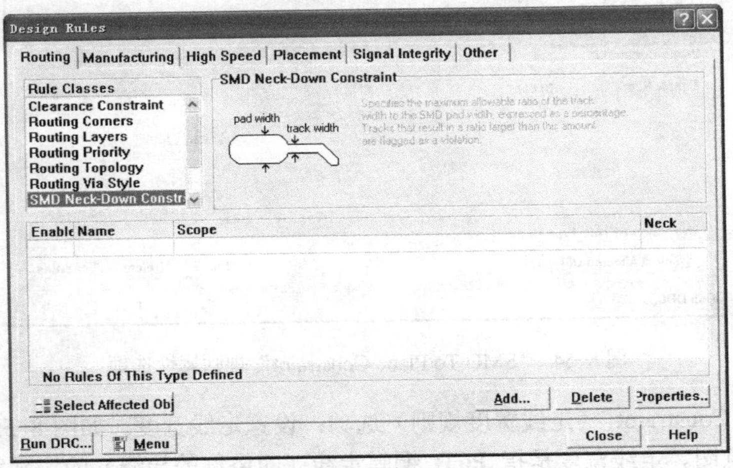

图 8-52 "SMD Neck-Down Constraint" 规则属性选项

- "SMD To Corner Constraint"（表贴型元件焊盘与导线拐角处最小间距规则）选项：设置表贴型焊盘出现走线拐角时拐角和焊盘的距离，如图 8-53 所示。通常来说，走线时引入拐角会导致电信号的反射，引起信号之间的串扰，因此需要限制从焊盘引出的电信号后离拐角的距离，减小信号串扰。在设置规则时可以针对每一个焊盘、每一个网络直到整个 PCB 上设置拐角和焊盘之间的距离，默认的间距为 0mil。

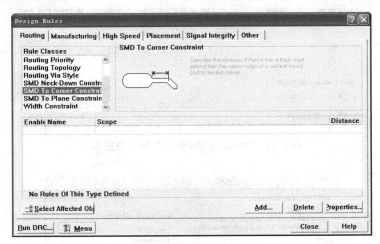

图 8-53 "SMD To Corner Constraint"规则属性选项

- "SMD To Plane Constraint"（焊盘与电源层过孔间距规则）选项：设置表贴型焊盘连接到平面时的走线距离，该项设置通常出现在电源平面向芯片的电源引脚供电的场合，如图 8-54 所示。在设置规则时可以针对每一个焊盘、每一个网络知道整个 PCB 上设置焊盘和平面之间的距离，默认的间距为 0mil。

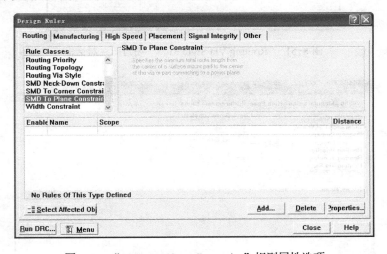

图 8-54 "SMD To Plane Constraint"规则属性选项

- "Width Constraint"（走线宽度规则）选项：设置走线宽度。如图 8-55 所示为该项设置的示意图。走线宽度是指 PCB 铜膜走线（即俗称的导线）的实际宽度值，分为最大允许值、最小允许值和首选值 3 种。与安全间距一样，太大的走线宽度也会造成电路不够紧凑，并使制板成本提高。因此，走线宽度通常设置在 10mil～20mil 之间，应该根据不同的电路结构设置不同的走线宽度。用户既可以对整个 PCB 的所有走线设置相同的走线宽度，也可以对某一个或多个网络单独进行走线宽度的设置。单击 Properties.. 按钮，系统弹出属性设置对话框，如图 8-56 所示。

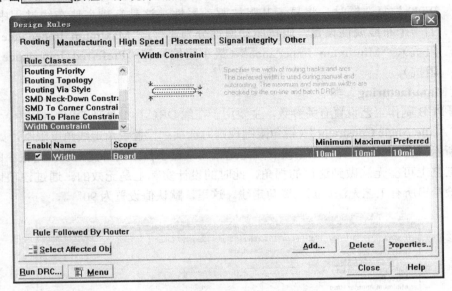

图 8-55 "Width Constraint" 规则设置选项

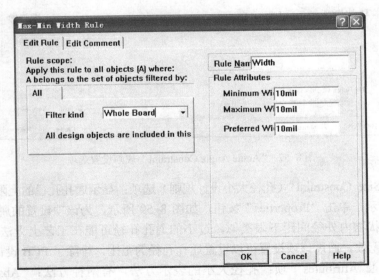

图 8-56 "Max-Min Width Rule" 规则属性对话框

○ "Rule scope" 栏：设置布线宽度使用的范围。其范围为 "All"（整个网络）、"Net"（某一个网络）、"Net Class"（某一网络类）、"Layer"（某一个工作层）、"Net and Layer"（指定工作层的某一网络）和 "Advanced"（高级设置）6 种。

选中某一范围后，可以在该栏中的下拉列表中选择相应的对象，也可以在右侧的"Full Query"框中填写相应的对象。通常默认的是"All"对象应用范围。

- "Rule Attributes"栏：走线宽度限制栏。布线宽度设置分为"Maximum Width"（最大线宽）、"Minimum Width"（最小线宽）和"Preferred Width"（首选线宽）3种，主要是为了方便在线修改布线宽度。选中"Characteristic Impedance Driven Width"复选框时，将显示其阻抗驱动属性，这是高频高速布线过程中很重要的一个布线属性设置。阻抗驱动属性分为3种："Maximum Impedance"（最大阻抗）、"Miniimum Impedance"（最小阻抗）和"Preferred Impedance"（首选阻抗）。

2."Manufacturing"类

根据PCB制作工艺设置有关参数，主要用于在线DRC和批处理DRC进程中。

- "Acute Angle Constraint"（锐角限制规则）选项：设置锐角走线角度限制，如图8-57所示。在PCB设计时如果没有规定走线角度最小值，则可能出现拐角很小的走线，工艺上可能无法做到这样的拐角，此时的设计实际上是无效的。通过该项设置可以检查出所有工艺无法达到的锐角走线。这里，默认值设置为90°。

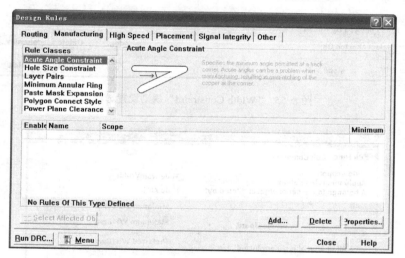

图8-57 "Acute Angle Constraint"规则设置选项

- "Hole Size Constraint"（孔径大小设计规则）选项：显示通孔孔径的上限和下限，如图8-58所示，单击"Properties"按钮，如图8-59所示，为该项设置的属性对话框。和设置环状物内外径间距下限类似，过小的通孔孔径可能在工艺上无法制作，从而导致设计无效。通过该项设置可以设置通孔孔径的范围，排除了PCB设计上的错误。

  - "Rule Attributes"项：孔径大小的表示方法，有两种方法："Absolute"（绝对数）和"Percent"（百分数），默认设置为Absolute。

  - "Minimum Hole"项：设置孔径最小值。"Absolute"表示的默认值为1mil，"Percent"表示的默认值为20%。

  - "Maximum Hole"项：设置孔径最大值。"Absolute"表示的默认值为100mil，

"Percent"表示的默认值为80%。

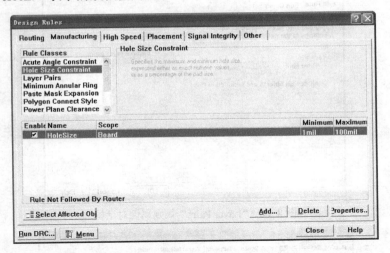

图 8-58 "Hole Size Constraint"规则设置选项

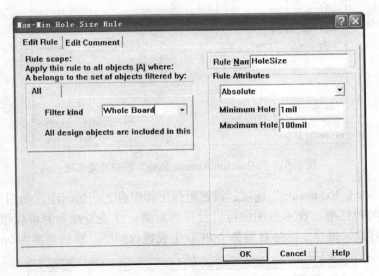

图 8-59 "Max-Min Hole Size Rule"规则属性对话框

- "Layer Pairs"（孔径对设计规则）选项：检查使用的 Layer-pairs 是否与当前的 drill-pairs 匹配。使用的 Layer-pairs 是由板上的过孔和焊盘决定的，Layer-pairs 是指一个网络的起始层和终止层。该项规则除了应用于在线 DRC 和批处理 DRC 外，还可以应用于交互式布线进程中。单击 Properties.. 按钮，系统弹出属性设置对话框，如图 8-60 所示。

- "Minimum Annular Ring"（最小环孔限制规则）选项：设置环状物内外径间距下限，如图 8-61 所示。在 PCB 设计时如果引入的环状物（例如过孔）中，如果内径和外径之间的差很小，在工艺上可能无法制作出来，此时的设计实际上是无效的。通过该项设置可以检查出所有工艺无法达到的环状物。默认值为 10mil。

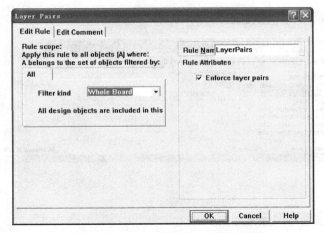

图 8-60　"Layer Pairs" 规则属性对话框

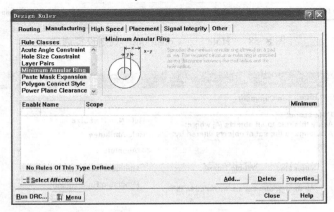

图 8-61　"Minimum Annular Ring" 规则设置选项

● "Paste Mask Expansion" 选项：设置阻焊层和焊盘之间的间距，如图 8-62 所示为该项设置的对话框，在示意图中可以设置该距离。在设置规则时可以根据实际需要对每一个焊盘、每一个网络直到整个 PCB 上设置该间距，默认距离为 0mil。

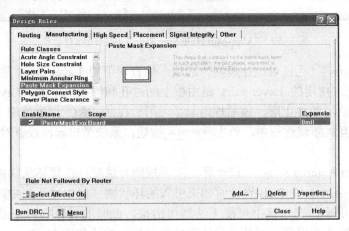

图 8-62　"Paste Mask Expansion" 规则设置选项

掩模层规则也可以在焊盘的属性对话框中进行设置，可以针对不同的焊盘进行单独的设置。在属性对话框中，用户可以选择遵从设计规则中的设置，也可以忽略规则中的设置而采用自定义设置。

- "Polygon Connect Style" 选项（焊盘与覆铜连接类型规则）：该项规则描述了元件引脚焊盘与多边形覆铜之间的连接类型，如图 8-63 所示。单击 Properties.. 按钮，系统弹出属性设置对话框，如图 8-64 所示。

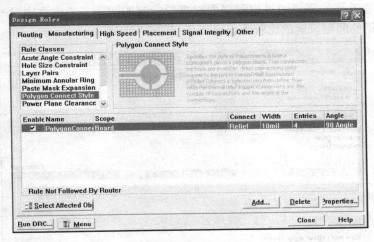

图 8-63 "Polygon Connect Style" 规则设置选项

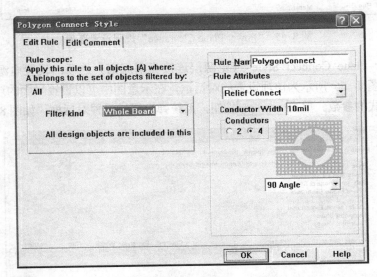

图 8-64 "Polygon Connect Style" 规则属性对话框

- "Rule Attributes" 下拉列表框：连接类型可分为 3 种，为 "No Connect"（覆铜与焊盘不相连）、"Direct Connect"（覆铜与焊盘通过实心的铜箔相连）和 "Relief Connect"（使用热焊盘的方式与焊盘或孔连接），其中默认的设置为 "Relief Connect"。

- **○** "Conductors" 选项组：热焊盘连接的数目，默认值为4。
- **○** "Conductor Width" 文本框：热焊盘的宽度，默认值为10mil。
- **○** "Angle" 项：热焊盘连接的角度，默认值为90°。
- **●** "Power Plane Clearance"（电源层安全间距规则）选项：设置通孔通过电源平面时的间距，如图 8-65 所示为该项设置的示意图，在示意图中可以设置平面的连接形式和各种连接形式的参数。通常来说，电源平面将占据整个平面，因此在有通孔（通孔焊盘或者过孔）需要通过电源平面时需要一定的间距。考虑到电源平面的电流比较大，这里的间距设置的比较大。

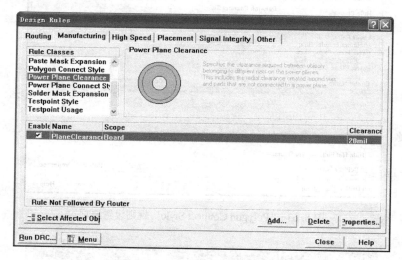

图 8-65 "Power Plane Clearance" 规则设置选项

- **●** "Power Plane Connect Style"（电源层连接类型规则）选项：设置电源平面的连接形式，如图 8-66 所示为该项设置的对话框，在示意图中可以设置平面的连接形式和各种连接形式的参数。单击 Properties.. 按钮，系统弹出属性设置对话框，如图 8-67 所示。

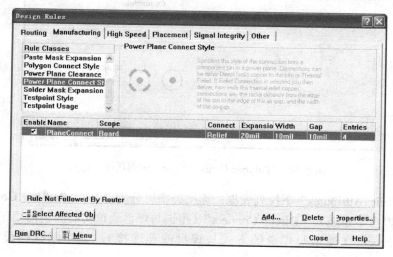

图 8-66 "Power Plane Connect Style" 规则设置选项

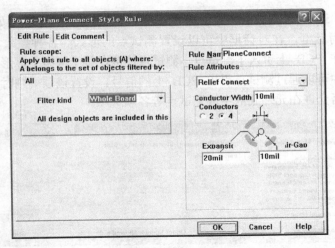

图 8-67 "Power-Plane Connect Style Rule" 规则属性对话框

- "Rule Attributes" 下拉列表框：连接类型可分为 3 种，为 "No Connect"（电源层与元件管脚不相连）、"Direct Connect"（电源层与元件的引脚通过实心的铜箔相连）和 "Relief Connect"（使用热焊盘的方式与焊盘或孔连接），其中默认的设置为 "Relief Connect"。
- "Conductors" 选项组：热焊盘连接的数目，默认值为 4。
- "Conductor Width" 文本框：热焊盘的宽度，默认值为 10mil。
- "Air-Gap" 文本框：热焊盘之间的空隙宽度，默认值为 10mil。
- "Expansion" 文本框：孔的边缘与不导电空隙之间的距离，默认值为 20mil。
- "Solder Mask Expansion" 选项：设置焊锡层和焊盘之间的间距。通常来说，为了焊接的方便，阻焊物质和焊盘之间需要一定的空间。在设置规则时可以根据实际需要对每一个焊盘、每一个网络直到整个 PCB 上设置该间距，默认距离为 4mil，如图 8-68 所示。

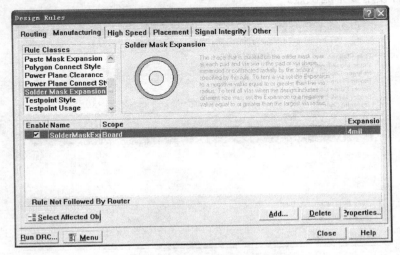

图 8-68 "Solder Mask Expansion" 规则设置选项

● "Testpoint Style"（测试点样式规则）选项：设置测试点的形式，如图 8-69 所示为该项设置的对话框，在对话框中可以设置测试点的形式和各种参数。为了方便电路板的调试，在 PCB 上引入了测试点：测试点连接在某个网络上，形式和过孔类似；在调试过程中可以通过测试点引出 PCB 上的信号。设置该项规则时可以设置测试点的尺寸、是否允许在元件底部生成测试点等各项选项。

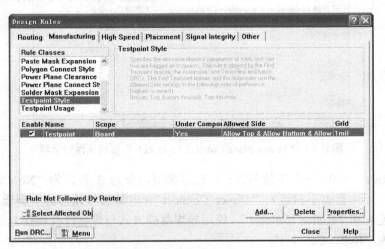

图 8-69　"Testpoint Style" 规则设置选项

该项规则主要用于自动布线器、在线 DRC 和批处理 DRC、output generation 进程中，其中在线 DRC 和批处理 DRC 检测该规则中除了首选大小和首选孔径大小外的所有属性。自动布线器使用首选大小和首选孔径大小属性来定义测试点焊盘的大小。

● "Testpoint Usage"（测试点使用规则）选项：设置测试点的使用参数，如图 8-70 所示为该项设置的对话框，在对话框中可以设置是否允许使用测试点和同一网络上是否允许使用多个测试点。

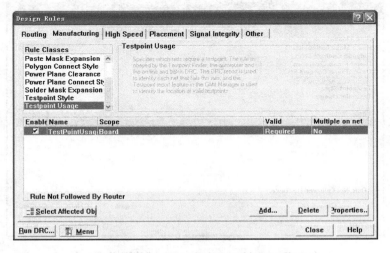

图 8-70　"Testpoint Usage" 规则设置选项

3. "High Speed" 类

该选项卡主要设置高速信号线布线规则。

● "Daisy Chain Stub Length"（菊花状布线分支长度限制规则）选项：设置 90° 拐角和焊盘的距离，如图 8-71 所示为该项设置的示意图。在高速 PCB 设计中通常情况下为了减少信号的反射是不允许出现 90° 拐角的，在必须有 90° 拐角的场合中将引入焊盘和拐角之间距离的限制。

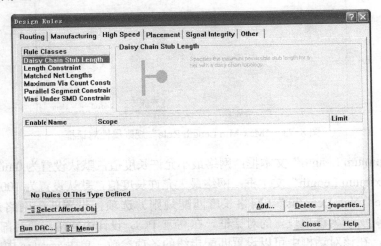

图 8-71　"Daisy Chain Stub Length" 规则设置选项

● "Length Constraint"（网络长度限制规则）选项：设置高速信号线走线长度，如图 8-72 所示为该项设置的对话框。在高速 PCB 设计中为了保证阻抗匹配和信号质量最佳，对走线长度也有一定的要求。在该对话框中可以设置走线的下限和上限。单击 Properties.. 按钮，系统弹出属性设置对话框，如图 8-73 所示。

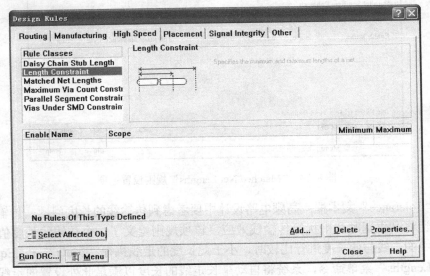

图 8-72　"Length Constraint" 规则设置选项

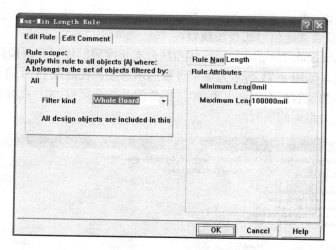

图 8-73 "Max-Min Length Rule" 规则属性对话框

- ● "Minimum Length" 文本框：网络最小允许长度值，默认设置为 0mil。
- ● "Maximum Length" 文本框：网络最大允许长度值，默认设置为 100000mil。
- ● "Matched Net Lengths"（网络长度匹配规则）选项：设置匹配网络走线长度，如图 8-74 所示为该项设置的对话框。在高速 PCB 设计中通常需要对部分网络进行匹配布线，在该对话框中可以设置匹配走线的各项参数。单击 Properties.. 按钮，系统弹出属性设置对话框，如图 8-75 所示。

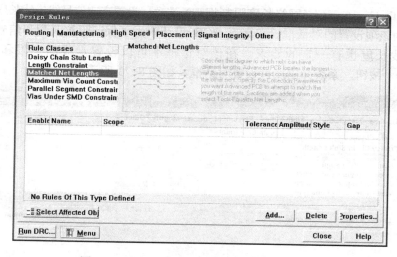

图 8-74 "Matched Net Lengths" 规则设置选项

- ● "Tolerance" 文本框：高频电路设计中要考虑到传输线的长度问题，传输线太短的话将产生延时和串扰等传输线效应。该项规则定义了一个传输线长度值，将设计中的走线与此长度进行比较时，小于此长度的走线执行 "Tools" → "Equalize Net Lengths" 菜单命令，系统将自动延长走线的长度以满足此处设置的走线长度。默认设置为 1000mil。

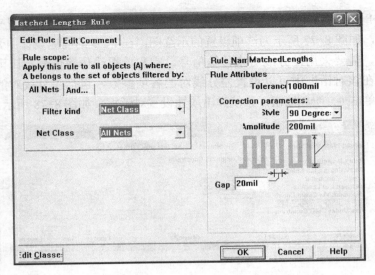

图 8-75 "Matched Net Lengths" 规则属性对话框

- ○ "Style" 下拉列表框：执行 "Tools" → "Equalize Net Lengths" 菜单命令时添加走线长度的类型。可选择的类型有三种："90 Degrees"（默认设置）、"45 Degrees" 和 "Rounded"。其中，"90 Degrees" 类型可添加的走线容量最大，"45 Degrees" 的最小。
- ○ "Gap" 文本框：如图所示，默认值为 20mil。
- ○ "Amplitude" 文本框：定义添加走线的幅度值，默认值为 200mil。
- ● "Maximun Via Count Constraint"（最大过孔数目限制规则）选项：设置布线时过孔数目上限，如图 8-76 所示。在该对话框中可以设置布线时的过孔数口上限，默认设置为 1000。

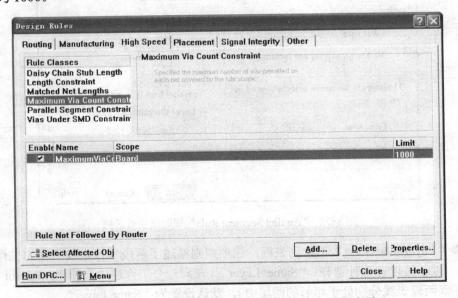

图 8-76 "Maximun Via Count Constraint" 规则设置选项

● "Parallel Segment Constraint"（平行走线间距限制规则）选项：设置平行走线间距限制规则，如图 8-77 所示为该项设置的示意图。在 PCB 的高速设计中为了保证信号传输正确，需要采用差分线对来传输信号，它和单根线传输信号相比可以得到更好的效果。在该对话框中可以设置差分线对的各项参数，包括差分线对的层、间距和长度等。单击 Properties.. 按钮，系统弹出属性设置对话框，如图 8-78 所示。

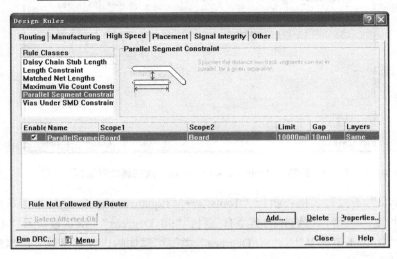

图 8-77 "Parallel Segment Constraint" 规则设置选项

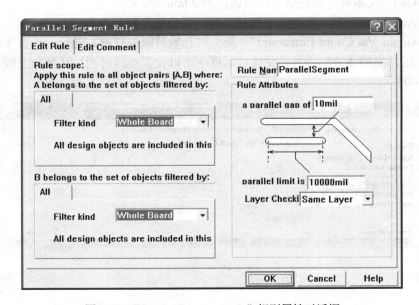

图 8-78 "Parallel Segment Rule" 规则属性对话框

◉ "Layer Checking" 下拉列表框：该项规则描述了两段平行走线所在的工作层面属性，可以有两种选择："Same Layer"（在同一个工作层中）和 "Adjacent Layers"（两段走线分别处于相邻的两层中），默认设置为 "Same Layer"。

- ◎ "For a parallel gap of"文本框：定义两段平行走线之间的距离，默认设置为10mil。
- ◎ "The parallel limit is"文本框：规定了平行走线的最大允许长度（在使用平行走线间距规则时），默认设置为10000mil。
- "Vias Under SMD Constraint"（SMD焊盘下过孔限制规则）选项：设置表贴焊盘下是否允许出现过孔，如图8-79所示为该项设置的示意图。在PCB中需要尽量减少表贴焊盘中引入过孔，但是在特殊情况下（例如电源平面通过过孔向电源管脚供电）可以引入过孔。

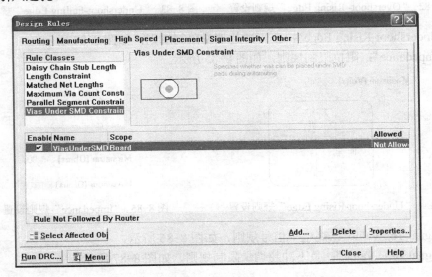

图 8-79 "Vias Under SMD Constraint"规则设置选项

4．"Placement"类

该选项卡主要设置元件布局的规则。在布线时可以引入元件的布局规则，这些规则一般只在对元件布局有严格要求的场合中使用。

前面章节已经有详细介绍，这里不再赘述。

5．"Signal Integrity"类

该选项卡主要设置信号完整性中的各项规则，例如对信号上升沿、下降沿等的要求，这里的设置牵涉到了电路的信号完整性仿真，因此只作简单介绍。

- "Signal Stimulus"：激励信号规则，如图8-80所示。
- "Overshoot-Falling Edge"：负载调量限制规则，如图8-81所示。

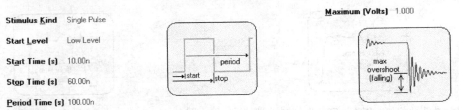

图 8-80 "Signal Stimulus"规则设置　　图 8-81 "Overshoot-Falling Edge"规则设置

- "Overshoot- Rising Edge"：负载调量限制规则，如图 8-82 所示。
- "Undershoot-Falling Edge"：负下冲超调量限制规则，如图 8-83 所示。

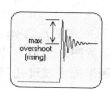

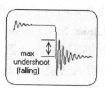

图 8-82 "Overshoot- Rising Edge" 规则设置   图 8-83 "Undershoot-Falling Edge" 规则设置

- "Undershoot-Rising Edge"：正下冲超调量限制规则，如图 8-84 所示。
- "Impedance"：阻抗限制规则，如图 8-85 所示。

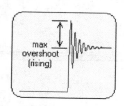

图 8-84 "Undershoot-Rising Edge" 规则设置   图 8-85 "Impedance" 规则设置

- "Signal Top Value"：高电平信号规则，如图 8-86 所示。
- "Signal Base Value"：负下冲超调量限制规则，如图 8-87 所示。

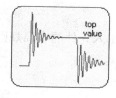

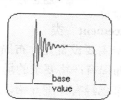

图 8-86 "Signal Top Value" 规则设置   图 8-87 "Signal Base Value" 规则设置

- "Flight Time-Rising Edge"：上升飞行时间规则，如图 8-88 所示。
- "Flight Time-Falling Edge"：下降飞行时间规则，如图 8-89 所示。

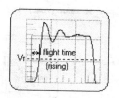

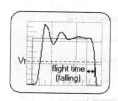

图 8-88 "Flight Time-Rising Edge" 规则设置   图 8-89 "Flight Time-Falling Edge" 规则设置

- "Slope-Rising Edge"：上升沿时间规则，如图 8-90 所示。
- "Slope-Falling Edge"：下降沿时间规则，如图 8-91 所示。

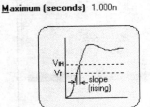

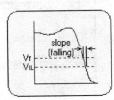

图 8-90 "Slope-Rising Edge" 规则设置　　　　图 8-91 "Slope-Falling Edge" 规则设置

- "Supply Nets"：电源网络规则。

从以上对 PCB 布线规则的陈列可见，Protel 99 SE 可以对 PCB 的布线做全面的规定。这些规定只有一部分运用在元件的自动布线中，而所有的规则将运用在 PCB 的 DRC 检测中。在对 PCB 的手动布线时可能会违反设定的 DRC 规则，在对 PCB 做 DRC 检测时将检测出所有违反这些规则的地方。

6．"Other" 类

- "Short-Circuit Constraint"（短路规则）选项：设置在 PCB 上是否可以出现短路，如图 8-92 所示为该项设置对话框。在设置规则时可以选择在 PCB 上是否允许短路，通常情况下是不允许的。设置该规则后，拥有不同网络标号的对象相交时将违反该规则，系统将报警并拒绝执行该布线操作。

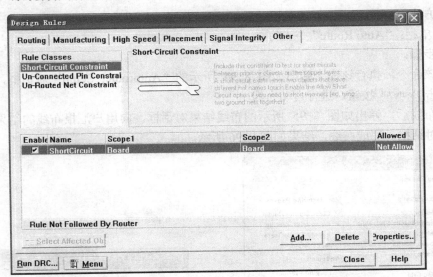

图 8-92 "Short-Circuit Constraint" 规则设置选项

- "Un-Routed Net Constraint"（未布线网络规则）选项：设置 PCB 上是否可以出现未连通的网络，如图 8-93 所示为该项设置示意图。在设置规则时可以选择在 PCB 上是否允许未连接网络。

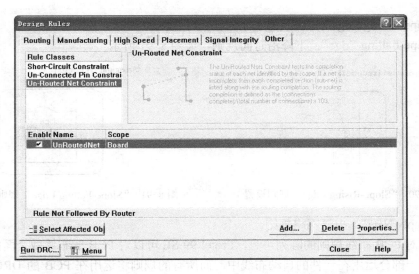

图 8-93 "Un-Routed Net Constraint"规则设置选项

- "Un-Connected Pin Constraint"（未连接引脚规则）选项：PCB 中存在未布线的引脚时将违反该规则，系统在默认状态下无此规则。

8.9.2 自动布线

布线参数设置好后，就可以利用 Protel 99 SE 提供的先进的无网格布线器，进行自动布线了。

执行方式：

■ 菜单栏："Auto Route"→All。

操作步骤：

执行该命令，执行该命令弹出如图 8-94 所示的"Autorouter Setup"对话框，默认参数设置，单击 Route All 按钮，进行自动布线。

完成布线后，弹出如图 8-95 所示的布线结果对话框，向用户汇报布线的结果。单击按钮，关闭对话框，完成布线，结果如图 8-96 所示。

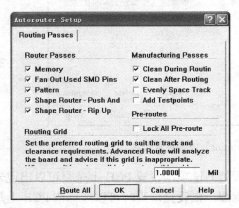

图 8-94 "Autorouter Setup"对话框

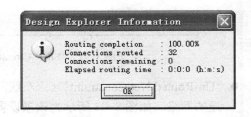

图 8-95 布线结果

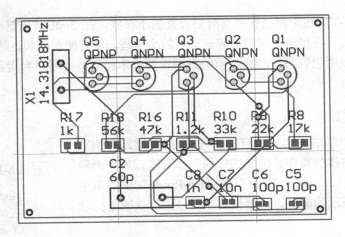

图 8-96　布线结果

选项说明:

1.“Router Setup”对话框

通常,用户可以采用对话框中的默认设置,就可以自动实现 PCB 的自动布线,但是如果用户需要设置某些项,可以通过对话框的各操作项实现。用户可以分别设置“Router Passes”(可走线通过)选项和“Manufacturing Passes”(可制造通过)选项。

- 选中“Add Testpoints”(添加测试点)复选框,如果用户需要设置测试点。
- 选中“Lock All Pre-Route”(锁定所有预拉线)复选框,如果用户已经手动实现了一部分布线,而且不让自动布线处理这部分布线。
- 在“Routing Grid”(布线间距)编辑框中设置布线间距,如果设置不合理,系统会分析是否合理,并通知设计者。

2.“Design Explore Information”对话框

在该对话框中,“Routed Completion”表示已完成布线的线路在线路总数中所占的百分比,“Connection routed”表示布线数量,“Contentions remaining”表示残存争用线路数量,“Elapsed routing time”表示布线花费的总时间。

知识拓展:

一般来说,自动布线可以完成线路的所有布线工作,但也会出现自动布线不能完全布通整个 PCB 的情况,此时,“Routed Completion”的值就不会是 100%。

8.10　PCB 的手动布线

自动布线时会出现一些不合理的布线情况,例如有较多的绕线、走线不美观等。此时,可以通过手工布线进行一定的修正,对于元件网络较少的 PCB 也可以完全采用手工布线。下面就介绍手工布线的一些技巧。

手工布线,即要靠用户自己规划元件布局和走线路径,而网格是用户在空间和尺寸上的重要依据。因此,合理地设置网格,会更加方便设计者规划布局和放置导线。用户在设计的不同阶段可根据需要随时调整网格的大小,例如,在元件布局阶段,可将捕捉网格设置的大一点，如 20mil。在布线阶段捕捉网格时要设置的小一些，如 5mil 甚至更小，尤其是在走线密集的区域，视图网格和捕捉网格都应该设置的小一些，以方便观察和走线。

手工布线的规则设置与自动布线前的规则设置基本相同，请用户参考前面章节的介绍即可，这里不再赘述。

8.10.1　拆除布线

在工作窗口中单击选中导线后，按〈Delete〉键即可删除导线，完成拆除布线的操作。但是这样的操作只能逐段地拆除布线，工作量比较大，在"Tools"→"Un-Route"子菜单中显示如图 8-97 所示的命令，通过该菜单可以更加快速地拆除布线。

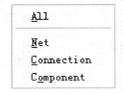

图 8-97　"Un-Route"子菜单

（1）"All"选项：拆除 PCB 上的所有导线。

（2）"Net"选项：拆除某一个网络上的所有导线。

- 执行该命令，鼠标将变成十字形状。
- 移动鼠标到某根导线上，单击鼠标左键，该导线所在网络的所有导线将被删除，即可完成对该网络的拆除布线操作。
- 此时，鼠标仍处于拆除布线状态，可以继续拆除其他网络上的布线。
- 单击鼠标右键或者按下〈Esc〉键即可退出拆除布线操作。

（3）"Connection"选项：拆除某个连接上的导线。

- 执行该命令，鼠标将变成十字形状。
- 移动鼠标到某根导线上，单击鼠标左键，该导线建立的连接将被删除，即可完成对该连接的拆除布线操作。
- 此时，鼠标仍处于拆除布线状态，可以继续拆除其他连接上的布线。
- 单击鼠标右键或者按下〈Esc〉键即可退出拆除布线操作。

（4）"Component"选项：拆除某个元件上的导线。

- 执行该命令，鼠标将变成十字形状。
- 移动鼠标到某个元件上，单击鼠标左键，该元件所有引脚所在网络的所有导线将被删除，即可完成对该元件上的拆除布线操作。
- 此时，鼠标仍处于拆除布线状态，可以继续拆除其他元件上的布线。
- 单击鼠标右键或者按下〈Esc〉键即可退出拆除布线操作。

8.10.2　手动布线

手动布线也将遵循自动布线时设置的规则。对于线路非常复杂而且对走线位置要求较高的场合常用手工布线。

执行方式：

- 菜单栏："Place"→"Interactive Routing"。

操作步骤：

（1）执行该命令，鼠标将变成十字形状。

（2）移动鼠标到元件的一个焊盘上，然后单击鼠标左键放置布线的起点。

（3）多次单击鼠标左键确定多个不同的控点，完成两个焊盘之间的布线。

选项说明：

手工布线模式主要有 5 种：任意角度、90°拐角、90°弧形拐角、45°拐角和 45°弧形拐角。按〈Shift〉+空格快捷键即可在 5 种模式间切换，按空格键可以在每一种的开始和结束两种模式间切换。

知识拓展：

在进行交互式布线时，按"*"快捷键可以在不同的信号层之间切换，这样可以完成不同层之间的走线。在不同的层间进行走线时，系统将自动地为其添加一个过孔。

8.10.3　半自动布线

半自动布线是指由用户参与一部分线路的布线或者对指定网络标识的线路进行布线。在很多场合下，完全不加限制的自动布线所产生的结果并不能满足用户的要求，此时，用户可以选择使用半自动布线。

执行菜单栏中的"Route"命令，弹出如图 8-98 所示的子菜单，本节介绍针对特对象进行布线的命令。

图 8-98　自动布线子菜单

- "Net"（局部网络布线）选项：对选定网络进行布线。用户首先定义需要自动布线的网络，然后执行该命令，由程序对选定的网络进行布线工作。
- "Connection"（局部连线布线）选项：指定两连接点之间布线。用户可以定义某条连线，执行该命令，使程序仅对该条连线进行自动布线。
- "Component"（局部元件布线）选项：指定元件布线。用户定义某元件，然后执行该命令，使程序仅对与该元件相连的网络进行布线。
- "Area"（局部区域布线）选项：指定布线区域进行布线。用户自己定义布线区域，然后执行该命令，使程序的自动布线范围仅限于该定义区域内。
- "Setup"选项：自动布线设置。即可打开如图 8-94 所示的"Routing Passes"设置选项卡。该对话框用来定义布线过程中的某些规则。
- "Stop"选项：终止自动布线过程。
- "Reset"选项：恢复原始设置。
- "Pause"选项：暂停自动布线过程。
- "Restart"选项：重新开始自动布线过程。

8.11　覆铜

覆铜是由一系列的导线组成，可以完成板的不规则区域内的填充。在绘制 PCB 图时，覆铜主要是指把没有走线的空余部分用线全部铺满。铺满部分的铜箔和电路的一个网络相连，多数情况是和 GND 网络相连。单面 PCB 覆铜可以提高电路的抗干扰能力，经过覆铜处理后制作的印制板会显得十分美观，同时，过大电流的地方也可以采用覆铜的方法来提升过电流的能力。覆铜通常的安全间距应该在一般导线安全间距的两倍以上。

执行方式：

■ 菜单栏："Place"→"Polygon Plane"。

■ 工具栏：单击 Placement 工具条中的 按钮。

操作步骤：

（1）执行该命令，系统弹出覆铜设置对话框如图 8-99 所示。执行放置覆铜命令，

（2）单击 OK 按钮，退出对话框，鼠标变成十字形状，准备开始覆铜操作。

（3）用鼠标沿着 PCB 的电气边界线，画出一个闭合的矩形框。单击鼠标左键确定起点，移动至拐点处在此单击鼠标，直至取完矩形框的第四个顶点，单击鼠标右键退出。用户不必费力将矩形框线闭合，系统会自动将起点和终点连接起来构成闭合框线。

（4）系统在框线内部自动生成了 Top Layer 的覆铜。覆铜完毕后，PCB 效果如图 8-100 所示。

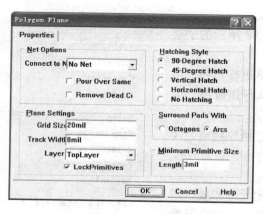

图 8-99　覆铜设置对话框

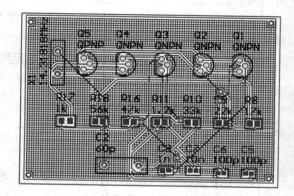

图 8-100　PCB 覆铜效果图

选项说明：

在覆铜属性设置对话框中，各项参数含义如下：

（1）"Net Options"选项组

● "Connect to Net"下拉列表框：选择覆铜连接到的网络。

● "Pour Over Same Net Polygons Only"复选框：覆铜的内部填充只与覆铜边界线及同网络的焊盘相连。

● "Remove Dead Copper"复选框：是否删除死铜。死铜即指没有连接到指定网络元上的封闭区域内的覆铜，若选中该复选框，则可以将这些区域的覆铜去除。

（2）"Plane Settings"选项组

● "Layer"下拉列表框：设定覆铜所在的层面。

● "Lock Primitives"复选框：选择是否锁定覆铜。

（3）"Hatching Style"选项组

选择覆铜的填充模式。有 5 种选项："90-Degree Hatch"、"45-Degrees Hatch"、"Vertical Hatch"、"Horizontal Hatch"和"No Hatching"。

在对话框的中间区域内可以设置覆铜的具体参数，针对不同的填充模式，具有不同的设

置参数选项。

（4）"Surround Pads With"选项组

选择焊盘的围绕模式。有"Octagons"和"Arcs"两个选项。

（5）"Minimum Primitive Size"选项组

选择最小覆铜尺寸。

8.12 补泪滴

在导线和焊盘或者孔的连接处，通常需要补泪滴，以去除连接处的直角，加大连接面。这样做有两个好处，一是在 PCB 制作过程中，避免以钻孔定位偏差导致焊盘与导线断裂。二是在安装和使用中，可以避免因用力集中导致连接处断裂。

添加泪滴是在 PCB 所有其他类型的操作完成后进行的，若不能直接在添加完泪滴的 PCB 上进行编辑，必须删除泪滴再进行操作。

执行方式：

■ 菜单栏："Tools" → "Teardrops"。

操作步骤：

执行该命令，即可执行补泪滴命令，系统弹出"Teardrop Options"对话框，如图 8-101 所示。

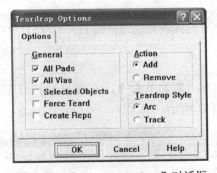

图 8-101 "Teardrop Options"对话框

单击 OK 按钮，完成设置对象的泪滴添加操作。补泪滴前后焊盘与导线连接的变化如图 8-102 所示。

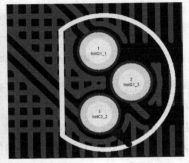

图 8-102 补泪滴前后的焊盘导线

选项说明：

（1）"General"选项组

● "All Pads"复选框：选中该复选框，将对所有的焊盘添加泪滴。

● "All Vias"复选框：选中该复选框，将对所有的过孔添加泪滴。

● "Selected Objects Only"复选框：选中该复选框，将对选中的对象添加泪滴。

● "Force Teardrops"复选框：选中该复选框，将强制对所有焊盘或过孔添加泪滴，这样可能导致在 DRC 检测时出现错误信息。取消对此复选框的选择，则对安全间距太小的焊盘不添加泪滴。

● "Create Report"复选框：选中该复选框，进行添加泪滴的操作后将自动生成一个有关泪滴添加的报表文件，同时，也将在工作窗口显示出来。

（2）"Action"选项组

● "Add"选项：添加泪滴。

● "Remove"选项：删除泪滴。

（3）"Teardrop Style"选项组

● "Arc"选项：用弧添加泪滴。

● "Track"选项：用线添加泪滴。

8.13　操作实例

本节通过一些简单的实例来向读者直观地介绍 Protel 99 SE 自动布线器的使用方法。

8.13.1　生成网络表

（1）执行"Files"→"Open"菜单命令，在弹出的打开工程文件对话框中，选择文件"Analog Dimming"，如图 8-103 所示。

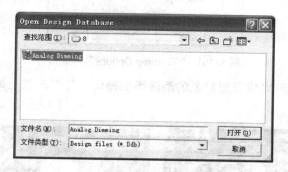

图 8-103　"Open Design Database"对话框

（2）单击 打开(O) 按钮，打开工程文件，打开如图 8-104 所示的"Document"文件夹下的"Sheet1"文件，进入原理图编辑环境。

（3）执行"Design"→"Creat Netlist"菜单命令，弹出如图 8-105 所示的"Netlist Creation"对话框，选择输出文件类型为"Protel"，单击 OK 按钮，生成".NET"为后缀的网络表，如图 8-106 所示。

图 8-104　项目管理器图

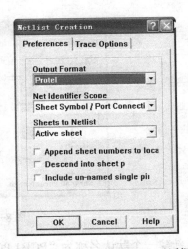

图 8-105　"Netlist Creation"对话框

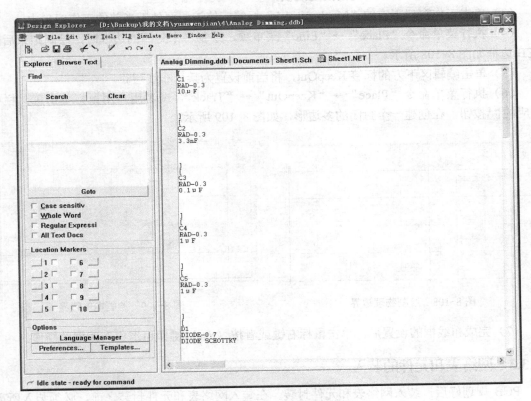

图 8-106　网络表

8.13.2　规划 PCB

（1）执行"Files"→"New"菜单命令，在打开的文件选择对话框中选择创建"PCB Document"文件，如图 8-107 所示。

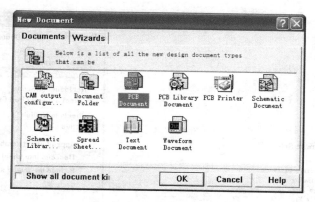

图 8-107 选择文件类型

（2）新建一个默认名称为"PCB1.PCB"的 PCB 文件,，双击文件名称，进入 PCB 编辑环境，在编辑区里也出现一个空白的电路板。

（3）单击工作窗口下方的"Mechanical 1"标签，使该层面处于当前的工作窗口中。

（4）执行菜单命令"Place"→"Line"菜单项，绘制一个封闭的边框时，绘制结束后的 PCB 边框如图 8-108 所示。

（5）单击编辑区下方的标签 KeepOut，将当前设置为禁止布线层。

（6）执行菜单命令"Place"→"KeepOut"→"Track"，或者用户用鼠标单击工具栏中相应的 ┌‘按钮，在创建一个封闭的多边形，如图 8-109 所示。

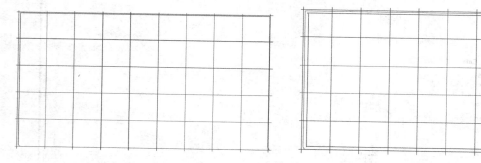

图 8-108　绘制物理边界

图 8-109　绘制电气边界

（7）完成布线框的设置后，单击鼠标右键或者按〈Esc〉键即可退出布线框的操作。

8.13.3　网络表和元件的装入

PCB 规划好后，装入网络表和元件封装。在装入网络表和元件封装之前，必须装入所需的元件封装库。如果没有装入元件封装库，在装入网络表及元件的过程中程序将会提示用户装入过程失败。

1. 装入元件封装库。

（1）执行菜单命令"Design"→"Add/Remove Library"，弹出"PCB Libraries"对话框，如图 8-110 所示找出原理图中的所有元件所对应的元件封装库。选中这些库，单击 Add 按钮，即可添加这些元件库。

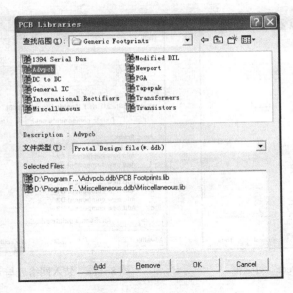

图 8-110 "PCB Libraries" 对话框

（2）添加完所有需要的元件封装库，程序即可将所选中的元件库装入。

2．网络表与元件的装入。

（1）执行菜单命令 "Design" → "Load Net"，弹出如图 8-111 所示的 "Load/Forward Annotate Netlist" 对话框。

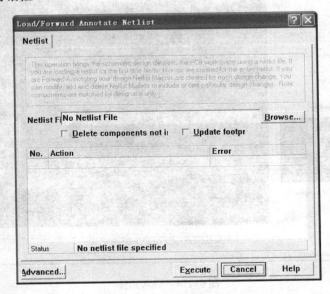

图 8-111 "Load/Forward Annotate Netlist" 对话框

（2）单击 Browse... 按钮，弹出如图 8-112 所示的 "Select" 对话框，选择网络表文件。

（3）单击 OK 按钮，退出对话框，完成网络表信息的加载，结果如图 8-113 所示。

（4）单击 Execute 按钮，即可在 PCB 中装入元件，并将原件分散在 PCB 四周，结果如图 8-114 所示。

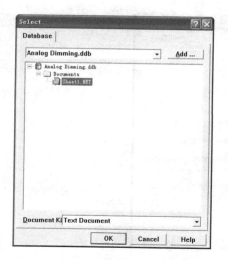

图 8-112 "Select"对话框

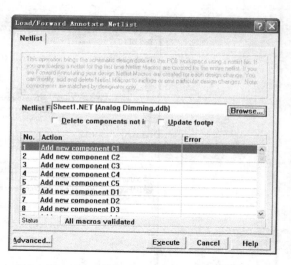

图 8-113　装入网络表与元件设置结果

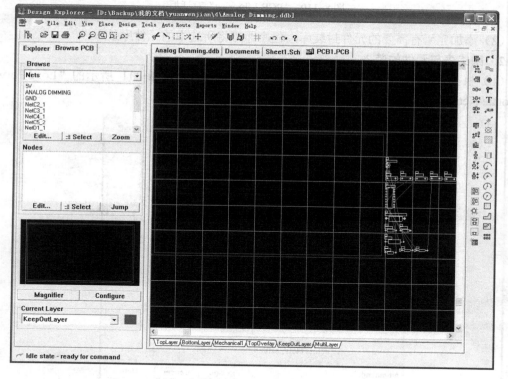

图 8-114　装入元件

　　如果板框不太合适，可以重新按照布线的结果画板框，执行"Edit"→"Select/Outside Area"命令，指向所要部分的一角，单击鼠标左键，移至对角拉出一个区域，包含整个已布线的 PCB（但不包含边框），再单击鼠标左键即可只选取整个板框。紧接着按〈Delete〉键，即可删除所选取的部分（删除旧板框）。按照元件的多少调整 PCB 边界的范围，调整结果如图 8-115 所示。

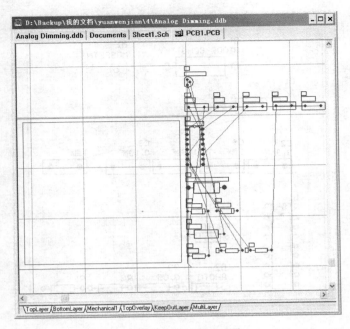

图 8-115　调整 PCB 边界

8.13.4　零件布置

执行"Tools"→"Interactive Placement"→"Arrange Within Rectangle"菜单命令,指向这个零件摆置区域,按鼠标左键让零件进入这个区域内。最后单击鼠标右键,如图 8-116所示。接下来以手工排列,结果如图 8-117 所示。

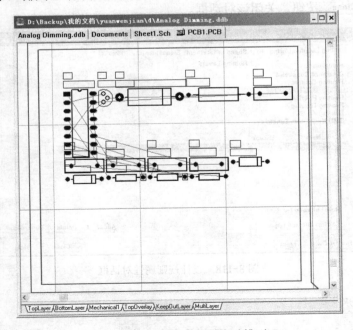

图 8-116　零件摆置区域自动排列

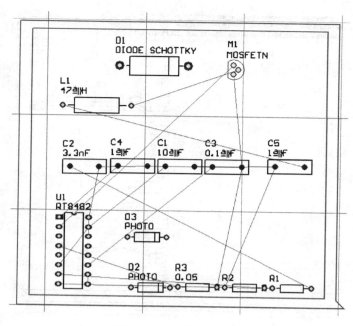

图 8-117　完成零件排列

8.13.5　布线板层设置

（1）执行"Design"→"Rules…"菜单命令，选取"Routing"部分下的"Routing Layers"选项，再选取 Routing Layers 项，则对话框右边列出该设计规则的属性，如图 8-118 所示。

（2）单击 Close 按钮，关闭该对话框。

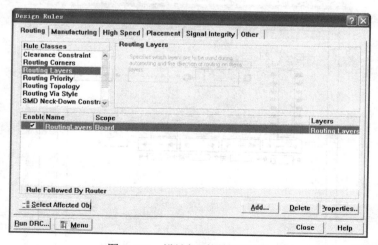

图 8-118　设计规则属性对话框

8.13.6　网络分类

（1）执行"Design"→"Classes…"菜单命令，弹出如图 8-119 所示的对话框。

（2）在 Net Classes 类里只有"All Nets"一项，表示目前没有任何网络分类。指向 Net Classes 项。

（3）执行 Add... 命令，则在此类里将新增一项分类（New Class），同时进入其属性对话框，如图 8-120 所示。

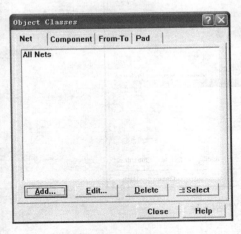

图 8-119　分类对话框

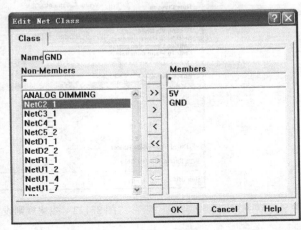

图 8-120　新增网络分类属性对话框

（4）在"Name"文本框中输入新的分类名称"GND"。在左边"Non-Member"区域里选取"GND"、5V 项，双击或单击 按钮，将选中对象转入右边"Members"区域；单击 OK 按钮，关闭该对话框。

（5）返回"Object Classes"对话框，显示新建的类"GND"，如图 8-121 所示，单击 Close 按钮，关闭对话框，完成属性设置。

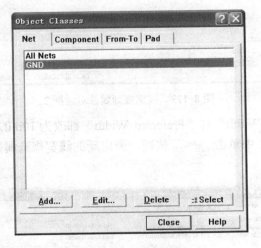

图 8-121　新建类

8.13.7　布线线宽设置

布线线宽区分为两种，电源线的线宽采用 20mil，其他线的线宽采用 16mil。

（1）执行"Design"→"Rules..."菜单命令，弹出如图对话框中切换到"Routing"部分，选取"Width"项里的"Width"设计规则，如图8-122、图8-123所示。

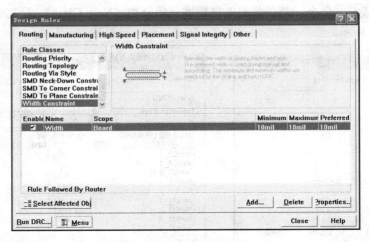

图8-122　线宽规则设置对话框1

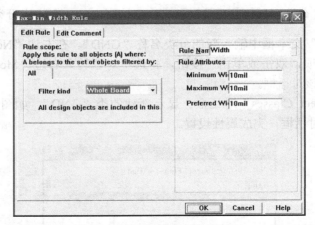

图8-123　线宽规则属性对话框2

（2）将"Maximum Width"与"Preferred Width"都改为10mil。接下来，新增一项线宽的设计规则；在图8-122中单击 Add... 按钮，弹出新的线宽规则属性对话框（Width_1），如图8-124所示。

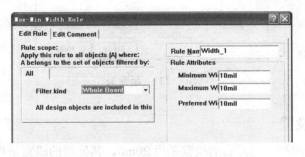

图8-124　新增线宽设计规则

（3）在"Rule Name"字段里，将此设计规则的名称改为"电源线线宽"，在"Filter Kind"下拉列表框中选取"Net Class"选项，在字段里指定适用对象为 Power 网络分类；将"Maxmum Width"与"Preferred Width"项都改为 20mil，单击 OK 按钮关闭对话框，如图 8-125 所示。

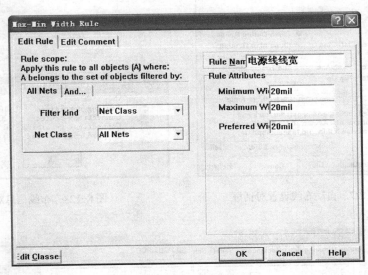

图 8-125　指定适用对象

（4）返回"Design Rules"对话框，显示设置的线宽，如图 8-126 所示。

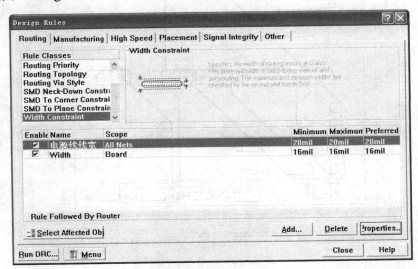

图 8-126　设置完成的线宽

8.13.8　布线

（1）完成设计规则的设置后进行布线，执行"Auto Route"→"All…"菜单命令，弹出如图 8-127 所示的对话框。

（2）保持程序预置状态，按 Route All 钮，程序即进行全面性的自动布线，显示布线信息对话框，如图 8-128 所示。完成布线后，如图 8-129 所示。

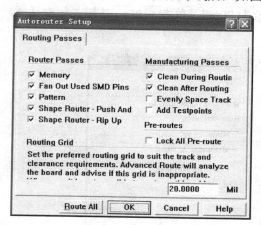

图 8-127　自动布线设置对话框

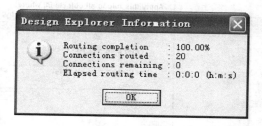

图 8-128　布线信息对话框

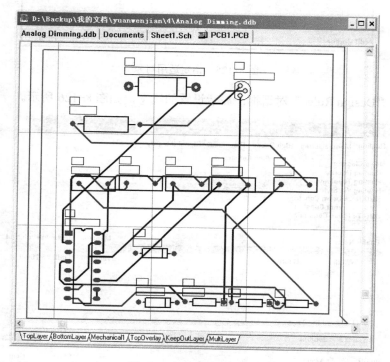

图 8-129　完成自动布线

8.13.9　3D 效果图

执行菜单命令"View"→"Board in 3D"，或单击工具栏中的 🔲 按钮，系统生成该 PCB 的 3D 效果图，如图 8-130 所示，通过该效果图可以直观地查看效果，以检查布局、布线是否合理。

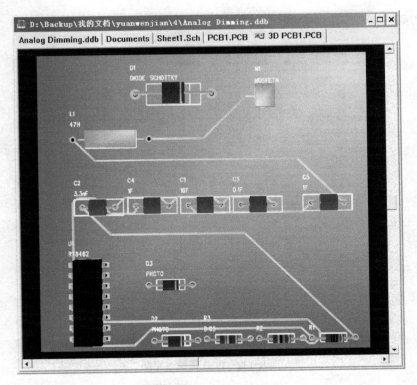

图 8-130　PCB 3D 效果图

8.13.10　覆铜

（1）执行"Place"→"Polygon Plane"菜单命令，或者单击工具栏中的 ⊿ 按钮，系统弹出"Polygon Plane"对话框，在覆铜对话框内进行设置，如图 8-131 所示。

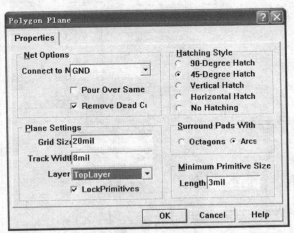

图 8-131　覆铜设置对话框

（2）单击 OK 按钮，退出对话框，鼠标变成十字形状，沿着 PCB 的 Keep-Out 边界线，系统会自动将起点和终点连接起来构成闭合框线，自动生成了顶层的覆铜，PCB 效果如

图 8-132 所示。

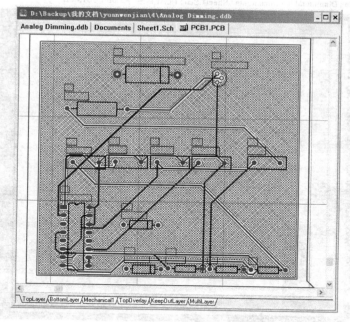

图 8-132　PCB 覆铜效果图

（3）同样的方法，在对话框中选择"Bottom Layer"，生成底层覆铜，结果如图 8-133 所示。

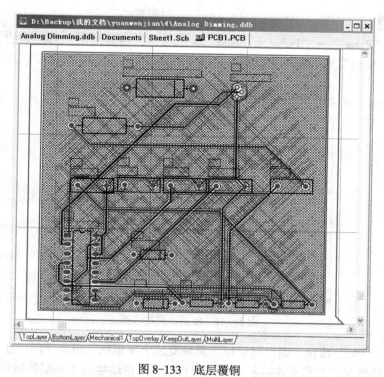

图 8-133　底层覆铜

8.13.11 补泪滴

（1）执行"Tools"→"Teardrops"菜单命令，即可执行补泪滴命令，系统弹出 "Teardrop Options"对话框，如图8-134所示。

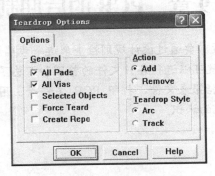

图8-134 "Teardrop Options"对话框

（2）单击 OK 按钮即可完成设置对象的泪滴添加操作，结果如图8-135所示。

图8-135 补泪滴后的焊盘导线

第9章 PCB 的后期制作

在 PCB 设计的最后阶段，要通过设计规则检查来进一步确认 PCB 设计的正确性。在完成了 PCB 项目的设计后，就可以进行各种文件的整理和汇总了。本章将介绍不同类型文件的生成和输出操作方法，包括报表文件、打印 PCB 文件等。用户通过本章内容的学习，会对 Protel 99 SE 形成更加系统的认识。

知识点

- PCB 的测量
- DRC 检查
- PCB 的报表输出
- PCB 文件输出

9.1 创建项目元件封装库

在一个设计项目中，设计文件用到的元件封装往往来自不同的库文件。为了方便设计文件的交流和管理，在设计结束的时候，可以将该项目中用到的所有元件集中起来，生成基于该项目的 PCB 元件库文件。

创建项目的 PCB 元件库简单易行，首先打开已经完成的 PCB 设计文件，进入 PCB 编辑器。

执行方式：

■ 菜单栏："Design" → "Make Library"。

操作步骤：

执行该命令，系统会自动生成与该设计文件同名的 ".lib" 为后缀的 PCB 库文件，同时新生成的 PCB 库文件会自动打开，并置为当前文件，如图 9-1 所示。在左侧项目管理器面板中可以看到其元件列表，如图 9-2 所示。

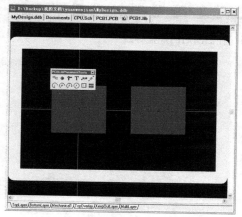

图 9-1 生成项目库

图 9-2 项目管理器面板

9.2 PCB 的报表输出

PCB 绘制完毕后，可以利用 Protel 99 SE 提供丰富的报表功能，生成一系列的报表文件。这些报表文件有着不同的功能和用途，为 PCB 设计的后期制作、元件采购、文件交流等提供了方便。在生成各种报表之前，首先要确保要生成报表的文件已经被打开并设置为当前文件。

9.2.1 引脚信息报表

引脚报表能够提供 PCB 上选取的引脚信息，用户可以选取若干个引脚，通过报表功能生成这些引脚的相关信息，这些信息会生成一个"*.dmp"报表文件，这可以让用户比较方便地检验网络上的连线。

执行方式：
■ 菜单栏："Reports" → "Selected Pins"。

操作步骤：

执行此命令后，弹出如图 9-3 所示的"Selected Pins"对话框，在该对话框中列出了选取引脚的信息，单击 OK 按钮，系统自动生成引脚报表文件".DMP"，并进入该窗口，如图 9-4 所示。

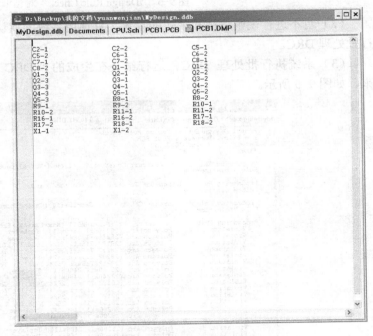

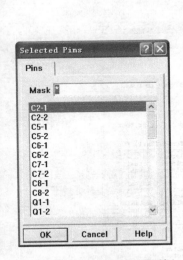

图 9-3 "Selected Pins"对话框　　　　　　图 9-4 引脚报表文件

9.2.2 DRC 检查报表

设计规则检查（Design Rule Check，DRC）报表是 Protel 进行 PCB 设计时的重要检查工具，系统会根据用户设计规则的设置，对 PCB 设计的各个方面进行检查校验，如导线宽度、安全距离、元件间距、过孔类型等，DRC 是 PCB 设计正确性和完整性的重要保证。设计者应灵活运用 DRC，可以保障 PCB 设计的顺利进行和最终生成正确的输出文件。

执行方式：

■ 菜单栏："Tools" → "Design Rule Check"。

操作步骤：

（1）执行该命令后，弹出如图 9-5 所示的"Design Rule Check"对话框。

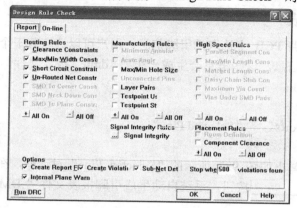

图 9-5 "Design Rule Check"对话框

（2）暂不进行规则适用和禁止的设置，只使用系统的默认设置。单击 Run DRC 按钮，运行批处理 DRC。

（3）系统执行批处理 DRC，运行结果在生成的".DRC"为后缀的报表文件内显示出来，如图 9-6 所示。

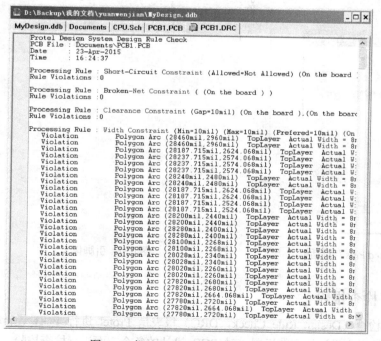

图 9-6 批处理 DRC 得到的违规列表

（4）对于批处理 DRC 中检查到的违规项，可以通过错误定位进行修改，这里不再赘述。

选项说明：

对话框的左侧是该检查器的内容列表，右侧是项目具体内容。对话框由两部分内容构成：DRC 报告选项和 DRC 规则列表。

设计规则的检测有两种方式，其一为报表（Report），可以产生检测后的结果。其二为在线检测（On-Line），也就是在布线的工作过程中对设置的布线规则进行在线检测。

（1）DRC 报告选项

在对话框下面的 "Options" 栏，可以显示 DRC 报告选项具体内容。这里的选项是对 DRC 报告的内容和方式设置，一般都应保持默认选择状态。

- "Create Report File" 复选框：运行批处理 DRC 后会自动生成报告文件（设计名.DRC）。报告中包含了本次 DRC 运行中使用的规则、违规数量和细节。
- "Create Violations" 复选框：能在违规对象和违规消息直接建立链接，使得用户可以直接通过 "Message" 中的违规消息进行错误定位，找到违规对象。
- "Sub-Net Details" 复选框：对网络连接关系进行检查并生成报告。
- "Internal Plane Warnings" 复选框：对多层板内部平面网络连接中的错误进行警告。

（2）DRC 规则列表

在 "Report" 选项卡上面显示可进行检查的设计规则，有 5 类："Routing Rules"、"Manufacturing Rules"、"High Speed Rules"、"Signal Integrity Rules" 和 "Placement Rules"。其中，既包括了 PCB 制作中常见的规则，也包括了高速 PCB 设计规则，如图 9-5 所示。比如线宽设定、引线间距、过孔大小、网络拓扑结构、元器件安全距离、高速电路设计呼的引线长度、等距引线等，可以根据规则的名称进行具体设置。在对话框内，"On-line"（如图 9-7 所示）和 "Report" 两个选项卡用来控制是否在在线 DRC 和批处理 DRC 中执行该规则检查。

单击 Run DRC 按钮，即运行批处理 DRC。

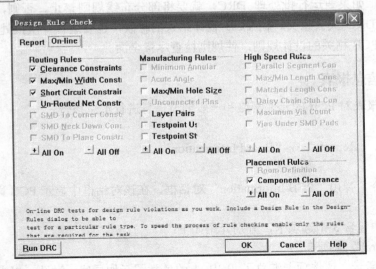

图 9-7　设计规则检查器规则列表

281

知识拓展:

DRC 分成两种类型: 在线 DRC 和批处理 DRC。

在线 DRC 在后台运行，设计者在设计过程中，系统随时进行规则检查，对违反规则的对象作出警示或自动限制违规操作的执行。在"Tools"→"Preferences"→"Options"选项卡中可以设置是否选择在线 DRC，如图 9-8 所示。

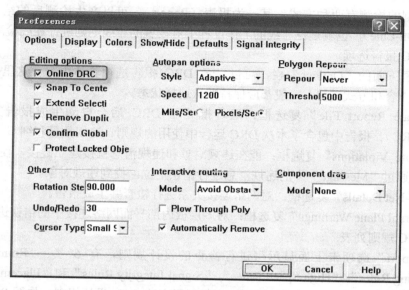

图 9-8 "Preferences"对话框

批处理 DRC 使得用户在设计过程中的任何时候都可以手动运行一次规则检查。在图 9-6 的列表中可以看到，不同的规则有着不同的 DRC 运行方式。有的规则只用于在线 DRC，有的只用于批处理 DRC，当然大部分的规则都是可以在两种检查方式下运行的。

需要注意是，在不同阶段运行批处理 DRC，对其规则选项要进行不同的选择。例如，在未布线阶段，如果要运行批处理 DRC，就要将部分布线规则禁止，否则，会导致过多的错误提示而使 DRC 失去意义。在 PCB 设计结束的时候，也要运行一次批处理 DRC，这时就要选中所有 PCB 相关的设计规则，使规则检查尽量全面。

9.2.3 PCB 信息报表

PCB 信息报表对 PCB 的元件网络和一般细节信息进行汇总报告。

执行方式:

■ 菜单栏: "Reports"→"Board Information"。

操作步骤:

执行该命令，弹出"PCB Information"对话框，在该对话框中显示 PCB 详细信息。

选项说明:

该对话框中包含 3 个选项卡，分别介绍如下:

(1)"General"选项卡

如图 9-9 所示，该选项卡汇总了 PCB 上的各类图元如导线、过孔、焊盘等的数量，报告了 PCB 的尺寸信息和 DRC 违规数量。

（2）"Components"选项卡

如图 9-10 所示，该选项卡报告了 PCB 上元件的统计信息，包括元件总数、各层放置数目和元件标号列表。

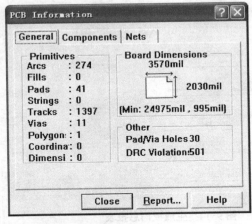

图 9-9 "General"选项卡

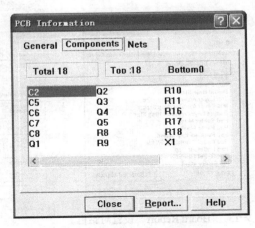

图 9-10 "Components"选项卡

（3）"Nets"选项卡

如图 9-11 所示，该选项卡内列出了 PCB 的网络统计，包括导入网络总数和网络名称列表。单击 Pwr/Gnd... 按钮，弹出"Internal Plane Information"对话框，如图 9-12 所示。对于双面板，该信息框是空白的。

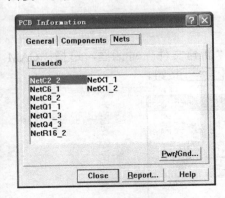

图 9-11 "Nets"选项卡

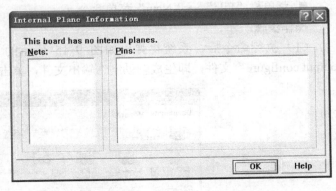

图 9-12 "Internal Plane Information"对话框

在各个选项卡内单击 Report... 按钮，弹出如图 9-13 所示的"Board Report"设置对话框，通过该对话框可以生成 PCB 信息的报告文件。在对话框的列表栏内选择要包含在报告文件中的内容。选择"Selected objects only"复选框时，报告中只列出当前 PCB 中已经处于选择状态下的图元信息。

设置好报告列表选项后，这里全部选择，在"Board Report"对话框中单击 Report... 按钮，系统生成的报告文件，并自动在工作区内打开，如图 9-14 所示。

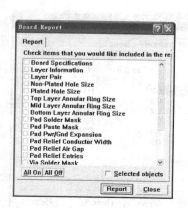

图9-13 "Board Report"设置对话框

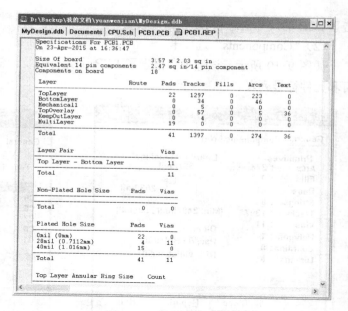

图9-14 生成板信息报表

9.2.4 元器件报表

元器件报表功能可以用来整理一个电路或一个项目中的零件，形成一个零件列表，以供用户查询。

执行方式：

■ 菜单栏"File"→"New"菜单命令。

操作步骤：

（1）执行命令后，系统将弹出如图 9-15 所示的"新建文件"对话框，选择"CAM output configure"文件，即生成辅助制造输出文件，单击 OK 按钮。

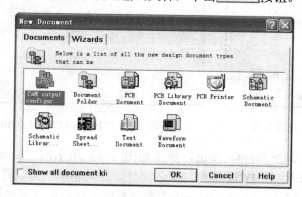

图9-15 "新建文件"对话框

（2）系统弹出如图 9-16 所示的对话框，在该对话框中可以选择需要产生报表的 PCB 文件，单击 OK 按钮。

（3）系统弹出如图 9-17 所示的"Output Wizard"对话框，单击 Next > 按钮。

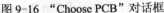

图 9-16 "Choose PCB" 对话框

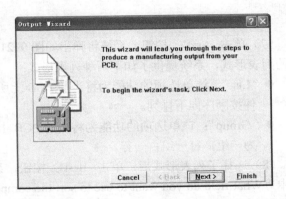

图 9-17 "Output Wizard" 对话框

（4）系统弹出如图 9-18 所示的"选择产生文件类型"对话框，此时选择 BOM（Bill of Material）类型，单击 Next> 按钮。

（5）系统弹出如图 9-19 所示的对话框。在这个对话框里可以输入 BOM 名称，如本实例的"4 Port Serial Interface Board"，单击 Next> 按钮。

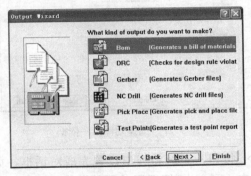

图 9-18 "选择产生文件类型"对话框

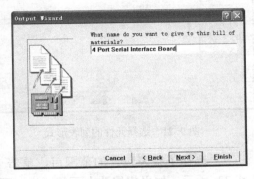

图 9-19 输入 BOM 文件名称

（6）系统将弹出如图 9-20 所示的选择 DOM 报表格式对话框。在这个对话框里，用户可以选择 DOM 报表的格式，"Spreadsheet"为展开的表格式，"Text"为文本格式，"CSV"为字符串形式。

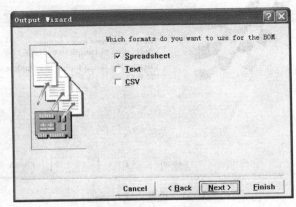

图 9-20 选择 DOM 报表的格式

（7）单击 Next> 按钮，系统将弹出如图 9-21 示的对话框。在这个对话框里可以选择元件的列表形式，系统提供了如下两种列表形式：

● "List"：该单选项的功能为将当前 PCB 上所有元件列表，每一个元件占一行，所有元件按顺序向下排列。

● "Group"：该单选项的功能为将当前 PCB 上的具有相同元件封装和元件名称的元件作为一组，每一组占一行。

（8）选择了列表形式后，单击 Next> 按钮，系统弹出如图 9-22 所示的对话框。该对话框中 "What field do you want to use to sort the component" 操作项用于选择排序的依据。如选择 "Comment" 则用元件名称来对元件报表排序。"Check the fields to included in the report" 操作项用于选择报表所要包含的范围，包括 "Designator"、"Footprint" 和 "Comment" 复选框。

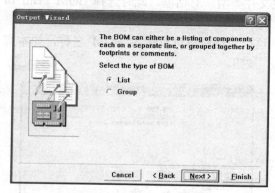

图 9-21　选择元件的列表形式

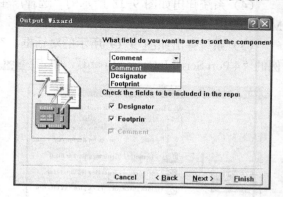

图 9-22　选择元件排序依据

（9）选择了报表包含的范围后，单击 Next> 按钮，系统将弹出设置完成对话框，如图 9-23 所示。如果想修改上面某一步，可以单击 <Back 按钮返回前面的操作对话框，进行重新设置。

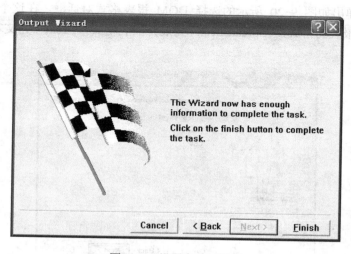

图 9-23　设置完成对话框

（10）单击 Finish 按钮，即可结束产生辅助制造管理器文件，系统默认为 CAM Managerl.cam，本实例中创建了一个"4 Port Serial Interface Board.bom"报表，不过此时还不能察看到报表的内容。

（11）进入 CAMManager1.cam 文件，然后执行"Tools"→"Genemte CAM Files"菜单命令，然后系统将产生 BOM for 4 Port Serial Interface Board.Bom/Txt/Csv 等元件报表文件。可以看到本实例的元件报表"BOM for 4 Port Serial Interface Board.bom"，如图 9-24 所示。

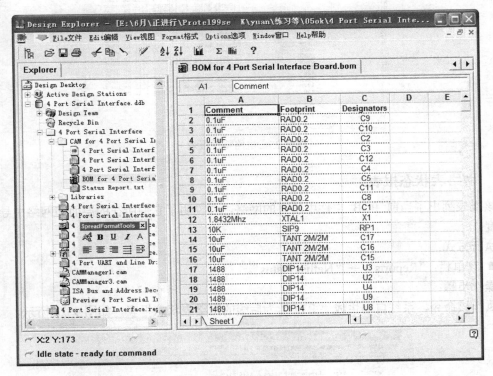

图 9-24　元件列表

另外也可以在"BOM for 4 Port Serial Interface Board.Txt"文件中查看元件列表。

9.2.5　生成电路特性报表

Protel 99 SE 为用户提供了生成电路特性报表的命令。电路特性报表用于提供一些有关元件的电特性资料，生成电路特性报表的操作方法如下：

执行方式：

■ 菜单栏："Reports"→"Signal Integrity"。

操作步骤：

执行命令后，系统生成".SIG"为后缀的电路特性报表，并自动在当前窗口打开，如图 9-25 所示。

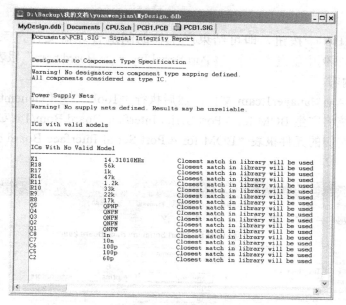

图 9-25　电路特性报表

9.2.6　网络表状态报表

该报表列出了当前 PCB 文件中所有的网络，并说明了它们所在的层面和网络中导线的总长度。

执行方式：

■ 菜单栏："Reports"→"Netlist Status"。

操作步骤：

执行该命令，系统自动生成".REP"为后缀的网络表状态报表，如图 9-26 所示。

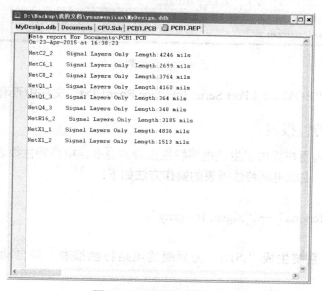

图 9-26　网络表状态报表

9.3 PCB 的打印输出

PCB 设计完毕，可以将其源文件、制作文件和各种报表文件按需要进行存档、打印、输出等。例如，将 PCB 文件打印作为焊接装配指导，将元器件报表打印作为采购清单，生成胶片文件送交加工单位进行 PCB 加工，也可直接将 PCB 文件交给加工单位用以加工 PCB。

9.3.1 打印 PCB 文件

利用 PCB 编辑器的文件打印功能，可以将 PCB 文件不同层面上的图元按一定比例打印输出，用以校验和存档。

1．打印预览

执行方式：

■ 菜单栏："File" → "Print/Preview"。

操作步骤：

执行该命令，系统自动生成 ".PPC" 文件，如图 9-27 所示，同时在左侧项目管理器面板中显示如图 9-28 所示的选项。

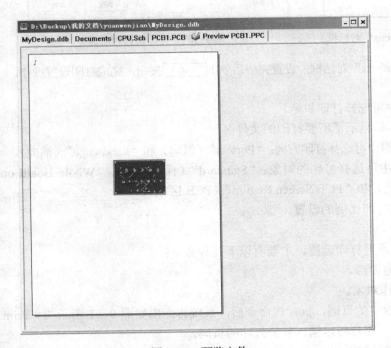

图 9-27　预览文件

图 9-28　项目管理器

2．打印机设置

进入预览文件界面，设置打印机属性。

执行方式：

■ 菜单栏："File" → "Setup Printer"。

操作步骤：

（1）执行该命令，系统将弹出如图 9-29 所示的对话框，此时可以设置打印机的类型。单击 Properties... 按钮，弹出如图 9-30 所示的"打印设置"对话框，选择打印机。完成设置后，单击 确定 按钮，关闭对话框。

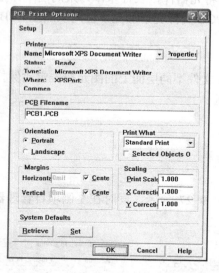

图 9-29 "PCB Print Options" 对话框   图 9-30 "打印设置"对话框

（2）返回"PCB Print Options"对话框，设置完毕后单击 OK 按钮，完成打印设置操作。

选项说明：

（1）在 Printer 选项组中可选择打印机名。

（2）PCB Filename 文本框显示了所要打印的文件名。

（3）在 Orientation 选项组中可选择打印方向："Portrait"（纵向）和"Landscape"（横向）。

（4）Print What 选项组中可选择打印的对象："Standard"（标准形式）、"Whole Board on Page"（整块板打印在一页上）和"PCB Screen Region"（PCB 区域）。

（5）进行其他为边界和打印比例的设置。

3．打印范围

设置了打印机属性后，设置打印范围，主要有以下几种命令：

● "Print All"：打印所有图形。

● "Print Job"：打印操作对象。

● "Print Page"：打印给定的页面，执行该命令后，系统将弹出如图 9-31 所示的"Print Single Page"对话框，用户可以输入需要打印的页码。

● "Print Current"：打印当前页。

4．打印

执行方式：

■ 菜单栏："File" → "Print"。

■ 工具栏：单击工具栏上的 按钮

操作步骤:

执行该命令,连接打印机后,即可打印设置好的 PCB 文件。

9.3.2 打印报表文件

打印报表文件的操作更加简单一些。进入各个报表文件之后,同样先进行页面设定。

执行方式:

■ 菜单栏:"File"→"Setup Printer"。

操作步骤:

执行该命令,系统将弹出如图 9-32 所示的对话框,此时可以设置打印机的类型。

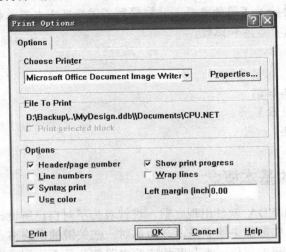

图 9-32 "Print Option" 对话框

设置好页面后,就可以进行预览和打印了。其操作与 PCB 文件打印相同,这里就不再赘述。

第10章 电路仿真系统

所谓电路仿真，就是用户直接利用 EDA 软件自身所提供的功能和环境，对所设计电路的实际运行情况进行模拟的一个过程。

由于仿真设计的整个过程是在计算机上运行的，所以操作相当简便，免去了构建实际电路系统的不便，只需要输入不同的参数，就能得到不同情况下电路系统的性能，而且仿真结果真实、直观，便于用户查看和比较。

 知识点

- 电路仿真的基本知识
- 仿真分析的参数设置
- 电路仿真的方法

10.1 电路仿真的基本概念

在具有仿真功能的 EDA 软件出现之前，设计者为了对自己所设计的电路进行验证，一般是使用面包板来搭建实际的电路系统，之后再对一些关键的电路节点进行逐点测试，通过观察示波器上的测试波形的变化，来判断相应的电路部分是否达到了设计要求。如果没有达到，则需要对元器件进行更换，有时甚至要调整电路结构，重建电路系统，然后再进行测试，直到达到设计要求为止。整个过程冗长而烦琐，工作量非常大。

使用软件进行电路仿真，则是把上述过程全部搬到了计算机中。同样要搭建电路系统（绘制电路仿真原理图）、测试电路节点（执行仿真命令），而且也同样需要查看相应节点（中间节点和输出节点）处的电压或电流波形，依此作出判断并进行调整。只不过，这一切都将在软件仿真环境中进行，过程轻松，操作方便，只需要借助于一些仿真工具和仿真操作即可快速完成。

仿真中涉及的几个基本概念如下：

（1）仿真元器件。用户进行电路仿真时使用的元器件，要求具有仿真属性。

（2）仿真原理图。用户根据具体电路的设计要求，使用原理图编辑器及具有仿真属性的元器件所绘制而成的电路原理图。

（3）仿真激励源。用于模拟实际电路中的激励信号。

（4）节点网络标签。对一电路中要测试的多个节点，应该分别设定一个有意义的网络标签名，便于明确查看每一节点的仿真结果（电压或电流波形）。

（5）仿真方式。仿真方式有多种，不同的仿真方式下相应有不同的参数设定，用户应根据具体的电路要求来选择设置仿真方式。

（6）仿真结果。仿真结果一般是以波形的形式给出，不仅仅局限于电压信号，每个元件的电流及功耗波形都可以在仿真结果中观察到。

10.2　电路仿真的基本步骤

下面我们介绍一下 Protel 99 SE 电路仿真的具体操作步骤：

1．编辑仿真原理图

绘制仿真原理图时，图中所使用的元器件都必须具有仿真（Simulation）属性。如果某个元器件不具有仿真属性，则在仿真时将出现错误信息。对仿真元件的属性进行修改，需要增加一些具体的参数设置，例如晶体管的放大倍数、变压器的一次侧和二次侧的匝数比等。

2．设置仿真激励源

所谓仿真激励源就是输入信号，使电路可以开始工作。仿真常用激励源有直流源、脉冲信号源及正弦信号源等。

放置好仿真激励源之后，就需要根据实际电路的要求修改其属性参数，例如激励源的电压电流幅度、脉冲宽度、上升沿和下降沿的宽度等。

3．放置节点网络标号

这些网络标号应放置在需要测试的电路位置上。

4．设置仿真方式及参数

不同的仿真方式需要设置不同的参数，显示的仿真结果也不同。用户要根据具体电路的仿真要求设置合理的仿真方式。

5．执行仿真命令

将以上设置完成后，执行菜单命令"设计"→"仿真"→"混合仿真"，启动仿真命令。若电路仿真原理图中没有错误，系统将给出仿真结果，并将结果保存在*.sdf 的文件中；若仿真原理图中有错误，系统自动中断仿真，同时弹出"Messages"（信息）面板，显示电路仿真原理图中的错误信息。

6．分析仿真结果

用户可以在"*.sdf"的文件中查看、分析仿真的波形和数据。若对仿真结果不满意，可以修改电路仿真原理图中的参数，再次进行仿真，直到满意为止。

10.3　SIM 99 仿真库中的元器件

在 SIM 99 的仿真元件库（Library/Sch/Sim.ddb）中，包含了如下的一些主要的仿真用元器件，下面具体加以介绍。

10.3.1　电阻

在库 Simulation Symbols.Lib 中，包含了如下的电阻器：

（1）RES 固定电阻。

（2）RESSEMI 半导体电阻（敏感电阻）。

（3）RPOT 电位计。

（4）RVAR 变电阻。

这些元器件有一些特殊的仿真属性域。在放置过程中按〈Tab〉键或放置完成后，双击该器件弹出属性设置对话框，就可进行元器件设置：

- "Designator"：电阻器名称。
- "Part Type"：以欧姆为单位的电阻值。
- "L"：在 Part Fields 选项卡中设置，以米为单位的电阻的长度（仅仅对半导体电阻（敏感电阻））。
- "W"：在 Put Fields 选项卡中设置，以米为单位的电阻的宽度（仅仅对半导体电阻（敏感电阻））。
- "Temp"：在 Part Fields 选项卡中设置，元件工作温度，以摄氏度为单位。默认为 27（仅仅对半导体电阻（敏感电阻））。
- "Set"：在 Fart Fields 选项卡中设置，仅仅对电位计和可变电阻。

10.3.2 电容

在库 Simulation Symbnls.Lib 中，包含了如下的电容：

（1）CAP 定值无极性电容。

（2）CAP2 定值有极性电容。

（3）CAPSEMI 半导体电容（表贴封装的电容）。

这些符号表示了一般的电容类型。

对电容的属性对话框可进行如下设置：

- "Designator"：电容名称。
- "Part Type"：以法拉为单位的电容值。
- "L"：在 Part Fields 选项卡中设置，以米为单位的电容的长度（仅仅对半导体电阻（敏感电阻））。
- "W"：在 Part Fields 选项卡中设置，以米为单位的电容的宽度（仅仅对半导体电阻（敏感电阻））。
- "IC"：在 Fart Fields 选项卡中设置，表示初始条件，即电容的初始电压值。该项仅在仿真分析工具傅里叶变换中的使用初始条件被选中后才有效。

10.3.3 电感

在库 Simulation Symbols.Lib 中，包含的电感为 INDUCTOR。

对电感的属性对话框可进行如下设置：

- "Designator"：电感名称。
- "Part Type"：以亨为单位的电感值。
- "IC"：在 Past Fields 选项卡中设置，表初始条件，即电感的初始电压值。该项仅在仿真分析工具傅里叶变换中的使用初始条件被选中后才有效。

10.3.4 二极管

在库 Diode.lib 中，包含了数目巨大的以工业标准部件命名的二极管。

对二极管的属性对话框可进行如下设置：

- "Designator"：二极管名称。
- "Area"：在 Part Fields 选项卡中设置，该属性定义了所定义的模型下的并行器件数。该设置项将影响该模型的许多参数。
- "Off"：在 Part Fields 选项卡中设置，在操作点分析中使二极管电压为零。
- "IC"：在 Part Fields 选项卡中设置，表示初始条件，即通过二极管的初始电压值。该项仅在仿真分析工具傅里叶变换中的使用初始条件被选中后才有效。
- "Temp"：在 Part Fields 选项卡中设置，元件工作温度，以摄氏度为单位。默认设置为 27。

10.3.5 晶体管

在库 Bjt.lib 中，包含了数目巨大的以工业标准部件命名时晶体管。

对晶体管的属性对话框可如下设置：

- "Designator"：晶体管名称。
- "Area"：在 Part Fields 选项卡中设置，该属性定义了所定义的模型下的并行器件数。该设置项将影响该模型的许多参数。
- "Off"：在 Part Fields 选项卡中设置，在操作点分析中使晶体管电压为零。
- "IC"：在 Part Fields 选项卡中设置，表初始条件，即通过晶体管的初始电压值。该项仅在仿真分析工具傅里叶变换中的使用初始条件被选中后才有效。
- "Temp"：在 Part Fields 选项卡中设置，元件工作温度，以摄氏度为单位。默认设置为 27。

10.3.6 JFET 结型场效应晶体管

结型场效应晶体管包含在 Jfet.lib 库文件中。结型场效应晶体管的模型是建立在 Shichman 和 Hodges 的场效应晶体管的模型上的。

对结型场效应晶体管的属性对话框可如下设置：

- "Designator"：结型场效应晶体管名称。
- "Area"：在 Part Fields 选项卡中设置，该属性定义了所定义的模型下的并行器件数。该设置项将影响该模型的许多参数。
- "Off"：在 Part Fields 选项卡中设置，在操作点分析中使终止电压为零。
- "IC"：在 Part Fields 选项卡中设置，表初始条件，即通过晶体管的初始电压值。该项仅在仿真分析工具傅里叶变换中的使用初始条件被选中后才有效。
- "Temp"：在 Part Fields 选项卡中设置，元件工作温度，以摄氏度为单位。默认设置为 27。

10.3.7 MOS 场效应晶体管

MOS 场效应晶体管是金属－氧化物－半导体场效应晶体管，是现代集成电路中最常用的器件。Sim 99 提供了四种 MOSFET 模型，它们的伏安特性各不相同，但它们基于的物理模型是相同的。

在库 Mosfet.lib 中，包含了数目巨大的以工业标准部件命名的 MOS 场效应晶体管。仿真器支持 Shichman Hodges，BSIM 1、2、3 和 MOS 2、3、6 模型。

对 MOS 场效应晶体管的属性对话框可如下设置：

- "Designator"：MOS 场效应晶体管名称。
- "L"：沟道长度，单位为米，在 Part Fields 选项卡中设置。
- "W"：沟道长度，单位为米，在 Part Fields 选项卡中设置。
- "AD"：漏区面积，单位为平方米，在 Part Fields 选项卡中设置。
- "AS"：源区面积，单位为平方米，在 Part Fields 选项卡中设置。
- "PD"：漏区周长，单位为米，在 Part Fields 选项卡中设置。
- "PS"：源区周长，单位为米，在 Part Fields 选项卡中设置。
- "NRD"：漏极的相对电阻率的方块数，在 Part Fields 选项卡中设置。
- "NRS"：源极的相对电阻率的方块数，在 Part Fields 选项卡中设置。
- "Off"：可选项，在操作点分析中使终止电压为零，在 Part Fields 选项卡设置。
- "IC"：可选项，表初始条件，即通过 MOS 场效应晶体管的初始值。该项仅在仿真分析工具傅里叶变换中的使用初始条件被选中后才有效，在 Part Fields 选项卡设置。
- "Temp"：在 Part Fields 选项卡中设置，元件工作温度，以摄氏度为单位。默认设置为 27。

10.3.8 MES 场效应晶体管

库 Mesfet.lib 中包含了一般的 MES 场效应晶体管。MES 场效应晶体管模型是从 Statz 的砷化镓场效应晶体管的模型得到的。

对 MES 场效应晶体管的属性对话框可如下设置：

- "Designator"：MES 场效应晶体管名称。
- "Area"：在 Part Fields 选项卡中设置，该属性定义了所定义的模型下的并行器件数。该设置项将影响模型的许多参数。
- "Off"：在 Part Fields 选项卡中设置，在操作点分析中使终止电压为零。
- "IC"：在 Part Fields 选项卡中设置，表初始条件，即通过 MES 场效应晶体管的初始值。该项仅在仿真分析工具傅里叶变换中的使用初始条件被选中后才有效。

10.3.9 电压/电流控制开关

库 Switch.lib 包含了如下的可用于原理图的开关

（1）CSW：默认电流控制开关。

（2）SW：默认电压控制开关。

（3）SW05：VT=500.0mV 的电压控制开关。

（4）SWM10：VT=0.01 的电压控制开关。

（5）SWP10：VT=0.01 的电压控制开关。

（6）STTL：VT=2.5，VH=0.1 的电压控制开关。

（7）TTL：VT=2，VH=1.2，RUFF=1E+8 的电压控制开关。

（8）TRIAC：VT=0.99，RON=0.1，ROFF=1E+7 的电压控制开关。

对电压/电流控制开关的属性对话框可如下设置：

- "Designator"：电压/电流控制开关名称。
- "ON/OFF"：在 Part Fields 选项卡中设置，初始条件选择。该选项可为 ON 或 OFF。
- "Off"：在 Part Fields 选项卡中设置，在操作点分析中使终止电压为零。
- "IC"：在 Part Fields 选项卡中设置，表初始条件，即通过 MES 场效应晶体管的初始值。该项仅在仿真分析工具傅里叶变换中的使用初始条件被选中后才有效。
- 此开关模型描述了一个几乎理想化的开关。开关不十分理想，是因为电阻值不能从 0 到无穷大变化，而是总有一个有限的正值。通过适当选择开状态和关状态电阻，可使得这两个电阻与其他电路元件相比较时能看作零和无穷大。

因而在使用开关时，应当注意这个问题。设计者可以采用如下步骤改善这种情况。

- 将理想开关阻抗设置到和其他电路元件相比足够大或低到可以忽略是明智的。在所有的情况下用近似于理想的开关阻抗将加剧上面所提到的不连续问题。当然，在模拟实际的器件如 MOSFET 时，开状态电阻将按模拟的器件尺寸调整到实际水平。
- 对于如 MOS 场效应晶体管器件的模型，设置现实的阻抗值。
- 应利用所允许误差上的容限，利用此容限后，分析结果在开关点附近将更加精细，不会由于电路中的迅速变化而产生误差。
- 如开关放置在电容周围，则参数 CHGTOL 同样应当减少（可尝试 1E-16）。

上述的 TRTOL 和 CHGTOL 参数可在 Simulate Setup/Advanced/Analyses setup 中设置。

10.3.10 熔丝

Fuse.lib 包含了一般的熔丝器件。对熔丝的属性对话框可如下设置：
- "Designator"：熔丝名称。
- "Current"：熔断电流，单位 A。
- "Resistance"：在 Part Fields 选项卡中设置，以欧姆为单位的串联的熔丝的阻抗。

10.3.11 晶振

库 Crystal.lib 中包含了不同规格的晶振。

晶振的属性对话框有如下设置项：
- "Designator"：晶振名称。
- "Freq"：在 Part Fields 选项卡中设置，如晶振频率为 3.5MHz 时，将改变模型的默认值。
- "RS"：在 Part Fields 选项卡中设置，以欧姆为单位的串阻值。
- "C"：以法拉为单位的电容值，在 Part Fields 选项卡中设置。
- "Q"：等效电路的 Q 在 Part Fields 选项卡中设置。

10.3.12 继电器

库 Relay.lib 包括了大量的继电器，对继电器的属性对话框可如下设置：
- "Designator"：继电器名称。
- "Pullin"：触点引入电压，在 Part Fields 选项卡中设置。

- "Dropoff"：触点偏离电压，在 Pan Fields 选项卡中设置。
- "Contar"：触点阻抗，在 Part Fields 选项卡中设置。
- "Resistance"：线圈阻抗，在 Part Fields 选项卡中设置。
- "Inductor"：线圈电感，在 Part Fields 选项卡中设置。

10.3.13 互感器

库 Transformer.lib 包括了大量的电感耦合器。

对电感耦合器的属性对话框可进行如下设置：

- "Designator"：电感耦合器名称。
- "Ratio"：二次/一次转换比，这将改变模型的默认值，在 Part Fields 选项卡中设置。
- "RP"：可选项，一次阻抗，在 Part Fields 选项卡中设置。
- "RS"：可选项，二次阻抗，在 Fart Fields 选项卡中设置。
- "LEAK"：泄放电感，在 Part Fields 选项卡中设置。
- "MAG"：磁化电感，在 Part Fields 选项卡中设置。

SIM 99 仿真库中还有传输线、TTL 和 CMOS 数字电路器件和集成块等元器件，这里不再赘述。

10.4 仿真分析的参数设置

在电路仿真中，选择合适的仿真方式并对相应的参数进行合理的设置，是仿真能够正确运行并能获得良好的仿真效果的关键。

一般来说，仿真方式的设置包含两部分：一是各种仿真方式都需要的通用参数设置，二是具体的仿真方式所需要的特定参数设置，二者缺一不可。

在原理图编辑环境中，执行"Simulate"→"Setup"菜单命令，系统弹出如图 10-1 所示的分析设定对话框。

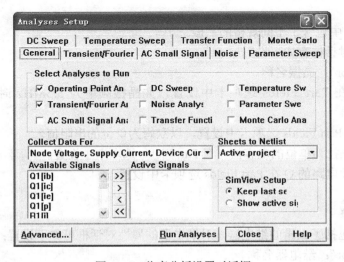

图 10-1　仿真分析设置对话框

在该对话框上面的"Select Analyses to Run"选项组中，列出了若干选项供选择，包括各种具体的仿真方式。而对话框的右侧则用来显示与选项相对应的具体设置内容。系统的默认选项为"General Setup"，即仿真方式的通用参数设置。

10.4.1 通用参数的设置

（1）"Collect Data For"：该下拉列表框用于设置仿真程序需要计算的数据类型。

- "Node Voltage"：节点电压。
- "Supply Current"：电源电流。
- "Device Current"：流过元器件的电流。
- "Device Power"：在元器件上消耗的功率。
- "Subeircuit VARS"：支路端电压与支路电流。
- "Active Signals"：仅计算"Active Signals"列表框中列出的信号。

由于仿真程序在计算上述这些数据时要占用很长的时间，因此，在进行电路仿真时，用户应该尽可能少地设置需要计算的数据，只需要观测电路中节点的一些关键信号波形即可。

单击右侧的"Collect Data For"下拉列表框，可以看到系统提供了几种需要计算的数据组合，用户可以根据具体仿真的要求加以选择，系统默认为"Nude Voltage，Supply Current，Device Current any Power"。

一般来说，应设置为"Active Signals"，这样一方面可以灵活选择所要观测的信号，另一方面也减少了仿真的计算量，提高了效率。

（2）"Sheets to Netlist"：该下拉列表框用于设置仿真程序作用的范围。

- "Active sheet"：当前的电路仿真原理图。
- "Active project"：当前的整个项目。

（3）"SimView Setup"：该下拉列表框用于设置仿真结果的显示内容。

- "Keep last setup"：按照上一次仿真操作的设置在仿真结果图中显示信号波形，忽略"Active Signals"栏中所列出的信号。
- "Show active signals"：按照"Active Signals"栏中所列出的信号，在仿真结果图中进行显示。一般应设置为"Show active signals"。

（4）"Available Signals"：该列表框中列出了所有可供选择的观测信号，具体内容随着"Collect Data For"列表框的设置变化而变化，即对于不同的数据组合，可以观测的信号是不同的。

（5）"Active Signals"：该列表框列出了仿真程序运行结束后，能够立刻在仿真结果图中显示的信号。

在"Active Signals"列表框中选中某一个需要显示的信号后，如选择"IN"，单击 > 按钮，可以将该信号加入到"Active Signals"列表框，以便在仿真结果图中显示。单击 < 按钮则可以将"Active Signals"列表框中某个不需要显示的信号移回"Available Signals"列表

框。或者，单击 >> 按钮，直接将全部可用的信号加入到"Active Signals"列表框中。单击 << 按钮，则将全部活动信号移回"Available Signals"列表框中。

上面讲述的是在仿真运行前需要完成的通用参数设置。而对于用户具体选用的仿真方式，还需要进行一些特定参数的设定。

10.4.2　仿真方式的具体参数设置

在 Protel 99 SE 系统中，共提供了 10 种仿真方式，具体如下：

- "Operating Point Analysis"：工作点分析。
- "Transient/Fourier Analysis"：瞬态特性分析与傅里叶分析。
- "DC Sweep Analysis"：直流传输特性分析。
- "AC Small Signal Analysis"：交流小信号分析。
- "Noise Analysis"：噪声分析。
- "Transfer Function Analysis"：传递函数分析。
- "Temperature Sweep"：温度扫描。
- "Parameter Sweep"：参数扫描。
- "Monte Carlo Analysis"：蒙特卡罗分析。
- "Advanced Options"：设置仿真的高级参数。

下面分别介绍各种仿真方式的功能特点及参数设置。

10.4.3　"Operating Point"（工作点分析）

所谓工作点分析，就是静态工作点分析，这种方式是在分析放大电路时提出来的。当把放大器的输入信号短路时，放大器就处在无信号输入状态，即静态。若静态工作点选择不合适，则输出波形会失真，因此设合适的静态工作点是放大电路正常工作的前提。

在该分析方式中，所有的电容都将被看作开路，所有的电感都被看作短路，之后计算各个节点的对地电压，以及流过每一元器件的电流。由于方式比较固定，因此，不需要再进行特定参数的设置，使用该方式时，只需要选中即可运行。

一般来说，在进行瞬态特性分析和交流小信号分析时，仿真程序都会先执行工作点分析，以确定电路中非线件元件的线性化参数初始值。因此，通常情况下应选中该项。

10.4.4　"Transient/Fourier"（瞬态特性与傅里叶分析）

瞬态特性分析与傅里叶分析是电路仿真中经常使用的仿真方式。瞬态特性分析是一种时域仿真分析方式，通常是从时间零开始，到用户规定的终止时间结束，在一个类似示波器的窗口中，显示出观测信号的时域变化波形。

傅里叶分析是与瞬态特性分析同时进行的，属于频域分析，用于计算瞬态分析结果的一部分。在仿真结果图中将显示出观测信号的直流分量、基波及各次谐波的振幅与相位。

在分析设定对话框中选中"Transient/Fourier"复选框，相应的参数设置如图 10-2 所示。

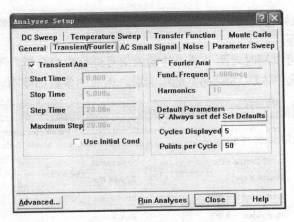

图 10-2 瞬态特性分析与傅里叶分析的仿真参数

各参数的含义如下：

- "Start Time"：瞬态仿真分析的起始时间设置，通常设置为 0。
- "Stop Time"：瞬态仿真分析的终止时间设置，需要根据具体的电路来调整设置。若设置太小，则用户无法观测到完整的仿真过程，仿真结果中只显示一部分波形，不能作为仿真分析的依据。若设置太大，则有用的信息会被压缩在一小段区间内，同样不利于分析。
- "Step Time"：仿真的时间步长设置，同样需要根据具体的电路来调整。设置太小，仿真程序的计算量会很大，运行时间过长。设置太大，则仿真结果粗糙，无法真切地反映信号的细微变化，不利于分析。
- "Maximum Step Tune"：仿真的最大时间步长设置，通常设置为与时间步长值相同。
- "Use Intial Conditions"：该复选框用于设置电路仿真时，是否使用初始设置条件，一般应选中。
- "Fourier Analysis"：该复选框用于设置电路仿真时，是否进行傅里叶分析。
- "Fund. Frequency"：傅里叶分析中的基波频率设置。
- "Harmonics"：傅里叶分析中的谐波次数设置，通常使用系统默认值 10 即可。
- "Always set defaults"：该复选框用于设置在电路仿真时，是否采用系统的默认设置。若选中了该复选框，则所有的参数选项颜色都将变成灰色，不再允许用户修改设置。通常情况下，为了获得较好的仿真效果，用户应对各参数进行手工调整配置，不应该选中该复选框。
- Set Defaults：单击该按钮，可以将所有参数恢复为默认值。
- "Cycles Displayed"：电路仿真时显示的波形周期数设置。
- "Points Per Cycle"：每一显示周期中的点数设置，其数值多少决定了曲线的光滑程度。

10.4.5 "DC Sweep"（直流传输特性分析）

直流传输特性分析是指在一定的范围内，通过改变输入信号源的电压值，对节点进行静态工作点的分析。根据所获得的一系列直流传输特性曲线，可以确定输入信号、输出信号的最大范围及噪声容限等。

该仿真分析方式可以同时对两个节点的输入信号进行扫描分析，不过计算量会相当大。在分析设定对话框中选中"DC Sweep"选项卡后，相应的参数如图 10-3 所示。

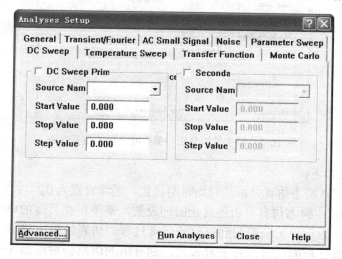

图 10-3　直流传输特性分析的仿真参数

各参数的具体含义如下：

- "Source Name"下拉列表框：用来设置直流传输特性分析的第一个输入激励源。选中该项后，其右边会出现一个下拉列表框，供用户选择输入激励源。
- "Start Value"文本框：激励源信号幅值的初始值设置。
- "Stop Value"文本框：激励源信号幅值的终止值设置。
- "Step Value"文本框：激励源信号幅值变化的步长设置，用于在扫描范围内指定主电源的增量值，通常可以设置为幅值的 1%或 2%。
- "Secondary"复选框：用于选择是否设置进行直流传输特性分析的第二个输入激励源。选中该复选框后，就可以对第二个输入激励源的相关参数进行设置，设置内容及方式都与上面相同。

10.4.6 "AC Small Signal"（交流小信号分析）

交流小信号分析主要用于分析仿真电路的频率响应特性，即输出信号随输入信号的频率变化而变化的情况，借助于该仿真分析方式，可以得到电路的幅频特性和相频特性。

在分析设定对话框中选中"AC Small Signal"选项后，相应的参数如图 10-4 所示。各参数的含义如下：

- "Start Frequency"文本框：交流小信号分析的起始频率设置。
- "Stop Frequency"文本框：交流小信号分析的终止频率设置。
- "Sweep Type"选项组：扫描方式设置，有 3 种选择。

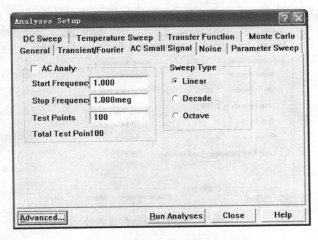

图 10-4　交流小信号分析的仿真参数

- ◎ "Linear"单选项：扫描频率采用线性变化的方式，在扫描过程中，下一个频率值是由当前值加上一个常量而得到，适用于带宽较窄的情况。
- ◎ "Decade"单选项：扫描频率采用 10 倍频变化的方式进行对数扫描，下一个频率值是由当前值乘以 10 而得到，适用于带宽特别宽的情况。
- ◎ "Octave"单选项：扫描频率以倍频程变化的方式进行对数扫描，下一个频率值是由当前值乘以一个大于 1 的常数而得到，适用于带宽较宽的情况。
- ● "Test Points"文本框：交流小信号分析的测试点数目设置。
- ● "Total Test Points"文本框：交流小信号分析的总测试点数目设置，通常使用系统的默认值即可。

10.4.7 "Noise"（噪声分析）

噪声分析一般是和交流小信号分析一起进行的。在实际的电路中，由于各种因素的影响，总是会存在各种各样的噪声，这些噪声分布在很宽的频带内，每个元件对于不同频段上的噪声敏感程度是不同的。

在噪声分析时，电容、电感和受控源应被视为无噪声的元器件。对交流小信号分析中的每一个频率，电路中的每一个噪声源（电阻或者运放）的噪声电平都会被计算出来，它们对输出节点的贡献通过将各均方值相加而得到。

在电路设计中，使用 Protel 99 SE 仿真程序，可以测量和分析以下几种噪声：

- ● 输出噪声：在某个特定的输出节点处测量得到的噪声。
- ● 输入噪声：在输入节点处测量得到的噪声。
- ● 器件噪声：每个器件对输出噪声的贡献。输出噪声的大小就是所有产生噪声的器件噪声的叠加。

在分析设定对话框中选中"Noise"选项卡后，相应的参数如图 10-5 所示。各参数的含义如下：

- ● "Noise Source"下拉列表框：选择一个用于计算噪声的参考信号源。选中该项后，其右边会出现一个下拉列表框，供用户进行选择。

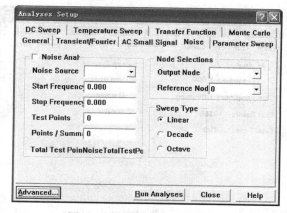

图 10-5　噪声分析的仿真参数

- "Start Frequency"文本框：扫描起始频率设置。
- "Stop Frequency"文本框：扫描终止频率设置。
- "Sweep Type"选项组：扫描方式设置，与交流小信号分析中的扫描方式选择设置相同。
- "Test Points"文本框：噪声分析的测试点数目设置。
- "Points/Summary"文本框：用于指定计算噪声的范围。如果输入 0，标识只计算输入和输出噪声。如果输入 1，标识同时计算各个器件噪声。
- "Output Node"下拉列表框：噪声分析的输出节点设置。选中该项后，其右边会出现一个下拉列表框，供用户选择需要的噪声输出节点，如"IN"、"OUT"等。
- "Reference Node"下拉列表框：噪声分析的参考节点设置。通常设置为 0，表示以接地点作为参考点。
- "Total Test Points"文本框：噪声分析的总测试点数目设置。

10.4.8　"Transfer Function"（传递函数分析）

传递函数分析主要用于计算电路的直流输入、输出阻抗。在分析设定对话框中选中"Transfer Function"选项卡后，相应的参数如图 10-6 所示。

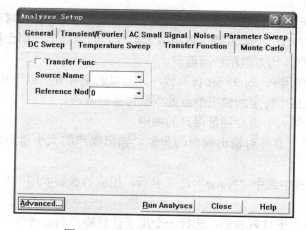

图 10-6　传递函数分析的仿真参数

各参数的含义如下：
- "Source Name" 下拉列表框：设置参考的输入信号源。
- "Reference Node" 下拉列表框：设置参考节点。

10.4.9 "Temperature Sweep"（温度扫描）

温度扫描是指在一定的温度范围内，通过对电路的参数进行各种仿真分析，如：瞬态特性分析、交流小信号分析、直流传输特性分析、传递函数分析等，从而确定电路的温度漂移等性能指标。

在分析设定对话框中选中"Temperature Sweep"选项卡后，相应的参数如图 10-7 所示。

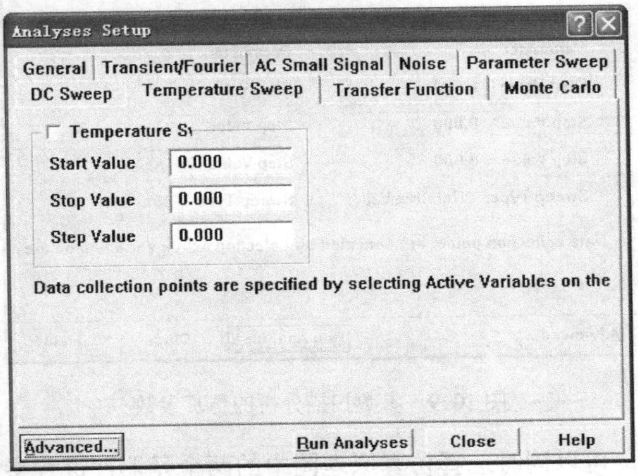

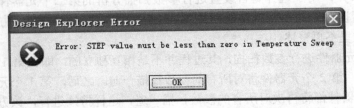

图 10-7 温度扫描分析的仿真参数

各参数的含义如下：
- "Start Value" 文本框：扫描起始温度设置。
- "Stop Value" 文本框：扫描终止温度设置。
- "Step Value" 文本框：扫描步长设置。

需要注意的是：温度扫描分析不能单独运行，应该在运行工作点分析、交流小信号分析、直流传输特性分析、噪声分析、瞬态特性分析及传递函数分析中的一种或几种仿真方式时方可进行。

仿真时，如果仅仅选择了温度扫描的分析方式，系统会弹出如图 10-8 所示的提示框，提示用户应在分析设定对话框中选择与温度扫描相配合的仿真方式，之后方可进行仿真。

图 10-8 与温度扫描相配合的仿真方式选择提示框

10.4.10 "Parameter Sweep"（参数扫描）

参数扫描分析主要用于研究电路中某一元件的参数发生变化时对整个电路性能的影响，借助于该仿真方式，可以确定某些关键元器件的最优化参数值，以获得最佳的电路性能。该分析方式与上述的温度扫描分析类似，只有与其他的仿真方式中的一种或几种同时运行时才有意义。

在分析设定对话框中选中"Parameter Sweep"选项卡后，相应的参数如图 10-9 所示。

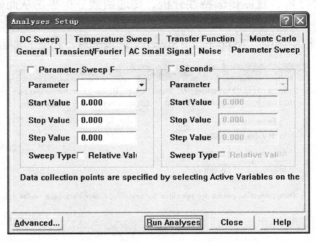

图 10-9　参数扫描分析的仿真参数

由图 10-9 看到，可以同时选择仿真原理图中的两个元器件进行参数扫描分析，各项参数的含义如下：

- "Sweep Function"：第一个进行参数扫描的元器件设置。选中该项后，其右边会出现一个下拉列表框，列出了仿真电路图中可以进行参数扫描的所有元器件，供用户选择。
- "Start Value"：进行参数扫描的元件初始值设置。
- "Stop Value"：进行参数扫描的元件终止值设置。
- "StepValue"：扫描变化的步长设置。
- "Sweep Type"：参数扫描的扫描方式设置，有两种选择："Absolute Values"（按照绝对值的变化计算）、"Relative Values"（按照相对值的变化计算），一般选择"Absolute Values"。
- "Secondary"：用于选择是否设置进行参数扫描分析的第二个元器件。选中该复选框后，就可以对第二个元器件的相关参数进行设置，设置的内容及方式都与上面完全相同，这里不再赘述。

同时对两个元器件进行参数扫描，其过程并不是相互独立的，即在第 1 个元器件参数保持不变的情况下，第 2 个元器件将对所有的参数扫描一遍。之后，第 1 个元器件的值每变化一步，第 2 个元器件都将再次对所有的参数扫描一遍，这样持续进行，该方法仿真计算量相当大，一般应单独进行。

10.4.11 "Monte Carlo"（蒙特卡罗分析）

蒙特卡罗分析是一种统计分析方法，借助于随机数发生器按元件值的概率分布来选择元件，然后对电路进行直流、交流小信号、瞬态特性等仿真分析。通过多次的分析结果估算出电路性能的统计分布规律，从而可以对电路生产时的成品率及成本等进行预测。

在分析设定对话框中选中"Monte Carlo"选项卡之后，系统出现相应的参数如图 10-10 所示。

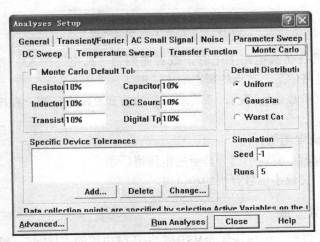

图 10-10 蒙特卡罗分析的仿真参数

各项参数的含义如下：
- "Seed"文本框：这时一个在仿真过程中随机产生的值，如果用随机数的不同序列来执行一个仿真，就需要改变该值，其默认设置值为-1。
- "Runs"文本框：仿真运行次数设置，系统默认为5。
- "Default Distribution"选项组：元件分布规律设置，有 3 种选择："Uniform"（均匀分布）、"Gaussian"（高斯分布）、"Worst Case"（最坏情况分布）。

10.5 电源及仿真激励源

Protel 99 SE 提供了多种电源和仿真激励源，存放在"Simulation Symbols.lib"集成库中，供用户选择。在使用时，均被默认为理想的激励源，即电压源的内阻为零，而电流源的内阻为无穷大。

仿真激励源就是仿真时输入到仿真电路中的测试信号，根据观察这些测试信号通过仿真电路后的输出波形，用户可以判断仿真电路中的参数设置是否合理。

常用的电源与仿真激励源有如下几种。

10.5.1 直流电压/电流源

直流电压源"VSRC"与直流电流源"ISRC"分别用来为仿真电路提供一个不变的电压信号或不变的电流信号，符号形式如图 10-11 所示。

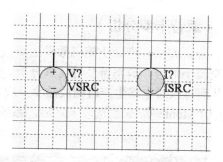

图 10-11　直流电压/电流源符号

这两种电源通常在仿真电路上电时，或者需要为仿真电路输入一个阶跃激励信号时使用，以便用户观测电路中某一节点的瞬态响应波形。

需要设置的仿真参数是相同的，双击新添加的仿真直流电压源，在出现的对话框中设置其属性参数。

- "Value"：直流电源值。
- "AC Magnitude"：交流小信号分析的电压值。
- "AC Phase"：交流小信号分析的相位值。

10.5.2　正弦信号激励源

正弦信号激励源包括正弦电压源"VSIN"与正弦电流源"ISIN"，用来为仿真电路提供正弦激励信号，符号形式如图 10-12 所示，需要设置的仿真参数是相同的。

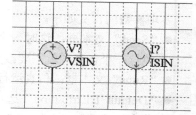

- "DC Magnitude"：正弦信号的直流参数，通常设置为"0"。
- "AC Magnitude"：交流小信号分析的电压值，通常设置为"1V"，如果不进行交流小信号分析，可以设置为任意值。
- "AC Phase"：交流小信号分析的电压初始相位值，通常设置为"0"。

图 10-12　正弦电压/电流源符号

- "Offset"：正弦波信号上叠加的直流分量，即幅值偏移量。
- "Amplitude"：正弦波信号的幅值设置。
- "Frequency"：正弦波信号的频率设置。
- "Delay"：正弦波信号初始的延时时间设置。
- "Damping Factor"：正弦波信号的阻尼因子设置，影响正弦波信号幅值的变化。设置为正值时，正弦波的幅值将随时间的增长而衰减。设置为负值时，正弦波的幅值则随时间的增长而增长。若设置为"0"，则意味着正弦波的幅值不随时间而变化。
- "Phase"：正弦波信号的初始相位设置。

10.5.3　周期脉冲源

周期脉冲源包括脉冲电压激励源"VPULSE"与脉冲电流激励源"IPULSE"，可以为仿真电路提供周期性的连续脉冲激励，其中脉冲电压激励源"VPULSE"在电路的瞬态特性分析中用得比较多。两种激励源的符号形式如图10-13所示，相应要设置的仿真参数也是相同的。

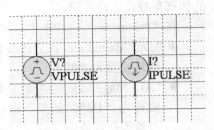

在"Parameters"选项卡中，各项参数的具体含义如下：

- "DC Magnitude"：脉冲信号的直流参数，通常设置为"0"。
- "AC Magnitude"：交流小信号分析的电压值，通常设置为"1V"，如果不进行交流小信号分析，可以设置为任意值。

图10-13 脉冲电压/电流源符号

- "AC Phase"：交流小信号分析的电压初始相位值，通常设置为"0"。
- "Initial Value"：脉冲信号的初始电压值设置。
- "Pulsed Value"：脉冲信号的电压幅值设置。
- "Time Delay"：初始时刻的延迟时间设置。
- "Rise Time"：脉冲信号的上升时间设置。
- "Fall Time"：脉冲信号的下降时间设置。
- "Pulse Width"：脉冲信号的高电平宽度设置。
- "Period"：脉冲信号的周期设置。
- "Phase"：脉冲信号的初始相位设置。

10.5.4 分段线性激励源

分段线性激励源所提供的激励信号是由若干条相连的直线组成，是一种不规则的信号激励源，包括分段线性电压源"VPWL"与分段线性电流源"IPWL"两种，符号形式如图10-14所示。这两种分段线性激励源的仿真参数设置是相同的。

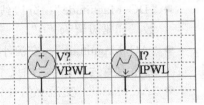

在"Parameters"选项卡中，各项参数的具体含义如下：

- "DC Magnitude"：分段线性电压信号的直流参数，通常设置为"0"。

图10-14 分段线性电压/电流源符号

- "AC Magnitude"：交流小信号分析的电压值，通常设置为"1V"，如果不进行交流小信号分析，可以设置为任意值。
- "AC Phase"：交流小信号分析的电压初始相位值，通常设置为"0"。
- "Time/Value Pairs"：分段线性电压信号在分段点处的时间值及电压值设置。其中时间为横坐标，电压为纵坐标，共有5个分段点。单击一次右侧的 Add... 按钮，可以添加一个分段点，而单击一次 Delete... 按钮，则可以删除一个分段点。

10.5.5 指数激励源

指数激励源包括指数电压激励源"VEXP"与指数电流激励源"IEXP"，用来为仿真电路提供带有指数上升沿或下降沿的脉冲激励信号，通常用于高频电路的仿真分析，符号形式

如图 10-15 所示。两者所产生的波形形式是一样的，相应
的仿真参数设置也相同。

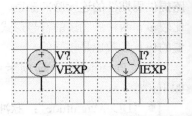

图 10-15 指数电压/电流源符号

在"Parameters"选项卡中，各项参数的具体含义如下：

- "DC Magnitude"：分段线性电压信号的直流参数，
  通常设置为"0"。
- "AC Magnitude"：交流小信号分析的电压值，通常
  设置为"1V"，如果不进行交流小信号分析，可以
  设置为任意值。
- "AC Phase"：交流小信号分析的电压初始相位值，通常设置为"0"。
- "Initial Value"：指数电压信号的初始电压值。
- "Pulsed Value"：指数电压信号的跳变电压值。
- "Rise Delay Time"：指数电压信号的上升延迟时间。
- "Rise Time Constant"：指数电压信号的上升时间。
- "Fall Delay Time"：指数电压信号的下降延迟时间。
- "Fall Time Constant"：指数电压信号的下降时间。

10.5.6 单频调频激励源

单频调频激励源用来为仿真电路提供一个单频调频的激励波形，包括单频调频电压源
"VSFFM"与单频调频电流源"ISFFM"两种，符号形
式如图 10-16 所示，相应需要设置仿真参数。

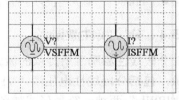

在"Parameters"选项卡中，各项参数的具体含义
如下：

- "DC Magnitude"：分段线性电压信号的直流参
  数，通常设置为"0"。

图 10-16 单频调频电压/电流源符号

- "AC Magnitude"：交流小信号分析的电压值，
  通常设置为"1V"，如果不进行交流小信号分析，可以设置为任意值。
- "AC Phase"：交流小信号分析的电压初始相位值，通常设置为"0"。
- "Offset"：调频电压信号上叠加的直流分量，即幅值偏移量。
- "Amplitude"：调频电压信号的载波幅值。
- "Carrier Frequency"：调频电压信号的载波频率。
- "Modulation Index"：调频电压信号的调制系数。
- "Signal Frequency"：调制信号的频率。

根据以上的参数设置，输出的调频信号表达式为：

$$V(t) = V_o + V_A \times \sin[2\pi F_c t + M \sin(2\pi F_s t)]$$

V_o = "Offest"，V_A = "Amplitude"，F_c = "Carrier Frequency"，F_s = "Signal Frequency"。

这里介绍了几种常用的仿真激励源及仿真参数的设置。此外，在 Protel 99 SE 中还有线
性受控源、非线性受控源等，在此不再一一赘述，用户可以参照上面所讲述的内容，自己练
习使用其他的仿真激励源并进行有关仿真参数的设置。

10.6　特殊仿真元器件的参数设置

在仿真过程中，有时还会用到一些专用于仿真的特殊元器件，它们存放在系统提供的"Simulation Symbols.Lib"集成库中，这里做一个简单的介绍。

10.6.1　节点电压初值

节点电压初值".IC"主要用于为电路中的某一节点提供电压初值，与电容中的"Intial Voltage"参数的作用类似。设置方法很简单，只要把该元件放在需要设置电压初值的节点上，通过设置该元件的仿真参数即可为相应的节点提供电压初值，如图10-17所示。

需要设置的".IC"元件仿真参数只有一个，即节点的电压初值。

在"Parameter"选项卡中，只有一项仿真参数"Intial Voltage"，用于设定相应节点的电压初值，这里设置为"0V"。设置了有关参数后的".IC"元件如图10-18所示。

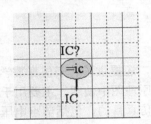

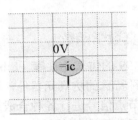

图10-17　放置的".IC"元件　　　　图10-18　设置完参数的".IC"元件

使用".IC"元件为电路中的一些节点设置电压初值后，用户采用瞬态特性分析的仿真方式时，若选中了"Use Intial Conditions"复选框，则仿真程序将直接使用".IC"元件所设置的初始值作为瞬态特性分析的初始条件。

当电路中有储能元件（如电容）时，如果在电容两端设置了电压初始值，而同时在与该电容连接的导线上也放置了".IC"元件，并设置了参数值，那么此时进行瞬态特性分析时，系统将使用电容两端的电压初始值，而不会使用".IC"元件的设置值，即一般元器件的优先级高于".IC"元件。

10.6.2　节点电压的收敛值

在对双稳态或单稳态电路进行瞬态特性分析时，节点电压".NS"用来设定某个节点的电压预收敛值。如果仿真程序计算出该节点的电压小于预设的收敛值，则去掉".NS"元件所设置的收敛值，继续计算，直到算出真正的收敛值为止，即".NS"元件是求节点电压收敛值的一个辅助手段。

设置方法很简单，只要把该元件放在需要设置电压预收敛值的节点上，通过设置该元件的仿真参数即可为相应的节点设置电压预收敛值，如图10-19所示。

需要设置的".NS"元件仿真参数只有一个，即节点的电压预收敛值。

在"Parameter"选项卡中，只有一项仿真参数"Intial Voltage"，用于设定相应节点的电压预收敛值，这里设置为"10V"。设置完毕有关参数后的".NS"元件如图10-20所示。

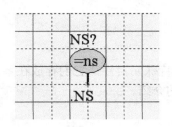

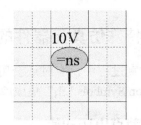

图 10-19　放置的 ".NS" 元件　　　　　图 10-20　设置完参数的 ".NS" 元件

若在电路的某一节点处，同时放置了 ".IC" 元件与 ".NS" 元件，则仿真时 ".IC" 元件的设置优先级将高于 ".NS" 元件。

综上所述，初始状态的设置共有 3 种途径：".IC" 设置、".NS" 设置和定义器件属性。在电路模拟中，如有这 3 种或两种共存时，在分析中优先考虑的次序是定义器件属性、".IC" 设置、".NS" 设置。如果 ".NS" 和 ".IC" 共存时，则 ".IC" 设置将取代 ".NS" 设置。

10.6.3　仿真数学函数

在 SIM 99 的仿真元件库（Library/Sch/Sim.ddb）中，还提供了若干仿真数学函数，它们同样作为一种特殊的仿真元器件，可以放置在电路仿真原理图中使用。主要用于对仿真原理图中的两个节点信号进行各种合成运算，以达到一定的仿真目的，包括节点电压的加、减、乘、除，以及支路电流的加、减、乘、除等运算，也可以用于对一个节点信号进行各种变换，如：正弦变换、余弦变换、双曲线变换等。

仿真数学函数存放在 "Math.Lib" 文件中，只需要把相应的函数功能模块放到仿真原理图中需要进行信号处理的地方即可，仿真参数不需要用户自行设置。

如图 10-21 所示，为两个节点电压信号进行相加运算的仿真数学函数 "ADDV"。

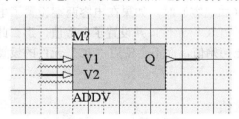

图 10-21　仿真数学函数 "ADDV"

10.6.4　仿真数学函数的应用

设计使用相关的仿真数学函数，对某一输入信号进行正弦变换和余弦变换，然后叠加输出。

（1）新建一个原理图文件，另存为 "仿真数学函数.Sch"。

（2）在系统提供的集成库中，找到 "Simulation Symbols.Lib" 和 "Math.Lib"，并进行加载。

（3）打开集成库 "Math.Lib"，找到正弦变换函数 "SINV"、余弦变换函数 "COSV" 及电压相加函数"ADDV"，分别放置在原理图中，如图 10-22 所示。

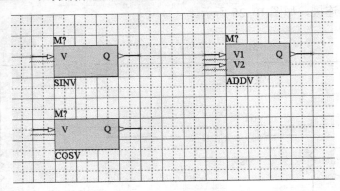

图 10-22　放置数学函数

（4）在"Libraries"面板中，打开集成库"Miscellaneous Devices.Lib"，找到元件"Res3"，在原理图中放置两个接地电阻，并完成相应的电气连接，如图 10-23 所示。

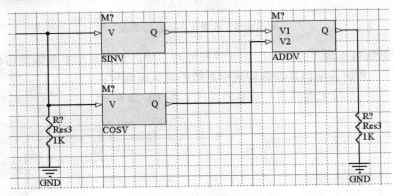

图 10-23　放置接地电阻并连接

（5）双击电阻，系统弹出属性设置对话框，相应的仿真参数即电阻值均设置为"1K"。

（6）左键双击每一个仿真数学函数，进行参数设置，在弹出元件属性对话框中，只需设置标识符即可。设置好的原理图如图 10-24 所示。

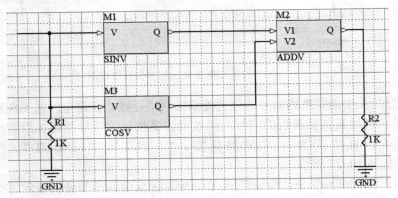

图 10-24　设置好元件参数的原理图

（7）打开集成库"Simulation Symbols.Lib"，找到正弦电压源"VSIN"，放置在仿真原理图中，并进行接地连接，如图 10-25 所示。

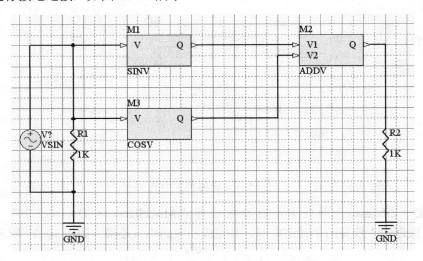

图 10-25　放置正弦电压源激励

（8）双击正弦电压源，弹出相应的元件属性对话框，设置其基本参数及仿真参数。标识符输入为"V1"，其他各项仿真参数均采用系统的默认值即可。

（9）单击 OK 按钮返回后，仿真原理图如图 10-26 所示。

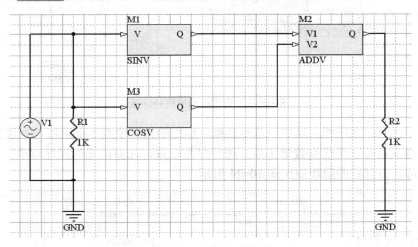

图 10-26　设置好仿真激励源的仿真原理图

（10）在原理图中需要观测信号的位置处添加网络标签。在这里，需要观测的信号有 4 个：输入信号、经过正弦变换后的信号、经过余弦变换后的信号及相加后输出的信号。因此，在相应的位置处放置 4 个网络标签："INPUT"、"SINOUT"、"COSOUT"、"OUTPUT"，如图 10-27 所示。

（11）执行"Simulate"→"Setup"菜单命令，在系统弹出的分析设定对话框中先进行通用参数设置。

将"Collect Data For"栏设置为"Active Signals","Sheets to Netlist"栏设置为"Active Sheet","SimView Setup"栏设置为"Show Active Signals"。

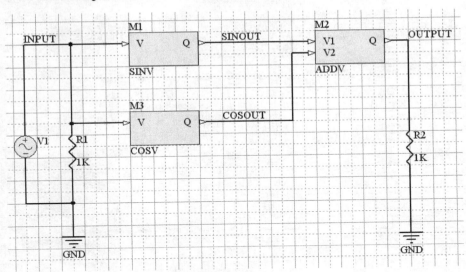

图 10-27　添加网络标签

将"Available Signals"栏内的"INPUT"、"SINOUT"、"COSOUT"、"OUTPUT"右移到"Active Signals"内。

（12）完成通用参数的设置后，在"Transient/Fourier"选项卡中，选中"Transient Analysis"及"Fourier Analysis"复选框。"Transient/Fourier"选项卡中各项参数的设置如图 10-28 所示。

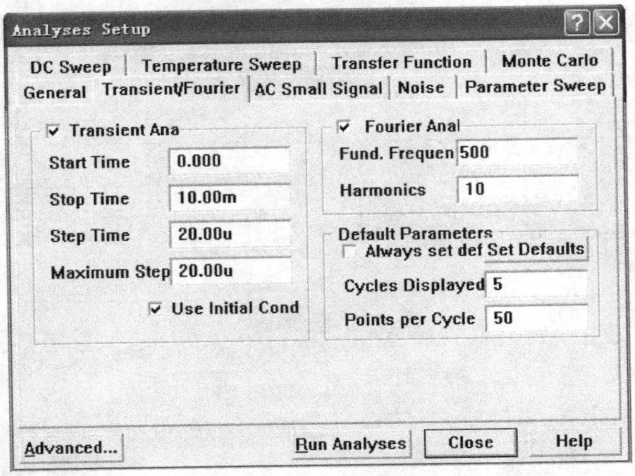

图 10-28　瞬态特性分析与傅里叶分析的参数设置

（13）瞬态仿真分析的起始时间设置为"0.000"，终止时间设置为"10.00m"，时间步长及最大时间步长设置为"20.00u"，选中"Use Intial Conditions"复选框及"Fourier Anal"复选框，傅里叶分析中的基波频率设置为"500"。

（14）设置完毕，单击 [OK] 按钮，则系统开始电路仿真，瞬态仿真分析和傅里叶分析的仿真结果如图 10-29 和图 10-30 所示。

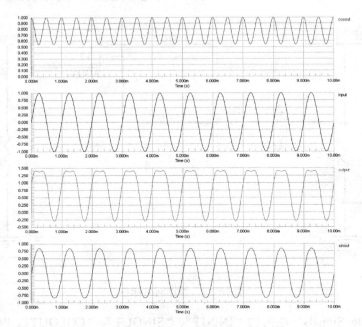

图 10-29　瞬态仿真分析波形

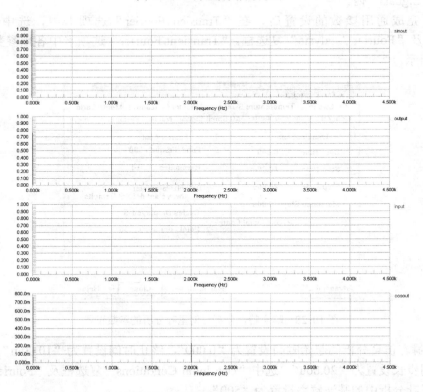

图 10-30　傅里叶分析的仿真波形

图中分别显示了所要观测的 4 个信号的时域波形及频谱组成。在给出波形的同时，系统还为所观测的节点生成了傅里叶分析的相关数据，保存在后缀名为".sim"的文件中，如图 10-31 所示是该文件中与输出信号"OUTPUT"有关的数据。

```
Fourier analysis for output:
  No. Harmonics: 10, THD: 1.9454E7 %, Gridsize: 200, Interpolation Degree: 1

Harmonic   Frequency      Magnitude      Phase          Norm. Mag      Norm. Phase
--------   ---------      ---------      -----          ---------      -----------
0          0.00000E+000   7.65250E-001   0.00000E+000   0.00000E+000   0.00000E+000
1          5.00000E+002   4.67234E-006   9.18000E+001   0.00000E+000   0.00000E+000
2          1.00000E+003   8.78940E-001   3.79477E-004   1.88116E+005   -9.17996E+001
3          1.50000E+003   4.67234E-006   9.54000E+001   0.00000E+000   3.60000E+000
4          2.00000E+003   2.28376E-001   8.99983E+001   4.88783E+004   -1.80166E+000
5          2.50000E+003   4.67234E-006   9.90000E+001   1.00000E+000   7.20000E+000
6          3.00000E+003   3.85152E-002   -8.04524E-003  8.24324E+003   -9.18080E+001
7          3.50000E+003   4.67234E-006   1.02600E+002   1.00000E+000   1.08000E+001
8          4.00000E+003   4.88672E-003   9.01489E+001   1.04588E+003   -1.65110E+000
9          4.50000E+003   4.67234E-006   1.06200E+002   1.00000E+000   1.44000E+001
```

图 10-31　输出信号的傅里叶分析数据

表明了直流分量为 0V，同时给出了基波和 2～9 次谐波的幅度、相位值，以及归一化的幅度、相位值等。

傅里叶变换分析是以基频为步长进行的，因此，基频越小，得到的频谱信息就越多。但是，基频的设定是有下限限制的，并不能无限小，其所对应的周期一定要小于或等于仿真的终止时间。

10.7　电路仿真的基本方法

下面结合一个实例介绍电路仿真的基本方法：

（1）启动 Protel 99 SE，打开如图 10-32 所示的电路原理图。

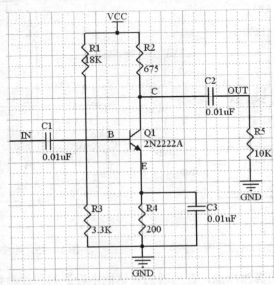

图 10-32　待分析的电路原理图

（2）执行"PLD"→"Compile"菜单命令。启动命令后，将自动检查原理图文件是否有错，如有错误应该予以纠正。

（3）执行"Design"→"Add/Remove Libraries"菜单命令，在出现的"打开"对话框中选择 Protel 99 SE 安装目录"/Library/Sch/Sim.ddb"，如图 10-33 所示。单击 OK 按钮，即可完成仿真库的添加。

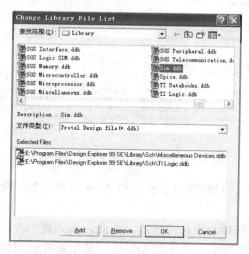

图 10-33　选择仿真库

（4）选择"Simulation Symbols.Lib"集成库，其中该仿真库包含了各种仿真电源和激励源。选择名为"VSIN"的激励源，然后将其拖入原理图编辑区中，如图 10-34 所示。选择放置导线工具，将激励源和电路连接起来，然后再添加上电源地，如图 10-35 所示。

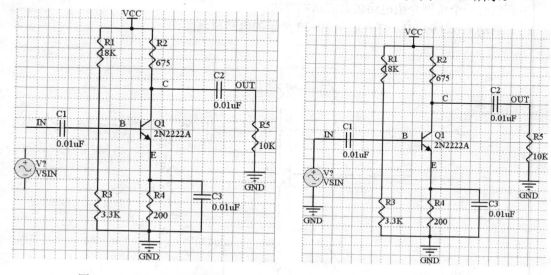

图 10-34　添加仿真激励源　　　　　　　　图 10-35　连接激励源并添加接地

（5）双击新添加的仿真激励源，在出现的对话框中设置其属性参数。

（6）对于仿真电源或激励源，也需要设置其参数。按照电路的实际需求设置即可。

（7）设置完成后单击 OK 按钮，返回到电路原理图编辑环境。

（8）同样的方法，再添加一个仿真电源，如图 10-36 所示。

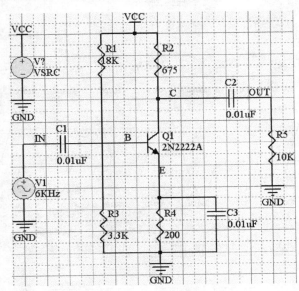

图 10-36　添加仿真参考电源

（9）双击已添加的仿真电源，在出现的"Component Properties"对话框中设置其属性参数，这里设置参考电源为 15V。

（10）设置完成后单击 OK 按钮，返回原理图编辑环境。

（11）执行"Design"→"Compile Document..."菜单命令编译当前的原理图，编译无误后分别保存原理图文件和项目文件。

（12）执行"Simulate"→"Setup"菜单命令，系统弹出"Analyses Setup"对话框，选择"General Setup"选项，再右窗格中设置需要观察的节点，即要获得的仿真波形。

（13）选择要采用的分析方法并设置相应的参数。如图 10-37 所示，为选择的"Transient Analysis"复选框设置选项。

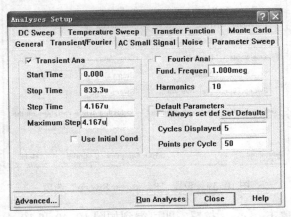

图 10-37　设置"Transient/Fourier"选项卡

（14）设置完成后单击 OK 按钮，即可得到如图10-38所示的仿真波形。

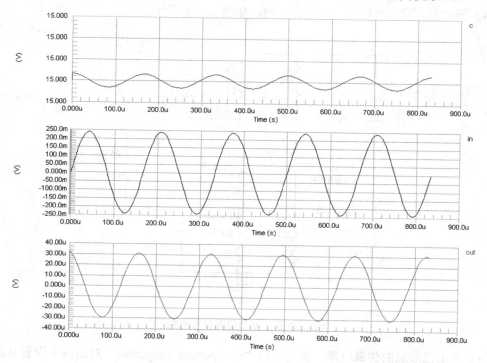

图10-38　仿真波形

（15）保存仿真波形图，然后返回到原理图编辑环境。

（16）再次执行"Simulate"→"Setup"菜单命令，系统弹出"Analyses Setup"对话框，选中"Parameter Sweep"复选框，设置需要扫描的元器件以及参数的初始值、终止值、步长等，如图10-39所示。

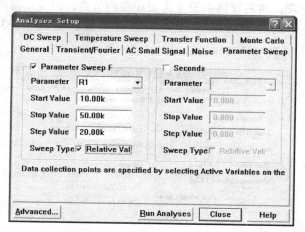

图10-39　设置"Parameter Sweep"选项

（17）设置完成后单击 OK 按钮，即可得到如图10-40和10-41所示的仿真波形。

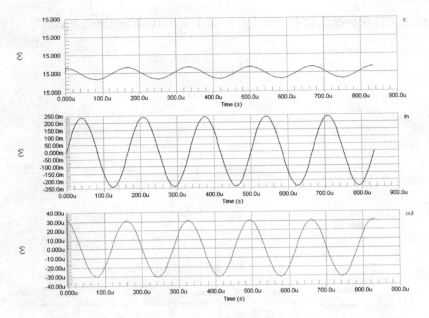

图 10-40　仿真波形

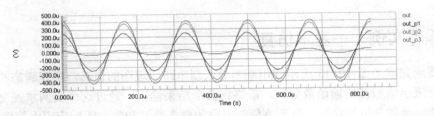

图 10-41　仿真波形

（18）在左侧 "Browse Sim Data" 面板中 "Waveforms" 选项组中单击的 [New] 按钮，如图 10-42 所示，弹出 "Creat New Waveform" 对话框，如图 10-43 所示，设置生成新波形，如图 10-44 所示，在左侧面板上显示；选择 "Browse Sim Data" 面板下 Single 单选项，新建波形如图 10-45 所示。

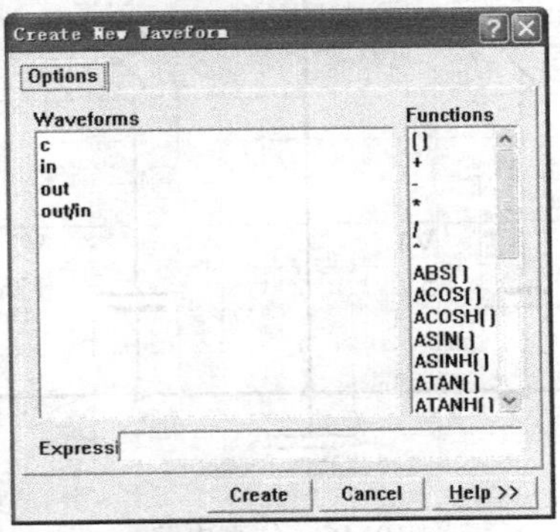

图 10-42　"Waveforms" 选项组

图 10-43　"Creat New Waveform" 对话框

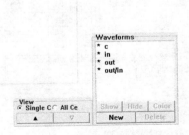

图 10-44　新建波形图设置

（19）结果文件保存在光盘中"源文件>>第十章>>10.6>>电路仿真.ddb"。

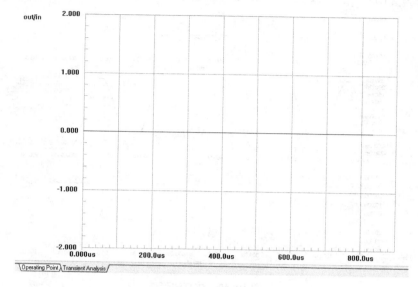

图 10-45　新建仿真波形

10.8　操作实例——基本仿真

本节要求完成如图 10-46 所示通用基本放大器电路原理图的仿真，实现瞬态特性、直流工作点、交流小信号及传输函数分析，最终将波形结果输出。通过这个实例掌握交流小信号分析以及传输函数分析等功能，从而方便在电路的频率特性和阻抗匹配应用中使用 Protel 99 SE 完成相应的仿真分析。

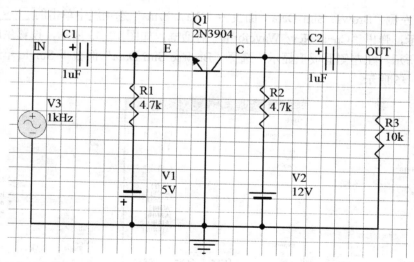

图 10-46　仿真电路

（1）执行"Files"→"Open"菜单命令，在弹出的打开工程文件对话框中，选择文件"Common-Base Amplifier.Ddb"，如图 10-47 所示。

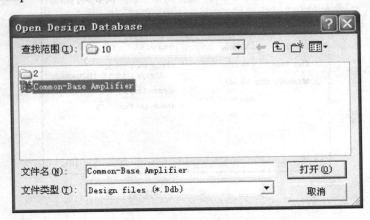

图 10-47 "Open Design Database"对话框

（2）单击 打开(0) 按钮，打开工程文件，打开 "Document"文件夹下的"Common-Base Amplifier.sch"文件，进入原理图编辑环境。

（3）执行"Simulate"→"Setup"菜单命令，系统弹出仿真分析设置对话框。选中直流点分析、瞬态特性分析分析，并选择观察信号 IN 和 OUT，如图 10-48 所示。

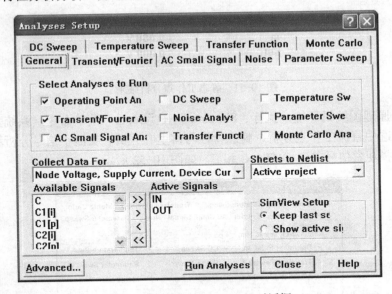

图 10-48 "Analyses Setup"对话框

（4）单击"Analyses/Options"栏中的"Transient/Fourier Analysis"复选框，设置"Transient/ Fourier Analysis"参数，如图 10-49 所示。

（5）设置好参数后，单击 Run Analyses 按钮进行仿真。系统先后进行瞬态特性分析直流传输特性分析分析，其结果如图 10-50、图 10-51 所示。

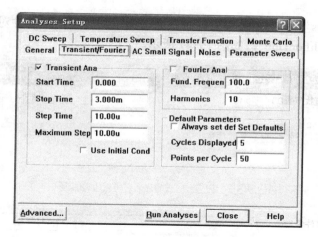

图 10-49 瞬态特性的参数设置

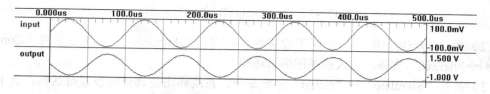

图 10-50 瞬态特性分析结果

in	0.000 V
out	0.000 V

图 10-51 静态工作点分析结果

（6）返回原理图编辑环境，执行"Simulate"→"Setup"菜单命令，系统弹出仿真分析设置对话框。选中直流工作点分析、瞬态特性与傅里叶分析、交流小信号分析和直流传输特性分析，并选择观察信号 IN、OUT、C 和 E，如图 10-52 所示。

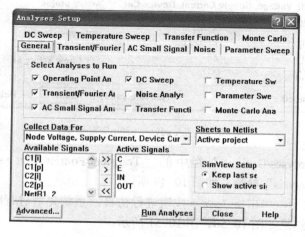

图 10-52 选择信号

（7）单击"Analyses/Setup"对话框中的"DC Sweep"选项卡，设置"DC Sweep"的参数，如图 10-53 所示。

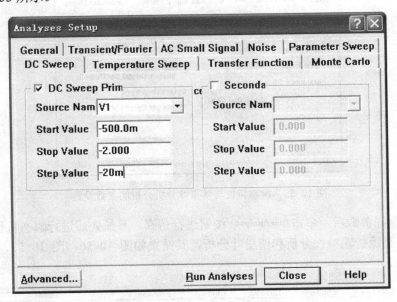

图 10-53 直流传输特性的参数设置

（8）单击"Analyses/Setup"对话框中的"AC Small Signal"选项卡，设置"AC Small Signal"的参数，如图 10-54 所示。

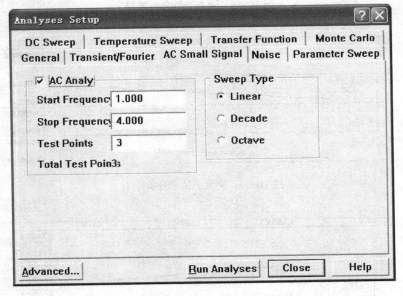

图 10-54 交流小信号分析的参数设置

（9）选中"Analyses/Setup"对话框中的"Transfer/Fourier"复选框，设置"Transfer/Fourier"的参数，如图 10-55 所示。

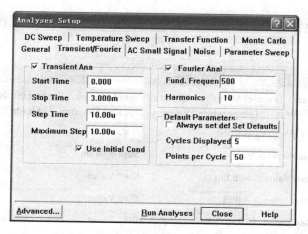

图 10-55 瞬态特性与傅里叶分析分析的参数设置

（10）设置好参数后，单击 <u>R</u>un Analyses 按钮进行仿真。系统先后进行瞬态特性分析、交流小信号分析、直流传输特性分析和傅里叶分析，其结果如图 10-56、图 10-57、图 10-58 和图 10-59 所示。

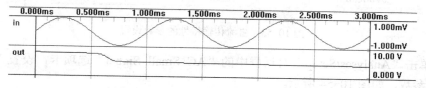

图 10-56 瞬态特性分析结果

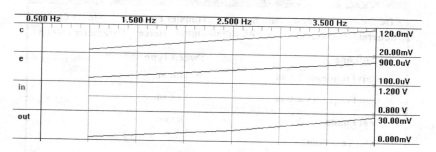

图 10-57 交流小信号分析结果

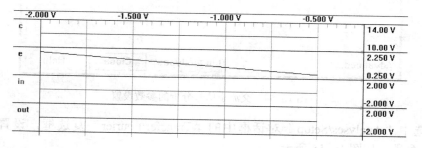

图 10-58 直流传输特性分析结果

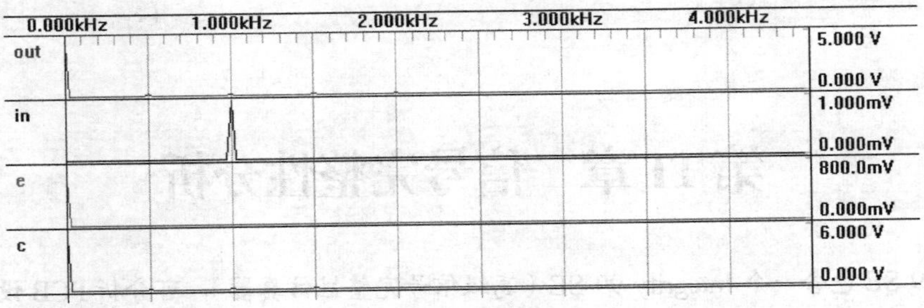

图 10-59 傅里叶分析结果

第11章　信号完整性分析

Protel 99 SE 包含一个 Integrity 99 SE（高级信号完整性仿真器），可分析 PCB 设计和检查设计参数，测试过冲、下冲、阻抗和信号斜率。如果 PCB 中任何一个设计要求（涉及规则指定的）有问题，即可对 PCB 执行反射或串扰分析，查明问题所在，并提供可能的解决方案。

信号完整性分析是重要的高速 PCB 板极和系统级分析与设计的手段，在硬件电路设计中发挥着越来越重要的作用。Protel 99 SE 提供了具有较强功能的信号完整性分析器，以及实用的 SI 专用工具，使 Protel 99 SE 用户能够在软件上就能模拟出整个电路板中各个网络的工作情况，同时还提供了多种补偿方案，帮助用户进一步优化自己的电路设计。

 知识点

- 信号完整性分析概述
- 信号完整性分析规则
- 信号完整性分析器

11.1　信号完整性分析概述

11.1.1　信号完整性分析概念

所谓信号完整性，顾名思义，就是指信号通过信号线传输后仍能保持完整，即仍能保持其正确的功能而未受到损伤的一种特性。具体来说，是指信号在电路中以正确的时序和电压做出响应的能力。当电路中的信号能够以正确的时序、要求的持续时间和电压幅度进行传送，并到达输出端时，说明该电路具有良好的信号完整性，而当信号不能正常响应时，就出现了信号完整性问题。

我们知道，一个数字系统能否正确工作，其关键在于信号定时是否准确，而信号定时与信号在传输线上的传输延迟，以及信号波形的损坏程度等有着密切的关系。质量差的信号完整性不是由某一个单一因素导致的，而是由板级设计中的多种因素共同引起的。仿真证实：由于集成电路的切换速度过高，端接元件的布设不正确，电路的连接不合理等都会引发信号完整性问题。

常见的信号完整性问题主要有如下几种。

（1）传输延迟（Transmission Delay）

传输延迟表明数据或时钟信号没有在规定的时间内以一定的持续时间和幅度到达接收端。信号延迟是由驱动过载、走线过长的传输线效应引起的，传输线上的等效电容、电感会对信号的数字切换产生延时，影响集成电路的建立时间和保持时间。集成电路只能按照规定的时序来接收数据，延时足够长会导致集成电路无法正确判断数据，则电路将工作不正常甚至完全不能工作。

在高频电路设计中，信号的传输延迟是一个无法完全避免的问题，为此引入了一个延迟容限的概念，即在保证电路能够正常工作的前提下，所允许的信号最大时序变化量。

（2）串扰（Crosstalk）

串扰是没有电气连接的信号线之间的感应电压和感应电流所导致的电磁耦合。这种耦合会使信号线起着天线的作用，其容性耦合会引发耦合电流，感性耦合会引发耦合电压，并且随着时钟速率的升高和设计尺寸的缩小而加大。这是由于信号线上有交变的信号电流通过时，会产生交变的磁场，处于该磁场中的其他信号线会感应出信号电压。

PCB层的参数、信号线的间距、驱动端和接收端的电气特性及信号线的端接方式等都对串扰有一定的影响。

（3）反射（Reflection）

反射就是传输线上的回波，信号功率的一部分经传输线传给负载，另一部分则向源端反射。在高速设计中，可以把导线等效为传输线，而不再是集总参数电路中的导线，如果阻抗匹配（源端阻抗、传输线阻抗与负载阻抗相等），则反射不会发生。反之，若负载阻抗与传输线阻抗失配就会导致接收端的反射。

布线时产生的某些几何形状、不适当的端接、经过连接器的传输及电源平面不连续等因素均会导致信号的反射。由于反射，会导致传送信号出现严重的过冲（Overshoot）或下冲（Undershoot）现象，致使波形变形、逻辑混乱。

（4）接地反弹（Ground Bounce）

接地反弹是指由于电路中较大的电流涌动而在电源与接地平面间产生大量噪声的现象。如大量芯片同步切换时，会产生一个较大的瞬态电流从芯片与电源平面间流过，芯片封装与电源间的寄生电感、电容和电阻会引发电源噪声，使得零电位平面上产生较大的电压波动（可能高达2V），足以造成其他元器件误动作。

由于接地平面的分割（分为数字接地、模拟接地、屏蔽接地等），可能引起数字信号传到模拟接地区域时，产生接地平面回流反弹。同样，电源平面分割也可能出现类似危害。负载容性的增大、阻性的减小、寄生参数的增大、切换速度增高，以及同步切换数目的增加，均可能导致接地反弹增加。

除此之外，在高频电路的设计中还存在有其他一些与电路功能本身无关的信号完整性问题，如：PCB上的网络阻抗、电磁兼容性等。

因此，在实际制作PCB印制板之前进行信号完整性分析，以提高设计的可靠性，降低设计成本，应该说是非常必要的。

11.1.2　信号完整性分析工具

Protel 99 SE包含一个高级信号完整性仿真器，能分析PCB设计并检查设计参数，测试过冲、下冲、线路阻抗和信号斜率。如果PCB上任何一个设计要求（由DRC指定的）出现问题，即可对PCB进行反射或串扰分析，以确定问题所在。

Protel 99 SE的信号完整性分析和PCB设计过程是无缝连接的，该模块提供了极其精确的板级分析。能检查整板的串扰、过冲、下冲、上升时间、下降时间和线路阻抗等问题。在PCB制造前，用最小的代价来解决高速电路设计带来的问题和EMC/EMI（电磁兼容性/电磁抗干扰）等问题。

Protel 99 SE 的信号完整性分析模块的设计特性如下：

- 设置简单，可以像在 PCB 编辑器中定义设计规则一样定义设计参数。
- 通过运行 DRC，可以快速定位不符合设计需求的网络。
- 无须特殊的经验，可以从 PCB 中直接进行信号完整性分析。
- 提供快速的反射和串扰分析。
- 利用 I/O 缓冲器宏模型，无须额外的 SPICE 或模拟仿真知识。
- 信号完整性分析的结果采用示波器形式显示。
- 采用成熟的传输线特性计算和并发仿真算法。
- 用电阻和电容参数值对不同的终止策略进行假设分析，并可对逻辑块进行快速替换。
- 提供 IC 模型库，包括校验模型。
- 宏模型逼近使得仿真更快、更精确。
- 支持自动模型连接。
- 支持 I/O 缓冲器模型的 IBIS2 工业标准子集。
- 利用信号完整性宏模型可以快速地自定义模型。

11.2 信号完整性分析规则设置

Protel 99 SE 中包含了许多信号完整性分析的规则，这些规则用于在 PCB 设计中检测一些潜在的信号完整性问题。

执行方式：

- 菜单栏："Design" → "Rules"。

操作步骤：

（1）执行该命令，系统将弹出如图 11-1 所示的 PCB 设计规则设置对话框。选择其中的 "Signal Integrity" 规则设置选项卡，即可看到如图 11-1 所示的各种信号完整性分析的选项，可以根据设计工作的要求选择所需的规则进行设置。

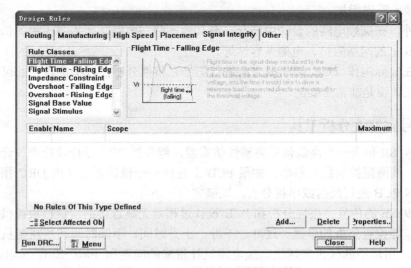

图 11-1　PCB 设计规则设置对话框

（2）在 PCB 设计规则设置对话框中列出了 Protel 99 SE 提供的所有设计规则，但是这仅仅是列出可以使用的规则，要想在 DRC 校验时真正使用这些规则，还需要在第一次使用时，把该规则作为新规则添加到实际使用的规则库中。

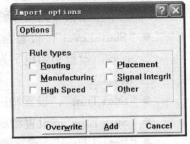

（3）选择需要使用的规则，然后单击 Add... 按钮，即可把该规则添加到实际使用的规则库中。如果需要多次用到该规则，可以为它建立多个新的规则，并用不同的名称加以区别。

（4）要想在实际使用的规则库中删除某个规则，可以选中该规则后单击 Delete 按钮，即可从实际使用的规则库中删除该规则。

（5）在 Menu 快捷菜单中执行"Export Rules"命令，可以把选中的规则从实际使用的规则库中导出。在 Menu 快捷菜单中执行"Import Rules"命令，系统弹出如图 11-2 所示的 PCB 设计规则库，可以从设计规则库中导入所需的规则。在 Menu 快捷菜单中执行"Report Rules"命令，则可以为该规则建立相应的报告文件，并可以打印输出。

图 11-2　导入设计规则对话框

选项说明：

在 Protel 99 SE 中包含有 12 条信号完整性分析的规则，下面分别介绍：

（1）激励信号（Signal Stimulus）规则

在"Signal Integrity"选项卡上单击鼠标右键，系统弹出右键快捷菜单。选择"add"项，生成"Signal Stimulus"激励信号规则选项，出现如图 11-3 所示的激励信号设置对话框，可以在该对话框中设置激励信号的各项参数。

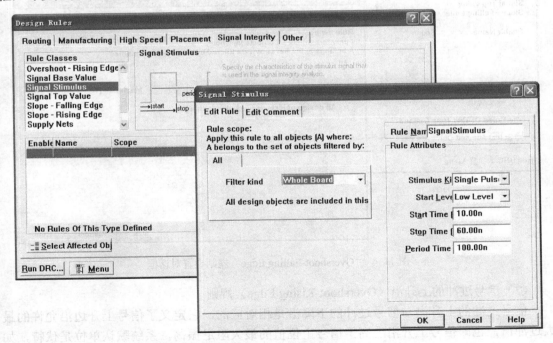

图 11-3　"Signal Stimulus"规则设置对话框

331

- "Stimulus Kind"：设置激励信号的种类，包括 3 种选项："Constant Level"表示激励信号为某个常数电平；"Single Pulse"表示激励信号为单脉冲信号；"Periodic Pulse"表示激励信号为周期性脉冲信号。
- "Start Level"：设置激励信号的初始电平，仅对"Single Pulse"和"Periodic Pulse"有效，设置初始电平为低电平选择"Low Level"，设置初始电平为高电平选择"High Level"。
- "Start Time"：设置激励信号高电平脉宽的起始时间。
- "Stop Time"：设置激励信号高电平脉宽的终止时间。
- "Period Time"：设置激励信号的周期。

设置激励信号的时间参数，在输入数值的同时，要注意添加时间单位，以免设置出错。

（2）信号过冲的下降沿（Overshoot-Falling Edge）规则

信号过冲的下降沿定义了信号下降边沿允许的最大过冲位，也即信号下降沿上低于信号基值的最大阻尼振荡，系统默认单位是伏特，如图 11-4 所示。

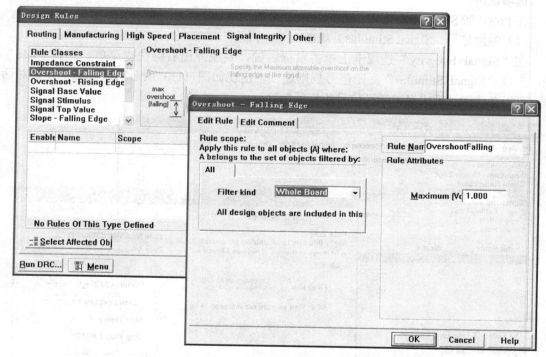

图 11-4 "Overshoot-Falling Edge"规则设置对话框

（3）信号过冲的上升沿（Overshoot-Rising Edge）规则

信号过冲的上升沿与信号过冲的下降沿是相对应的，它定义了信号上升边沿允许的最大过冲值，也即信号上升沿上高于信号上位值的最大阻尼振荡，系统默认单位是伏特，如图 11-5 所示。

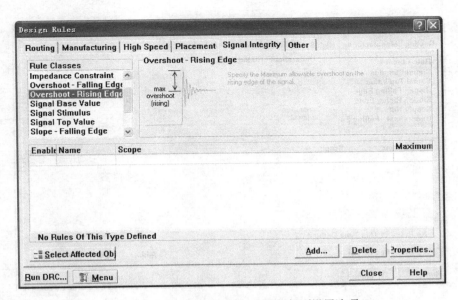

图 11-5 "Overshoot- Rising Edge"规则设置选项

（4）信号下冲的下降沿（Undershoot-Falling Edge）规则

信号下冲与信号过冲略有区别。信号下冲的下降沿定义了信号下降边沿允许的最大下冲值，也即信号下降沿上高于信号基值的阻尼振荡，系统默认单位是伏特，如图 11-6 所示。

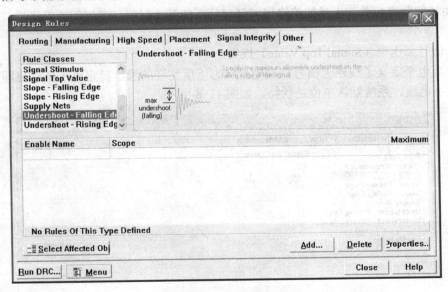

图 11-6 "Undershoot-Falling Edge"规则设置选项

（5）信号下冲的上升沿（Undershoot-Rising Edge）规则

信号下冲的上升沿与信号下冲的下降沿是相对应的，它定义了信号上升边沿允许的最大下冲值，也即信号上升沿上低于信号上位值的阻尼振荡，系统默认单位是伏特，如图 11-7 所示。

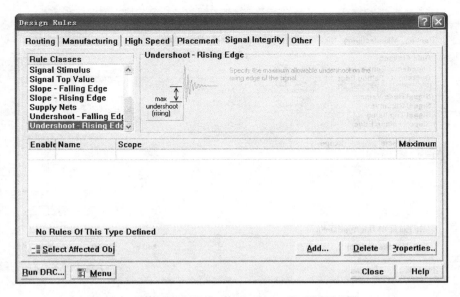

图 11-7 "Undershoot-Rising Edge" 规则设置选项

（6）阻抗约束（Impedance）规则

阻抗约束定义了 PCB 上所允许的电阻的最大和最小值，系统默认单位是欧姆。阻抗和导体的几何外观以及电导率，导体外的绝缘层材料以及 PCB 的几何物理分布，也即导体间在 Z 平面域的距离相关。上述的绝缘层材料包括板的基本材料、多层间的绝缘层以及焊接材料等。

（7）信号高电平（Signal Top Value）规则

信号高电平定义了线路上信号在高电平状态下所允许的最小稳定电压值，也即是信号上位值的最小电压，系统默认单位是伏特，如图 11-8 所示。

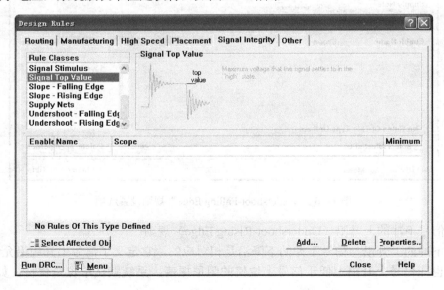

图 11-8 "Signal Top Value" 规则设置选项

（8）信号基值（Signal Base Value）规则

信号基值与信号高电平是相对应的，它定义了线路上信号在低电平状态下所允许的最大稳定电压值，也即是信号的最大基值，系统默认单位是伏特，如图11-9所示。

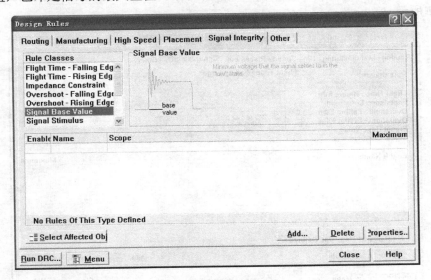

图11-9 "Signal Base Value"规则设置选项

（9）飞升时间的上升沿（Flight Time-Rising Edge）规则

飞升时间的上升沿定义了信号上升边沿允许的最大飞行时间，也即是信号上升边沿到达信号设定值的50%时所需的时间，系统默认单位是秒，如图11-10所示。

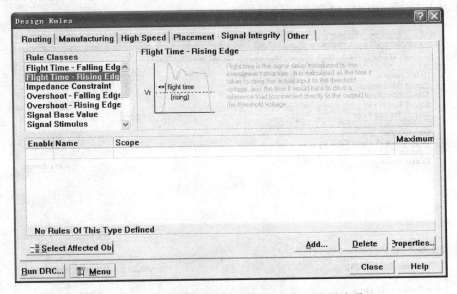

图11-10 "Flight Time-Rising Edge"规则设置选项

（10）飞升时间的下降沿（Flight Time-Falling Edge）规则

飞升时间的下降沿是相互连接的结构的输入信号延迟，它是实际的输入电压到门限电压之间的时间，小于这个时间将驱动一个基准负载，该负载直接与输出相连接。

飞升时间的下降沿与飞升时间的上升沿是相对应的，它定义了信号下降边沿允许的最大飞行时间，也即是信号下降边沿到达信号设定值的 50%时所需的时间，系统默认单位是秒，如图 11-11 所示。

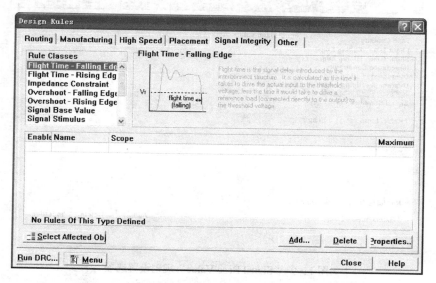

图 11-11 "Flight Time-Falling Edge" 规则设置选项

（11）上升边沿斜率（Slope-Rising Edge）规则

上升边沿斜率定义了信号从门限电压上升到一个有效的高电平时所允许的最大时间，系统默认单位是秒，如图 11-12 所示。

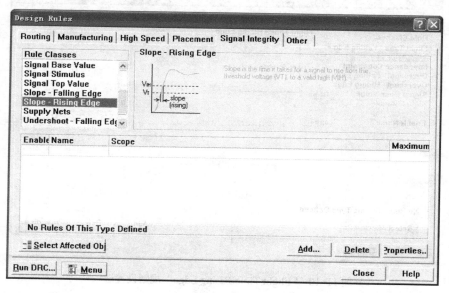

图 11-12 "Slope-Rising Edge" 规则设置选项

下降边沿斜率与上升边沿斜率是相对应的，它定义了信号从门限电压下降到一个有效的低电平时所允许的最大时间，系统默认单位是秒，如图 11-13 所示。

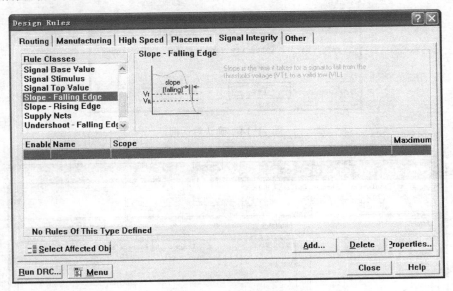

图 11-13 "Slope-Falling Edge" 规则设置选项

（12）电源网络（Supply Nets）规则

电源网络定义了 PCB 上的电源网络标号。信号完整性分析器需要了解电源网络标号的名称和电压位。

在设置好完整性分析的各项规则后，在工程文件中，打开某个 PCB 设计文件，系统即可根据信号完整性的规则设置进行 PCB 的板级信号完整性分析。

11.3 信号完整性分析器

在对信号完整性分析的有关规则，以及元件的 SI 模型设定有了初步了解以后，下面来看一下如何进行基本的信号完整性分析，在这种分析中，所涉及到的一种重要工具就是信号完整性分析器。

信号完整性分析工具内嵌在 PCB 编辑器中，提供一个便于使用的交互式仿真环境。

信号完整性分析可以分为两大步进行：第一步是对所有可能需要进行分析的网络进行一次初步的分析，从中可以了解到哪些网络的信号完整性最差；第二步是筛选出一些信号进行进一步的分析，这两步的具体实现都是在信号完整性分析器中进行的。

Protel 99 SE 提供了一个高级的信号完整性分析器，能精确地模拟分析已布好线的 PCB，可以测试网络阻抗、下冲、过冲、信号斜率等，其设置方式与 PCB 设计规则一样容易实现。

执行方式：

■ 菜单栏："Tools" → "Signal Integrity"。

操作步骤：

执行该命令，出现如图 11-14 所示的确认对话框，选择 Yes 按钮，系统启动信号完整信分析器，如图 11-15 所示。

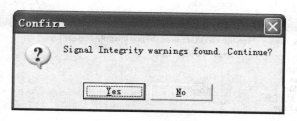

图 11-14 确认对话框

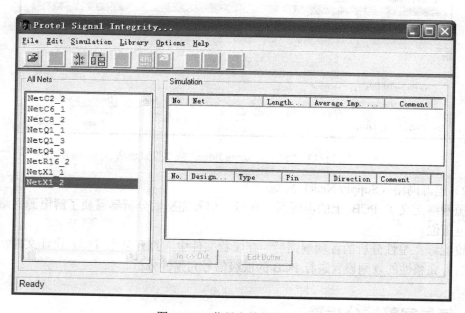

图 11-15 信号完整信分析器

选项说明：

（1）"Protel Signal Integrity"窗口有独立的窗口、功能菜单和工具栏。

（2）左侧的"All Nets"列表框中列出了 PCB 文件内的所有网络，主要用于选择分析的分析内容。其中上方文本框的相关数据包括布线长度，以及平均阻抗，下方文本框的相关数据包括该信号所连接的信号的引脚。

11.4 工作环境设置

为了得到精确的结果，在运行信号完整性分析之前需要进行环境设置，如必要的激励源、正确的元件模型、连续的电源平面等，这些都需要进行设置。

11.4.1 选项设置

执行方式：

■ 菜单栏："Options" / "Configure"。

操作步骤：

执行该命令，弹出如图 11-16 所示的"Options Configure"对话框，设置与仿真相关的阈值范围。

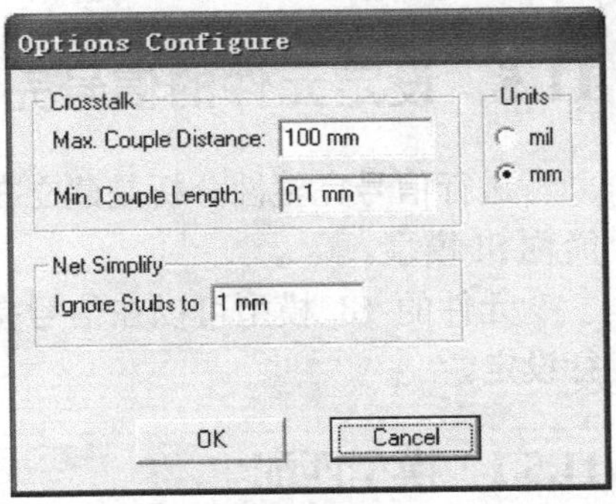

选项说明：

- "Max. Couple Distance"文本框：最大耦合距离。
- "Min. Couple Length"文本框：最小耦合距离。
- "Ignore Stubs to"文本框：可忽略的引线长度。
- "Units"选项组：选择 mm 为单位。

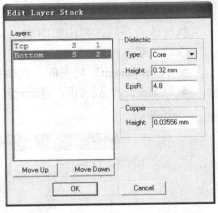

图 11-16 "Options Configure"对话框

11.4.2　层堆栈设置

在对 PCB 进行设计前需要对 PCB 的层数及属性进行详细的设置，这里的设置与 PCB 设计侧重点不同，因此需要重新设置。

信号完整性分析需要连续的电源平面层，不支持分离的电源平面层，因此要使用分配给该电源平面层的网络。

执行方式：

- 菜单栏："Edit" / "Layer Stack"。

操作步骤：

执行该命令，弹出如图 11-17 所示的"Edit Layer Stack"对话框，配置好相应的层。单击 OK 按钮，关闭对话框。

选项说明：

（1） Move Up ：单击该按钮，将所选层上移。可以改变该层在所有层中的位置。

（2） Move Down ：单击该按钮，将所选层下移。可以改变该层在所有层中的位置。

图 11-17 "Edit Layer Stack"对话框

（3）"Dielectric"选项组：绝缘层。

PCB 的层叠结构中不仅包括拥有电气特性的信号层，还包括无电气特性的绝缘层。两种典型绝缘层主要是指"Core"（填充层）和"Prepreg"（塑料层）。

- "Type"下拉列表框：设置层类型，包括 Core、Prepreg。层的堆叠类型主要是指绝缘层在 PCB 中的排列顺序，默认的 3 种堆叠类型包括 Layer Pairs（Core 层和 Prepreg 层自上而下间隔排列）、Internal Layer Pairs（Prepreg 层和 Core 层自上而下间隔排列）和 Build-up（顶层和底层为 Core 层，中间全部为 Prepreg 层）。改变层的堆叠类型将会改变 Core 层和 Prepreg 层在层栈中的分布，只有在信号完整性分析需要用到盲孔或深埋过孔的时候才需要进行层的堆叠类型的设置。
- "Height"文本框：设置层高度。
- "EpsR"文本框：介电常数。电介质常数表示绝缘体的介电常数。绝缘层的厚度和绝缘体的介电常数主要用于进行信号完整性分析。

（4）"Copper"选项组：铜箔。

- "Height"文本框：设置铜箔厚度。

11.5 设定元件的信号完整性模型

进行信号完整性分析是建立在模型基础之上的，这种模型就称为 Signal Integrity 模型，简称 SI 模型。

元件的 SI 模型可以在信号完整性分析之前设定，也可以在信号完整性分析的过程中进行设定。

11.5.1 模型匹配

在 Protel 99 SE 中，提供了若于种可以设定 SI 模型的元件类型，如 IC（集成电路）、Resistor（电阻类元件）、Capacitor（电容类元件）、Connector（连接器类元件）、Diode（二极管类元件）以及 BJT（双极性晶体管类元件）等，对于不同类型的元件，其设定方法是不同的。

执行方式：

■ 菜单栏："Edit" / "Components…"。

操作步骤：

执行该命令后，弹出如图 11-18 所示的编辑元件类型的对话框，设置其中的参数值。

选项说明：

● "Component" 列表框：在该列中显示 PCB 中的所有元件。

● "Category" 列表框：显示元件类型。在右侧下拉列表中选择元件的 SI 模型，如图 11-19 所示。

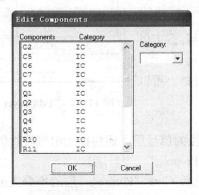

图 11-18 编辑元件类型对话框   图 11-19 下拉列表

11.5.2 配置引脚

因为集成电路的引脚可以作为激励源输出到被分析的网络上。像电阻、电容、电感等被动元件，如果没有源的驱动，是无法给出仿真结果的。

将 PCB 中的网络信号加载到仿真环境中后，需要检查加载到右侧 Simulation 下方的文本框中网络信号所包含的信息。

执行方式：

■ 工具栏：单击 Edit Buffer... 按钮。

■ 快捷方式：直接双击元件引脚。

操作方法：

（1）执行该命令后，弹出如图 11-20 所示的"Integrated Circuit"对话框，检查与该网络相连接的元件引脚的输入输出属性与实际情况是否。

（2）若不相符，须根据电路原理图修改该引脚。

（3）设置完成后，单击 OK 按钮，退出对话框。

选项说明：

该对话框包含两个选项卡，"Model"选项卡如图 11-20 所示，"Stimulus"选项卡如图 11-21 所示，其中"Model"选项卡主要功能选项介绍如下：

● "Component"选项组：设置元件所采用的生产技术。

● "Part Technology"下拉列表框：单击右边的下三角按钮，在下拉框的选项中选择所需技术，如图 11-22 所示。一般说来，只需要设定其技术特性就够了，如 CMOS、TTL 等。但是在一些特殊的应用中，为了更为准确地描述引脚的电气特性，还需要进行一些额外的设定。

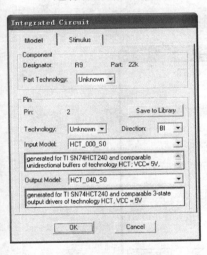
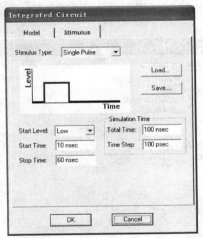
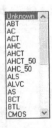

图 11-20 "Model"选项卡　　　　图 11-21 "Stimulus"选项卡　　图 11-22 选择引脚技术类型

● "Pin"选项组：将引脚的类型改为输出类型，引脚技术一般在选择元件技术的同时选定为与元件的技术相同的选项。在此也可以改变引脚的技术，但不改变元件的技术。

11.5.3 新建一个引脚模型

为了简化设定 SI 模型的操作，以及保证输入的正确性，对于 IC 类元器件，一些公司提供了现成的引脚模型供用户选择使用，这就是 IBIS（Input/Output Buffer Information Specification，输入输出缓冲器信息规范）文件，扩展名为".ibs"。

执行方式：

■ 菜单栏："Library" → "Import IBIS Files"。

操作步骤：

执行该命令，系统会打开相应的引脚模型编辑器，如图 11-23 所示。单击 按钮，弹出如图 11-24 所示的 "Open IBIS File" 对话框，选择需要加载的模型文件，可以看到添加了一个新的输入引脚模型供用户选择。

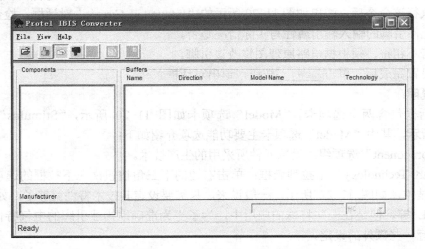

图 11-23 引脚模型编辑器

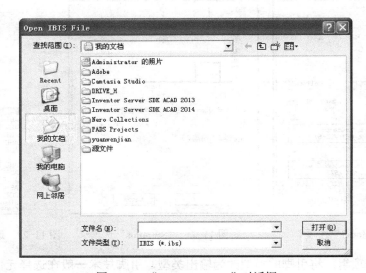

图 11-24 "Open IBIS File" 对话框

11.5.4 修改模型

在进行信号完整性时不需要逐个设置信号的引脚模型，可利用用文本编辑器编辑 Design Explorer 99 SE\Library\Signal Integrity\User\u_parts.hrt 文件，该文件指定了 PROTEL 99 SE 所有可用的器件模型，在该文件中创建新的器件模型，并为新的器件的每个引脚指定导入的引脚宏模型，可以具体到每个引脚，并把器件名改为 PCB 里器件属性的 COMMENT，设置完毕后存盘。

在信号完整性编辑器中根据 u_parts.hrt 文件里的设置自动识别出来，可以直接选取信号做分析。

执行方式：

■ 菜单栏："File" / "Reports"。

■ 工具栏：选择工具栏中的 📄 按钮。

操作步骤：

（1）执行该命令，弹出如图 11-25 所示的"File Report"对话框，设置其中的参数值，以选择适当的报告外观。

（2）单击 Generate 按钮，生成 3 个报告文件，单击 Filename... 按钮，显示生成的文件路径，如图 11-26 所示。单击 Close 按钮，关闭该对话框。

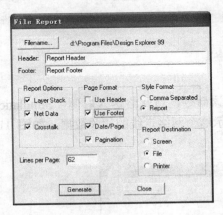
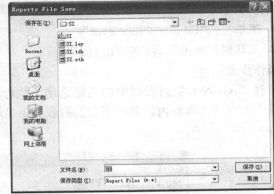

图 11-25 "File Report"对话框　　　　图 11-26 "Reports File Save"对话框

（3）双击打开"SI.net"报表文件，如图 11-27 所示，显示网络信息。

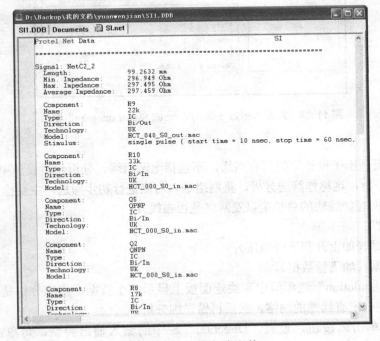

图 11-27 网络报表文件

11.6　参数设置

11.6.1　加载网络

仿真器与当前正在设计的 PCB 相连后，需要从该 PCB 的数据库中提取出与"All Nets"列表栏下选中网络相关的布局数据，才能进行信号完整性仿真。

将当前 PCB 文件中的网络信号导入到"All Nets"中后，需要一次对特定的单个或多个信号进行分析首先需要加载该网络。

执行方式：

■ 菜单栏："Edit"/"Take over"。
■ 工具栏：单击工具栏中的 ▦ 按钮。

操作步骤：

选择"All Nets"列表框中的网络选项，执行该命令，将网络送入右侧"Simulation"选项组中上方的文本框内，并在下方的列表框中显示这个网络走线的相关数据，如图 11-28 所示。

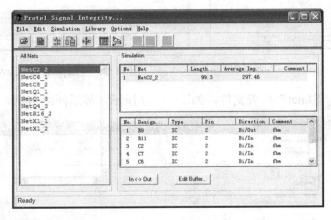

图 11-28　加载 NetU3_5 后的"Protel Signal Integrity"窗口

选项说明：

在左侧面板列出了设计中的所有网络，不包括电源网络。分析仪对设计中的所有网络进行初始的快速分析，这称作筛选分析，将网络送入右侧进行初步筛选，主要检查以下几项：

● 网络数据（如线轨的总长度以及网络是否布线）；
● 阻抗数据；
● 电压数据（如上升和下降电压）；
● 定时数据（如飞行数据）。

在右侧"Simulution"选项组中可决定面板上显示哪个数据。筛选分析是一种粗线条的分析，用于快速确定有问题的网络，然后再做详细分析。

In <-> Out：单击该按钮，设置"Direction"栏中的输入输出类型，每单击一次，可在"In"、"Out"间切换。

344

11.6.2 耦合网络

进行串扰分析时一般要考虑两个或 3 个网络——通常是一个网络及其相邻的两个，这种相关联的网络也可称之为耦合网络。

1. 查找耦合网络

执行方式：

- 菜单栏："Edit" / "Find Coupled Nets"。
- 工具栏：单击工具栏中的 ⁂ 按钮。

操作步骤：

执行该命令，则相互间有串扰影响的所有网络均选中，并高亮显示，如图 11-29 所示。

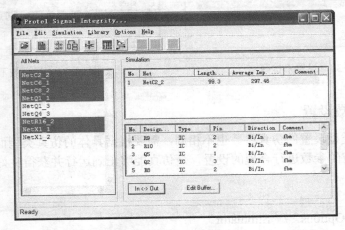

图 11-29　选择关联网络信号

知识拓展：

通过该命令可以找出哪些网络可能发生串扰，根据定义的耦合选项分析 PCB 且确定并行运行的线轨。

若选中了 VCC 或 DND 作为分析对象，则应当用〈Ctrl〉或者〈Shift〉按键，把 VCC 或 GND 从分析对象中排除。由于电源和地线不存在较大的波动，所以不作为串扰分析的对象，所以将它们从分析的对象中删除。

2. 设置干扰网络

执行方式：

- 菜单栏："Simulation" / "Set Aggressor Net"。
- 工具栏：单击工具栏中的 ⏣ 按钮。

操作步骤：

执行该命令，将所选网络设置为被干扰的信号，如图 11-30 所示。其中，选中的网络必须为耦合网络。

知识拓展：

干扰源和被干扰信号都可以设置不止一个，因为可以是几个网络同时对一个网络产生串扰，也可以是一个网络同时对几个网络产生串扰。

3．设置被干扰网络

执行方式：

■ 菜单栏："Simulation" / "Set Victim Net"。

■ 工具栏：单击工具栏中的 ┌ 按钮。

操作步骤：

执行该命令后，将选中信号设为受干扰网络，如图 11-31 所示，即在选中网络的情况下，单击设置被串扰信号按钮或选择菜单选项即可。当然串扰源的设置不同，仿真分析的结果也就不一样。

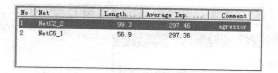

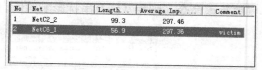

图 11-30　设置干扰网络　　　　　　　　　　　图 11-31　标记被干扰源

11.6.3　仿真参数设置

不同的仿真类型设置的仿真参数也不相同，需要根据具体的仿真类型而定。选择合适的仿真方式并对相应的参数进行合理的设置，是仿真能够正确运行并获得良好仿真效果的关键保证。

执行方式：

■ 菜单栏："Options" / "Simulator"。

操作步骤：

执行该命令，弹出如图 11-32 所示的"Options Simulator Options"对话框。

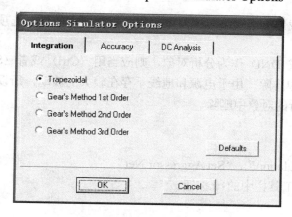

图 11-32　"Options Simulator Options"对话框

选项说明：

该对话框包含 3 个选项卡，下面逐一介绍各项含义。

（1）打开"Integration"选项卡中，单击 ▭ Defaults 按钮，选择默认的积分方法"Trapezoidal"。

（2）打开"Accuracy"选项卡中，可以设置仿真分析的计算方法中的一些允许误差以及限制条件，如图 11-33 所示。单击 Defaults 按钮，选择默认值。

（3）打开"DC Analysis"选项卡中，可以设置仿真分析的一些与直流相关的约束条件，如图 11-34 所示，单击 Defaults 按钮，选择默认值。

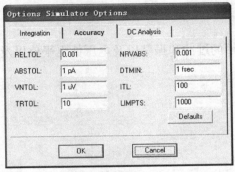
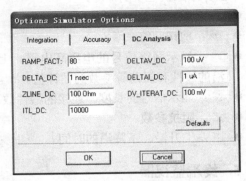

图 11-33　设置算法的约束条件　　　　图 11-34　设置直流分析约束条件

11.6.4　预分析

预分析指的是在仿真分析之前对信号进行估计，寻找到可能存在信号完整性问题的信号，然后再进行分析。

执行方式：

■ 菜单栏："Simulation"/"Screening"。

■ 工具栏：单击工具栏中的 ▥ 按钮。

操作步骤：

执行该命令后，弹出"Protel Signal Integrity Screening"窗口，如图 11-35 所示。

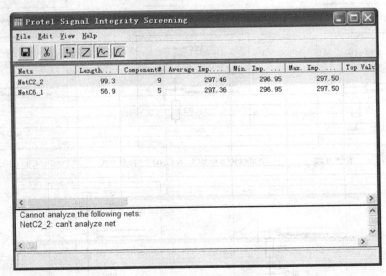

图 11-35　NetC2_2 信号的有关信息

选项说明：

进入预分析窗口，该窗口中包含菜单栏、工具栏，如图 11-36、图 11-37 所示。

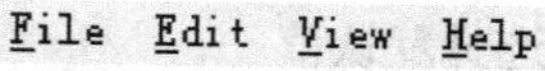

图 11-36 菜单栏 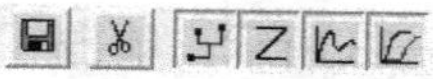   图 11-37 工具栏

下面介绍工具栏中的命令：
- ■：保存设计。
- ✂：剪切网络。
- ⌁：显示网络信号的电压高电平、上升沿的过冲和振荡以及电压低电平值以及下降沿的过冲和振荡等参数的估计值。
- ⌐：显示信号的长度、连接的器件数。
- Ζ：阻抗参数。
- ⌐：上升沿、下降沿的时间。

11.6.5 终端监视器

信号完整性分析仪具有终端监视器，对 PCB 进行信号完整性分析时，还需要对线路上的信号进行终端补偿的测试，目的是测试传输线中信号的反射与串扰，以便使 PCB 中的线路信号达到最优。

在"终端补偿"栏中，系统提供了 8 种信号终端补偿方式，如图 11-38 所示。

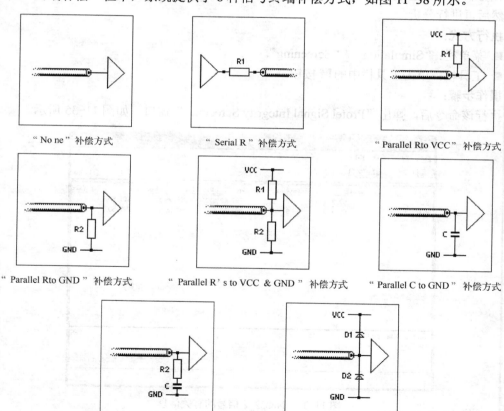

"No ne"补偿方式   "Serial R"补偿方式   "Parallel R to VCC"补偿方式

"Parallel R to GND"补偿方式   "Parallel R's to VCC & GND"补偿方式   "Parallel C to GND"补偿方式

"R and C to GND"补偿方式   "Parallel Schottky Diode"补偿方式

图 11-38 常见的终端阻抗补偿方法

执行方式：

- 菜单栏："Simulation" / "Termination Advisor"。
- 工具栏：单击工具栏中的 ⊭ 按钮。

操作步骤：

执行该命令后，弹出如图 11-39 所示的 "Termination Advisor" 对话框，单击 ⌷ OK ⌷ 按钮后，在信号完整性分析器窗口中 Comment 一栏中显示 Term 标记，如图 11-40 所示。

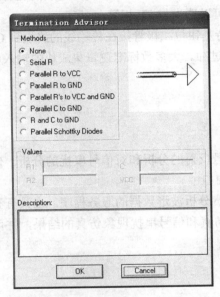

图 11-39 "Termination Advisor" 对话框

No.	Design..	Type	Pin	Direction	Comment
1	R9	IC	2	Bi/Out	fbm, Termination
2	R10	IC	2	Bi/In	fbm
3	Q5	IC	1	Bi/In	fbm
4	Q2	IC	3	Bi/In	fbm
5	R8	IC	2	Bi/In	fbm

图 11-40 对 U3 的 5 号引脚引入终端

选项说明：

在 "Methods" 选项组下显示以下 8 种端接方式。

- "None" 单选项：直接进行信号传输，对终端不进行补偿，是系统的默认方式。
- "Serial R" 单选项：在驱动源端串联一个电阻，对点到点的连接来说是一种非常有效的终结方法。特别适用于 CMOS 技术的驱动器件，在驱动信号上正确使用终端匹配（$R1=ZL-Rout$），则可在信号接收端去除信号的过冲。
- "Parallel R to VCC" 单选项：在信号接收端用一个电阻与传输线并连接到 VCC 上，当 $R1=ZL$ 时，这对传输线的反射是一种完善的终结方法，但是由于终结电阻上有电流流过，所以会使电路功耗增加，低电平电压提高。
- "Parallel R to GND" 单选项：在信号的接收端用一个电阻与传输线并联接到 GND 上，当 $R2=ZL$ 时，这对传输线的反射也是一种完美的终结方法，但是由于终结电阻上有电流流过，所以会使电路的功耗增加，且使高电平电压下降。
- "Parallel R's to VCC and GND" 单选项：戴维南终结方法，即将前面的两种方法结合

349

起来，使得 R1 与 R2 并联的电阻值等于传输线阻抗 ZL，则可以完美地消除传输线的反射，用在 TTL 总线上是可以的。但是在分压阻抗上有较大的直流电流流过，这是它最大的缺点。

- "Parallel C to GND"单选项：在信号接收端用电容与传输线并联，并接到 GND，可以大大降低噪声。但是信号的上升时间和下降时间会增加，因此可能会引起时序问题。
- "R and C to GND"单选项：在信号接收端用 RC 网络与传输线并联，并接到 GND，这样可以解决终结电阻上直流电流的问题，当时间常数 R2C 大约为连线的固有延迟时的四倍时，传输线基本被匹配。这时 R2 可以选为与 ZL 相等。
- "Parallel Schottky Diodes"单选项：采用肖特基钳位二极管接在传输线的终端到 GND 和/或 VCC，可以减小在信号接收端的信号过冲。大多数标准逻辑集成块的输入电路包含有肖特基钳位二极管。

11.7 信号完整性分析

信号完整性分析包括两个方面的内容：即对信号反射的分析和对信号串扰的分析。信号完整性分析结果——波形的形态显示在波形分析器窗口中。

波形分析器是 Protel 集成系统所提供的一个负责分析波形数据的服务程序，也具有独立的菜单和工具栏。可以方便地显示出信号反射现象仿真和信号串扰现象仿真的结果，并可以直接对波形进行测量计算。

11.7.1 串扰仿真分析

信号串扰是指某一网络走线的信号，因电容耦合等原因受到其他网络走线上的信号干扰的现象。由于信号的串扰分析主要的分析对象是 PCB 的布线的串扰结果，所以需要在设计完 PCB 之后进行分析。

执行方式：

- 菜单栏："Simulation" / "Crosstalk"。
- 工具栏：单击工具栏中的 按钮。

操作步骤：

执行该命令后，弹出如图 11-41 所示的信息框，经过一段时间后就会得到串扰分析波形，如图 11-42 所示。

图 11-41 信息框

 提示：

信号之间是否存在串扰，与最大耦合距离（Max Couple Distance）和最短耦合长度（Min Couple Length）两个参数着直接影响，因此，这两个参数的设置，需要符合实际情况。如果不能确定一个确切的值，则应当选择默认值。

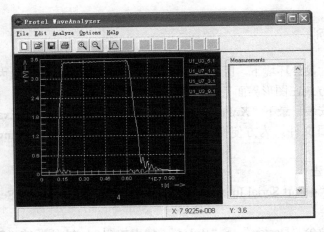

图 11-42　信号完整性分析的串扰分析结果

11.7.2　反射仿真分析

反射分析主要是分析信号在导线上的传输过程中，由于阻抗不匹配的原因造成的信号反射，所以它与导线的长度、信号的频率有关，因此与驱动源的技术有关。在选择信号的驱动源时，需要与实际的器件一致，仿真时的结果才有指导意义。

执行方式：

- 菜单栏："Simulation" / "Reflection"。
- 工具栏：单击工具栏中的 ⊑ 按钮。

操作步骤：

在 Simulation 栏中，选中网络后，执行该命令，启动信号反射现象的仿真操作，则出现一个如图 11-43 所示的波形分析器窗口，图中显示为 NetU3_5 的信号仿真操作。

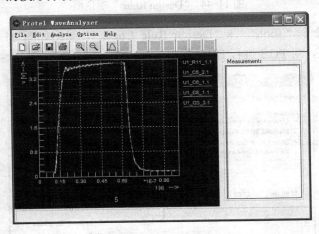

图 11-43　波形分析器窗口中的反射分析

图中黄色线表示走线上的反射现象，通过黄线的走向观察反射现象。在图 11-43 中表现为顶部和右侧底部曲线的波动。

11.8 操作实例

在 Protel 99SE 设计环境下，既可以在原理图又可以在 PCB 编辑器内实现信号完整性分析，又能以波形的方式在图形界面下给出反射和串扰的分析结果。

本节实例参照安装目录下 "X:\Program Files\Design Explorer 99 SE\Examples\ 4 Port Serial Interface.DDB" 项目文件，为方便操作，将文件保存到随书光盘 "yuanwenjian\ch11" 文件夹下。

1. 设计规则检查

（1）双击打开 "4 Port Serial Interface.DDB" 项目文件下的 "4 Port Serial Interface.PCB" 文件。

（2）执行菜单命令 "Design" → "Rules"，弹出如图 11-44 所示的 "Design Rules" 对话框，进行信号完整性设置，选择默认设置，单击 Close 按钮，关闭对话框。

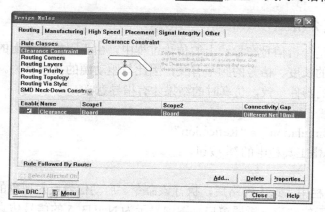

图 11-44 "Design Rules" 对话框

（3）执行菜单命令 "Tools" → "Design Rule Check"，弹出如图 11-45 所示的 "Design Rule Check" 对话框，对 PCB 进行 DRC 检查。

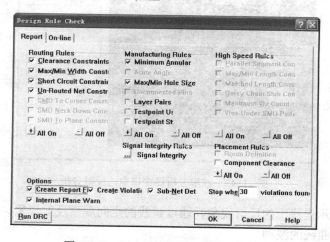

图 11-45 "Design Rule Check" 对话框

（4）单击 Run DRC 按钮，运行 DRC 检查分析器，在接下来出现的警告对话框上选择 Yes 按钮。则系统生成".DRC"文件，该文件详细列出了违反信号分析设计规则的情况，如图 11-46 所示。

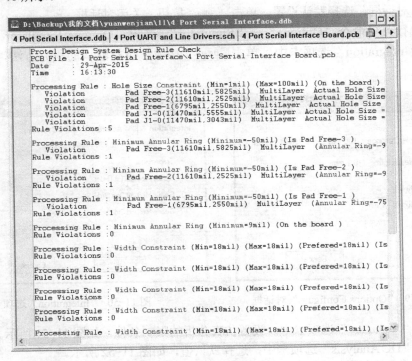

图 11-46 规则检查报告文件

2．信号分析编辑器

（1）执行菜单"Tools"→"Signal Integrity…"命令，打开信号完整性分析仿真器（Signal Integrity），则出现如图 11-47 所示的确认对话框

（2）此时单击 Yes 按钮，则会出现如图 11-48 所示的"Protel Signal Integrity"窗口。

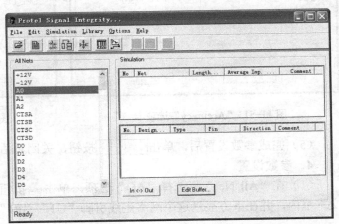

图 11-47 确认对话框　　　　　　　图 11-48 "Protel Signal Integrity"窗口

3．工作环境设置

（1）执行菜单命令"Options"→"Configure"，弹出如图 11-49 所示的"Options Configure"对话框，选择默认设置，单击 OK 按钮，关闭对话框。

（2）执行菜单命令"Options"→"Simulator"，弹出"Options Simulator Options"对话框，在"Integration"选项卡中，单击 Defaults 按钮，选择默认的积分方法，如图 11-50 所示。

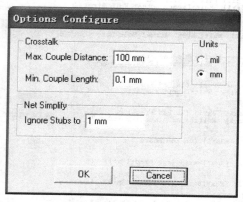

图 11-49 "Options Configure"对话框   图 11-50 "Integration"选项卡

（3）在"Accuracy"选项卡中，设置仿真分析的限制条件，如图 11-51 所示。

（4）在"DC Analysis"选项卡中，选择默认值，如图 11-52 所示。

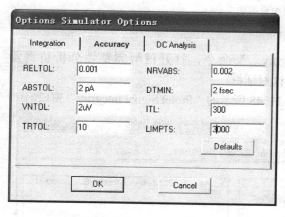
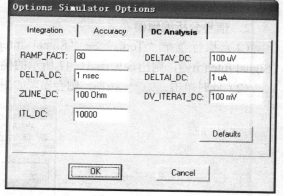

图 11-51 "Accuracy"选项卡   图 11-52 "DC Analysis"选项卡

（5）完成参数设置后，单击 OK 按钮，关闭对话框。

4．参数设置

（1）在"All Net"栏选择"AO"选项，单击 按钮，将其送入右上方的"Simulation"文本框内，并在下方显示这个网络走线引脚"U1"、"P1"。如图 11-53 所示。

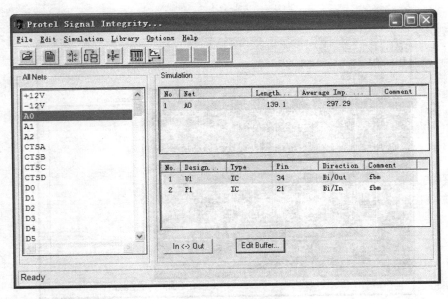

图 11-53　加载网络

（2）选中引脚"U1"，单击 Edit Buffer... 按钮，弹出如图 11-54 所示的"Integrated Circuit"对话框，设置元件所采用的生产技术，设置完成后，单击 OK 按钮，退出对话框。

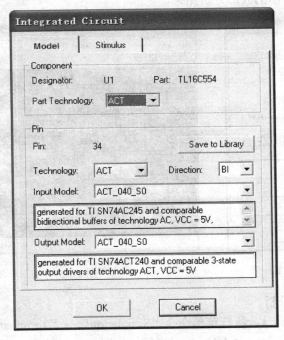

图 11-54　"Integrated Circuit"对话框

5. 反射分析

（1）执行菜单命令"Simulation"→"Reflection"或单击工具栏中的 按钮，执行反射分析，弹出如图 11-55 所示的波形分析器窗口，图中显示为 U1 引脚的信号仿真操作。

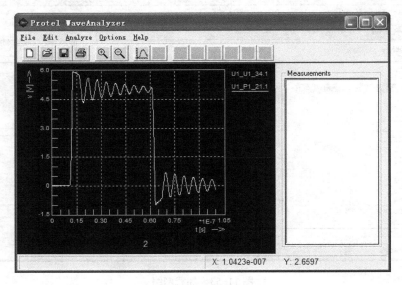

图 11-55　波形分析器窗口中 NetU3_5 的反射分析

（2）同样，设置引脚 P1 技术类型为 TTL，如图 11-56 所示，单击 ⊵ 按钮执行反射分析，显示如图 11-57 所示的波形分析结果。

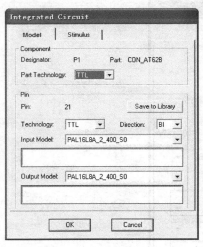

图 11-56　设置引脚 P1

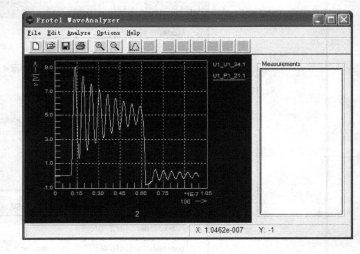

图 11-57　波形分析器窗口

6. 终端方式反射分析

（1）选择信号引脚 U1，执行菜单命令"Simulation"→"Termination Advisor"，或者单击 ⊵ 按钮，弹出"Termination Advisor"对话框，如图 11-58 所示。

（2）在"Methods"选项组中，选择"None"，单击 ［ OK ］ 按钮。执行菜单命令"Simulation"→"Reflection"或单击 ⊵ 按钮，执行反射分析，弹出如图 11-59 所示的波形分析器窗口。

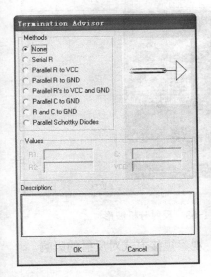

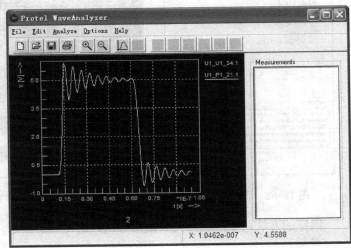

图 11-58 "Termination Advisor"对话框   图 11-59   波形分析结果

（3）在"Methods"选项组中，选择"Serial R"，驱动端串联电阻的方法作终结电阻，如图 11-60 所示，单击 OK 按钮。执行菜单命令"Simulation"→"Reflection"或单击 按钮，执行反射分析，弹出如图 11-61 所示的波形分析器窗口。

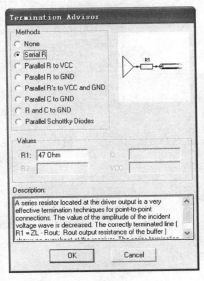

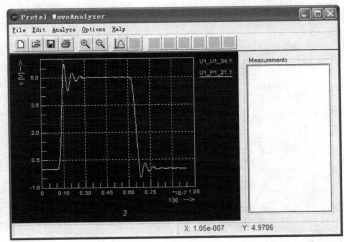

图 11-60   选择短接方式   图 11-61   反射分析波形

在"Methods"选项组中，选择"Parallel R to VCC"，如图 11-62 所示，单击 OK 按钮。执行菜单命令"Simulation"→"Reflection"或单击 按钮，执行反射分析，弹出如图 11-63 所示的波形分析器窗口。

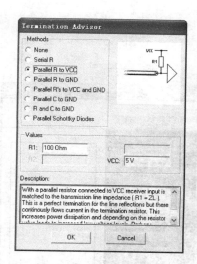

图 11-62 选择短接方式

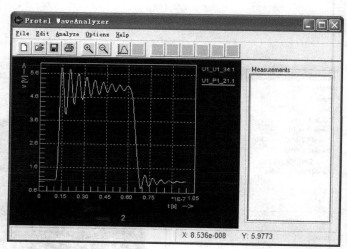

图 11-63 反射分析波形

同样的方法，继续选择其余短接方式，对比反射波形，观察短接方式对反射的影响。

第 12 章　可编程逻辑器件设计

当今时代是一个数字化的时代，各种数字新产品层出不穷，广泛应用到我们的日常生活当中。与此同时，作为数字产品基础的数字集成电路本身也在飞速地发展和更新，由早期的电子管、晶体管、各种规模的集成电路发展到今天的超大规模集成电路和具有特定功能的专用集成电路。

EDA 工具可以直接面向用户需求，自顶向下地实现系统的描述、综合、优化、仿真和验证，直到生成器件。大规模可编程逻辑器件和 EDA 工具是实现灵活的数字系统设计的基础。

Protel 99 SE 支持基于 FPGA 和 CPLD 符号库的原理图设计、VHDL 语言及 CUPL 语言设计，它采用集成的 PLD 编译器编译设计结果，同时支持仿真。

　知识点

● 可编程逻辑器件及其设计工具
● PLD 设计步骤及 VHDL 设计语言
● FPGA 应用设计及 VHDL 应用设计

12.1　可编程逻辑器件及其设计工具

传统的数字系统设计中采用 TTL、CMOS 电路和专用数字集成电路设计，其器件功能是固定的，用户只能根据系统设计的要求选择器件，而不能定义或修改其逻辑功能。在现代的数字系统设计中，基于芯片的设计方法正在成为电子系统设计方法的主流。在可编程逻辑器件设计中，设计人员可以根据系统要求定义芯片的逻辑功能，将功能程序模块放到芯片中，使用单片或多片大规模可编程器件即可实现复杂的系统功能。

可编程逻辑器件其实就是一系列的与门、或门，再加上一些触发器、三态门及时钟电路。它有多种系列，最早的可编程逻辑器件有 GAL、PAL 等。它们都是简单的可编程逻辑器件，而现在的 FPGA、CPLD 都属于复杂的可编程逻辑器件，可以在一个芯片上实现一个复杂的数字系统。

Protel 99 SE 把可编程逻辑器件内部的数字电路的设计集成到软件里来，提高了电子电路设计的集成度。在 Protel 99 SE 中集成了 FPGA 设计系统，它就是可编程逻辑器件的设计软件，采用 Protel 99 SE 的 FPGA 设计系统可以对世界上大多数可编程逻辑器件进行设计，最后形成 EDIF-FPGA 网络表文件，把这个文件输入到该系列可编程逻辑器件厂商提供的录制软件中就可以直接对该系列可编程逻辑器件进行编程。

12.2　PLD 设计概述

PLD（Programmable Logic Device）是一种由用户根据需求而自行构造逻辑功能的数

字集成电路。目前主要有两大类型：CPLD（Complex Programmable Logic Device）和 FPGA（Field Programmable Gate Array）。它们的基本设计方法是借助于 EDA 软件，用原理图、状态机、布尔表达式、硬件描述语言等方法生成相应的目标文件，最后用编程器或下载电缆，由目标器件实现。

PLD 是一种可以完全替代 74 系列及 GAL、PAL 的新型电路，只要有数字电路基础，会使用计算机，就可以进行 PLD 的开发。PLD 的在线编程能力和强大的开发软件，使工程师可以在几天，甚至几分钟内就可完成以往几周才能完成的工作，并可将数百万门的复杂设计集成在一个芯片内。PLD 技术在发达国家已成为电子工程师必须掌握的技术。

PLD 设计可分为如下几个步骤。

1．明确设计构思

必须总体了解设计需求，设计可用的布尔表达式、状态机和真值表，以及最适合的语法类型。总体设计的目的是简化结构、降低成本、提高性能，因此在进行系统设计时，要根据实际电路的要求，确定用 PLD 器件实现的逻辑功能部分。

2．创建源文件

创建源文件有如下两种方法：

（1）利用原理图输入法。原理图输入法设计完成以后，需要编译，在系统内部仍然要转换为相应的硬件描述语言。

（2）利用硬件描述语言创建源文件。硬件描述语言有 VHDL VerLog HDL 等，Protel 99 SE 支持 VHDL 和 CUPL，程序设计后进行编译。

3．选择目标器件并定义引脚

选择能够加载设计程序的目标器件，检查器件定义和未定义的输出引脚是否满足设计要求。然后定义器件的输入/输出引脚，参考生产厂家的技术说明，并确认正确定义。

4．编译源文件

经过一系列设置，包括定义所需下载逻辑器件和仿真的文件格式后，需要再次对源文件进行编译。

5．硬件编程

逻辑设计完成后，必须把设计的逻辑功能编译为器件的配置数据，然后通过编程器或者下载线完成对器件的编程和配置。器件经过编程之后，就能完成设计的逻辑功能。

6．硬件测试

编程的器件进行逻辑验证工作，这一步是保证器件的逻辑功能的正确性的最后一道保障，经过逻辑验证的功能就可以进行加密来保证设计的正确性。

12.3　基于原理图的 PLD 设计

Protel 99 SE 允许用户通过使用 PLD Symbols.Lib 图形库设计基于原理图的逻辑电路，这个库中包含的逻辑和引脚符号，用户可用其构建自己的电路。这种设计与设计用于 PCB 的原理图的方法类似，可以是单层或多层的，设计等级的深度不受限制，唯一不同是设计元件的符号库。

在 PLD 器件的设计中，如果采用原理图进行设计，则必须使用特殊的单元进行设计，例如，设计的目标器件为 Xilinx 公司的 Spartan 系列器件，则必须使用 Xilinx Databooks.intlib。当然，如果使用 Altera 公司的器件来实现自己的 PLD，也则必须使用与器件相关的库来设计，这也是使用原理图进行设计的一个主要限制，而后面将介绍的利用 HDL 语言进行器件设计的方便之处正体现于此。

用户编译一个甚于原理图的设计时，设计被转换为一个 CUPL 的编译源文件，然后编译为所选输出文件。

可编程器件的内部逻辑使用的是标准数字化设计的方式逻辑，使用基于原理图的 PLD 设计时，应记住：

（1）设计中的每一个符号名和网络名必须唯一。

（2）为所有的内部网络指定网络名有助于电路的调试。

12.4 CUPL 语言和语法

12.4.1 CUPL 语言概述

1. 变量

变量是由一串阿拉伯字符组成的。它被用来标示逻辑器件的引脚，定义内部节点、常量、输入输出信号名和一些临时的信号名等。

定义变量时，需依照如下的一些规则：

- 变量名中可以有数字、字符和下划线等，但至少有一个字符。
- 变量名区分大小写。
- 变量名中间禁止使用空格分隔，可以用下划线。
- 名称包含最多 31 个字符。
- 变量名不可包含 CUPL 语言的特殊字符。
- 名称不可采用 CUPL 关键字。

变量名可以被用作代替一组数据总线、地址总线或其他的有序数列。

如右的变量名：A0、Al、A2、A3、A4、A5、A6、A7 常被用来表示微处理器的低八位地址总线。

这种情况下，变量名的后缀数字最好从零开始，该数字通常为 0～31 之间的十进制数，带有后缀 0 的变量名一般都是总线等的最低位。

CUPL 定义了一些关键字见表 12-1，这些关键字不能作为设计者定义的变量。

表 12-1 CUPL 语言的关键字

APPEND	FORMAT	OUT	DEFAULT	LOC	REVISION
FUSE	FUNCTION	PARTNO	DESIGNER	LOCATION	SEQUENCE
ASSY	ASSEMBLY	PIN	DEVICE	MACRO	SEQUENCED
JUMP	CONDITION	IF	ELSE	MN	SEQUENCEJK
GROUP	PINNNODE	PRESENT	FIELD	NAME	SEQUENCERS
DATE	COMPANY	REV	FLD	NODE	SEQUENCET

此外，CUPL 语言使用的关键字符也不可以作为变量名的一部分。这些关键字符见表 12-2 所示。

表 12-2　CUPL 语言的关键字符

&	#	( )	:	@
*	+	[ ]/	,	$
;	.	../* */	!=	^

2．数字

CUPL 编译器所有操作包含的数字都是 32 位的。数字有 4 种表示形式：二进制、十进制、八进制和十六进制。数字的默认表示形式，除了器件引脚数和用于索引的变量是十进制外，其他在源文件中使用的数字都是十六进制的。不同的表现形式可以通过在数字前加上不同的前缀加以区别。设计中一旦改变数字的表示形式，这一新形式将成为默认的形式。

数字的前缀标识符可以是大写，也可以是小写。数字前缀标识符见表 12-3。

表 12-3　数字的前缀标识符

进 制 名	进 制	前 缀
Binary	2	B
Octal	8	O
Decimal	10	D
Hexadecimal	16	H

3．注解

注解是逻辑描述文件的重要组成部分。好的注解增加了源代码的可读性，可以显而易见地表达设计者的设计意图。

注解并不影响编译的时间，因为编译器在编译前的语法检查中，去除了注释。

注解一般包含在符号/*和*/之间，程序忽略在这两个字符间的所有的一切。

注解可以跨越多行，它并不是以一行的结束作为终止符。

4．速记符

速记符是 CUPL 语言的一个重要的特点。使用最多的速记符是列，一般用在引脚、节点的定义上、位域的声明、逻辑方程式和设置操作上。

一般定义列的格式如下：

　　　[变量, 变量, …变量]

其中：括号[ ]用来作为一列变量的定界符。

　　　[UP, DOWN, LEFT, RIGHT]
　　　[A0, A1, A2, …A7]

当定义为列的所有的变量名可以按由小到大，或者相反的次序排列时，可以使用如下的格式：

　　　[变量名下标 m…下标 n]

其中，m 是这一列变量的起始符，n 是这一列变量的终止符。

这样，上例中的[A0，A1，A2，…A7]可以简写为[A0..7]。

但是，[A00..07]是下列的速记符。

[A0，A1，A2，A3，A4，A5，A6，A7]并不代表如下的列：
[A00, A01, A02, A03, A04, A05, A06, A07]

当然，上述的两种形式可以混合使用，如下面的两列是完全等同的。

[A0..2，A3，A4，A5..7]
[A0, A1, A2, A3, A4, A5, A6, A7]

5．模板文件

当使用 CUPL 语言创建一逻辑描述源文件时，诸如头信息、引脚声明和逻辑方程式等都要输入到该文件中。为方便设计者创建源文件 Advanced PLD 99 提供了结构合适的模板文件。

模板文件提供了如下的一些部分：

- 头信息：在关键字后，设计者可以添加所需的一些信息以识别该文件。
- 标题块：可以在此添加关于设计的一些注解，诸如设计任务说明，可选用的逻辑器件的说明等等。
- 引脚定义：模板文件提供了引脚定义的关键字，合适的输入、输出引脚定义符和注解，定义完引脚后，去掉多余的"Pin＝:"，否则编译时将有语法错误。
- 声明和局部变量：在此可向源文件中加入位域定义等的声明和中间方程式。
- 逻辑方程式：在此添加描述逻辑器件的功能方程式。

6．头信息

源文件的头信息一般放在文件的开头。

CUPL 语言提供了 10 个关键词来描述文件头信息，每个关键词的描述可以用任何有效的 ASCII 码，包括空格和特殊字符，每句的结尾都应添加上分号。表 12-4 列出了 CUPL 语言头信息的关键字和简单的描述。

表 12-4　CUPL 语言头信息的关键字和简单的描述

关键字	关键字说明
NAME	使用的逻辑描述文件名字，有效名为仅仅包含字符的字符串。这里定义的名称同样决定了后来的 JEDEC，ASCII-HEX 或者 HL 等下载到逻辑器件的文件名。该名称最多 32 个字符。当使用仅仅允许文件名为 8 个字符的操作系统时，多于 8 个的字符将被截断。
PARTNO	为所进行的逻辑器件的设计定义一个公司的部件数，一般情况下，这由生产厂家提供，这一部件数并不是逻辑器件的类型。
REVISION	版本号，首次创建时为 01，以后每更改一次文件加 1。默认情况下可以使用 REV。
DATE	每次更改源文件将被改到当前的时间。
DESIGNER	设计者的名字。
COMPANY	定义公司名称是为了进行适当的校核。同时，为获得最新的可编程逻辑器件的信息，该定义信息可能被送给芯片制造商。
ASSEMBLY	定义改名字或使用 PLD 的 PC 板数字。默认情况下使用 ASSY。
LOCATION	说明 PC 板的参数或定义 PLD 读入的位置。默认使用 DOC。
DEVICE	设置逻辑器件类型，以便编译器正确编译，对于定义有多个逻辑器件的源文件，如果使用的器件类型是不同的，可以为各部分分开设置该项。
FORMAT	设置下载到现有的逻辑器件部分的输出文件的格式。

下面为一源文件的头信息:

Name	Hcfeng;
Partno	Xilinx epld;
Date	07/09/10;
Revision	01;
Designer	CD;
Company	BJTU;
Assembly	None;
Location	None;
Device	xc73108pq160;

设计者如果在设计过程中遗漏了一些设置,CUPL 将给出一个警告信息,但依然加以编译源文件。设计者在编译过程中,不可忽视警告信息,一个警告信息往往也说明了设计过程中的小漏洞。

7. 引脚声明陈述

引脚声明定义引脚数和它们的变量名称。

其定义格式如下:

PIN pin_n = [!] VAR;

其中,"PIN"是关键词,用来定义引脚数和它们的变量。"pin_n"是一个十进制引脚数或者用列定义的一列引脚数,也就是:

[pin_n 1, pin_n 2 … pin_n n]

惊叹号"!"用来定义输入或输出信号的极性。"="是定义操作符。"VAR"是单一的变量名或列定义的一组变量名,也就是:

[VAR, VAR … VAR]

";"用来标志引脚声明的结束。

设计者在设计开发一个逻辑器件的过程中,很容易混淆极性的概念。在进行逻辑器件的设计时,设计者最初所考虑的是该信号是有效还是无效,设计者并没有注意到该信号的高低电平。很多情况下,设计时可能需要在为逻辑低电平(0)时信号有效,而为逻辑高电平(1)时信号无效。这样的信号在逻辑低电平时被激活,因而,当一个信号由高电平激活变为低电平激活时,这一极性也将改变。

鉴于此,CUPL 允许设计者在引脚定义时定义信号的极性,这样,设计者就不必考虑信号的极性,引脚定义声明了对信号的转换,这将易于控制信号的极性。

假设设计者需要这样的功能:

Y = A & B

这一表达式表明当 A 和 B 有效时,Y 有效。

设计者可以很容易地用可编程逻辑器件 P22V10 来实现这一功能:

```
Pin 2 = A;
Pin 3 = B;
Pin 16 = Y;
Y = A & B;
```

假设由于某种原因,设计者需要输入引脚读到 0 逻辑状态时认为有效,设计者可改变设计如下所示。

```
Pin 2 =! A;
Pin 3 =! B;
Pin 16 = Y;
Y = A & B;
```

现在尽管惊叹号"!"被加到了引脚定义中来说明极性已反,但方程式还是认为当 A 有效和 S 有效时,Y 有效。设计中改变的是 0 电平有效,1 电平无效,并没有改变其他的设计。但在引脚定义时,现在已经映射为 0 电平有效,1 电平无效。

使用惊叹号"!"来定义输入输出信号的极性,如果一输入信号的激活是在低电平时(TTL 信号电压为 0V)。引脚定义时,在变量名前加上惊叹号"!"。当在逻辑方程时,信号被激活时,惊叹号提醒编译器选择信号的相反状态。

但 VIRTUAL 器件是个例外。当使用该逻辑器件时,编译器忽略引脚定义中的所有的极性。这种情况下,方程式本身取反。

如果一引脚声明定义了一个高电平有效的输出,但目标器件(如 PAL16L8)仅有相反的输出,在这种情况下,为了使选用的逻辑器件可用,编译器将自动对定义的逻辑方程执行 DeMorgan 理论。

举例如下:

如下的是目标器件为 PAL16L8 的逻辑方程。该逻辑器件的所有的输出引脚被定义为高电平有效。以下的方程是一个或逻辑表达式。

```
c = a # b;
```

但由于 PAL16L8 对所有的引脚都包含一个反相器。此时,编译器将自动执行 DeMorgan 理论,编译器将产生如下的乘积项:

```
c => !a & !b;
```

如果设计有过多的乘积项,编译器将给出错误信息,同时,停止编译。

下面是一些有效的引脚声明的例子:

```
pin 1 = clock;          /* Register Clock */
pin 2 = !enable;        /* Enable  I/O  Port */
pin[3, 4] = ![stop, go];   /* Control  Signals */
pin[5..7] = [a0..2];      /* Address  Bits  0-2 */
```

Virtual 器件相对其他的逻辑器件而言有所不同。对于 Virtual 器件,在定义引脚时,引脚数未定义。这就给设计者在设计时可以不必理会任何器件的相互间的限制。因此,设计者通过不断的检查，不断补充所需要的条件，就可以选用一个逻辑器件。以下是对 Virtual 器件的有效的引脚声明。

```
pin = !stop;      /* Control Signal */
pin = !go;        /* Control Signal */
pin = a0;         /* Address Bit 0 */
pin = al;          /* Address Bit 1 */
pin = a2;         /* Address Bit 2 */
```

一个逻辑器件的引脚的输入、输出或兼有输入输出的特性，并不是在引脚声明处定义的，编译器从逻辑方程定义中的引脚变量名推断出这个引脚的特性，并且，一旦这个目标器件的逻辑定义和它的物理特性不一致，编译器将显示使用引脚的错误信息。

8. 节点声明陈述

逻辑器件所有的功能并不都有效地体现在外部引脚，但有的逻辑方程必须使用这些功能，例如 82S105 不仅包含有触发器，还包括通过一完整序列反向所有中间部件。在为该触发器或完整序列写逻辑方程时，它们必须被定义为变盘。由于这些功能没有和任何的引脚相连，这种情况下，PIN 关键词失效。对于逻辑器件隐含的功能可以用 NODE 关键词予以定义。

定义格式如下所示：

```
NODE [!] var;
```

其中，"NODE"用来声明器件隐含功能的变量名的关键字，"!"用来定义内部信号的极性，"Var"仅仅是一个变量名或一组变量所定义的列，";"是用来标识定义语句的结束。

在模板文件的声明和局部变量的定义部分添加所需定义的节点声明。

大多的内部节点是高电平有效的，在这种情况下，不用惊叹号。使用惊叹号通常将使编译器产生很大数量的乘积项。

但补充的节点是个例外，这在定义时就已定义为高电平有效的信号，尽管在声明中没有引脚数，但编译器将指定一个内部的，并非实际引脚数的数字给变量，这些数字从尽可能小的数字开始，并按次序地定义，即使这个节点是用 PINNODE 声明的。但是，一旦声明一个节点变量，就必须创建关于这个变量的逻辑方程，否则就将发生编译错误。

CUPL 语言使用节点定义来区分是隐藏功能的逻辑表达式，还是中间表达式。

下面是使用 NODE 关键字的例子：

```
NODE [State0..5];     /* Internal State Bit */
     NODE ! Invert;      /* For Complement Array */
```

CUPL 自动指定隐藏功能可以通过 NODE 关键词，也可以使用 PINNODE 关键词。PINNODE 关键词通过指定一个变量名中的节点数，用来明确定义隐藏的节点，这与引脚定义相似。

PINNODE 定义的格式如下所示：

```
PINNODE node_n = [!] var;
```

其中，"PINNODE"用来定义节点数字和声明变量名，"Node_n"是一个十进制的节点数，或者使用列符定义的一列节点数。也就是：

[node_nl, node_n2 … node_nn]

"!"用来定义内部信号的极性，"="用来定义用操作符，"var"仅仅是一个变量名或者一组变量所定义的列。也就是：

[var, var … var]

";"为定义结束标志符。

下面是使用 PINNODE 关键词的一些实例：

```
PINNODE [29..34] = [State0..5];      /*Internal State Bits*/
PINNODE 35 = !Invert;                /* For Complement Array */
PINNODE 25 = Buried;                 /* For Buried register part */
                 /*of an I/O macrocell with multiple feedback paths */
```

9. 位域声明定义

位域声明为一组位指定了一个变量。

定义格式如下：

FIELD var = [var，var，…var];

其中，"FIELD"是 CUPL 语言的关键词，"Var"是一个有效的变量名称，[var，Var，…var]是一列变量名，"="定义操作符，";"定义语句结束符。

当为一组位指定了一个变量后，这个变量名就可在表达式中使用；在表达式中的对该变量的操作将是对所定义的一组位的操作。

以下是一用位域定义的低八位地址位（A0 到 A7）：

FIELD ADDRESS = [A7，A6，A5，A4，A3，A2，A1，A0];

也可写作：

FIELD ADDRESS = A [7..0];

一旦使用位域声明，编译器将在内部为该域申请 32 位的域空间。将代替在位域中所使用的变量名，该位的数字和变量中所使用的索引数字相同。这就是说，变量名 A0 将占据该位域的位 0。这就意味着定义中变量的索引号所排列的次序与位域定义无关。也正由于此原因，不同的变量名不能定义在相同的位地址空间。如 A2 和 B2 同时出现在位域定义中。否则，将导致该定义为无效。

10. MIN 声明陈述

通过 MIN 声明陈述可以设置 PLD 设置对话框中的最小等级。

该声明的定义格式如下：

MIN var [.ext] = level;

其中：

"MIN"是改变设置的关键词。

"Var"是单一变量或所定义的一列变量。

".ext"是用来标识变量功能的后缀名，该项可选。

"level"是在 0～4 之间的数字，用来标识等级。

";"是声明定义结束符。

以下是有效的 MIN 声明的例子：

```
MIN async_out = 0;          /* no reduction */
MIN [outa，outb] = 2;       /* level 2 reduction */
MIN count.d = 4;            /* level 4 reduction */
```

在上述的最后一个例子中，变量使用了".D"的后缀名。

表明了该声明对象所对应的编译设置项，执行 PLD/Configure 命令将弹出配置 PLD 编译器对话框。

11．熔丝声明

"熔丝声明"只有在比较特殊的情况下使用，一般不使用。因为一旦使用错误，它将导致不可预料的结果。

"熔丝声明"格式如下：

```
FUSE (fusenumber, x);
```

其中，fitsenumber 为必须熔断的 MISER 位或 TURBO 位的熔丝数，x 为 0 或 1，1 表示需要熔断的位，0 表示不需熔断的位。

如下例所示，熔丝 101 是 MISER 位或 TURBO 位。

```
FUSE (101，1);
```

上述的"熔丝声明"只是用来熔断 MISER 位或 TURBO 位的。

编译器在每次使用 K 熔丝声明材的时候，都会给出警告信息。一这是为了提醒设计者注意熔丝数的正确性。如果使用了一个错误的熔丝数，后果不可预料。所以在使用"熔丝声明"时，必须非常小心。

在设计中如果使用了熔丝声明，一旦有异常的结果发生，应立刻检查定义的熔丝数是否正确，该位是否是 MISER 位或 TURBO 位。

12.4.2　CUPL 语言的预处理指令

Advanced PLD 99 编译器的预处理程序检查预处理程序指令，并分析其中的符号。

预处理程序包含一个复杂的宏处理程序，它在编译器工作之前扫描源代码，预处理程序提供了如下的功能和灵活性：

● 定义宏减轻了编程量，改善了源代码的可读性。

● 包含其他文件的正文。

● 设置条件编译，以改善可移植性，帮助调试。

● 预处理程序在语法上可以出现在程序的任何地方。

表 12-5 所示是 CUPL 语言的预处理程序指令。

表 12-5　CUPL 语言的预处理程序指令

$DEFINE	$IFDEF	$UNDEF
$ELSE	$IFNDEF	$REPEAT
$ENDIF	$INCLUDE	$REPEND
$MACRO	$MEND	

12.4.3　CUPL 语言的语法

下面将介绍 CUPL 语言的语法。将介绍如何使用逻辑表达式、真值表和状态机等来进行 PLD 的设计。

1．逻辑运算符

CUPL 语言在布尔表达式中支持四种标准的逻辑运算符，见表 12-6。

表 12-6　逻辑运算符

逻辑操作符	功能说明	优先级	举例
!	逻辑反	1	!A
&	逻辑与	2	A&B
#	逻辑或	3	A#B
$	逻辑异或	4	A$B

当在一个语句中存在两个以上的逻辑表达式时，在 C 语言中运算有自左向右的优先级的规定，而在 CUPL 语言中，左右没有优先级的差别。

如下例的表达式，如果去掉式中的括号，那么从语法上来说将是错误的。

C = (A&B) # (! C&D);

当然也有例外，如果一个逻辑表达式中只有 "!"、"#"、"&" 运算符，那么改变运算的顺序将不会导致逻辑的改变。此时，括号可以省略，如下面的几个例子：

A = B # C # D # E;
A = B & C & D & E;
A = B $ C $ D $ E;
A = (B & C) # (D & E);

在所有的运算符中，逻辑反的优先级最高。

2．算术运算符

CUPL 定义了 6 种算术运算符用于算术表达式。算术表达式只能在 $REPEAT 和 $MACRO 预处理指令中。

算术表达式必须包含在{}中。

表 12-7 列出了算术运算符和它们的优先级。

表 12-7 算术运算符和它们的优先级

算术运算符	功能说明	优先级	举例
**	指数	1	2**3
*	乘	2	2*3
/	除	2	4/2
%	求模	2	9%8
+	加	3	4+2
—	减	3	4—1

在算术运算中，一元运算的操作数可以为任何数值类型。求模和取余的操作数必须为同一整数类型数据。一个指数的运算符的左右操作数同样都为整数。

3. 算术函数

CUPL 语言为算术表达式定义了一个算术函数。同样，这一算术函数也只能被用在 $REPEAT 和$MACRO 预处理指令中。表 12-8 列出了算术函数。

表 12-8 算术函数

函　数	数据的进制表示
LOG2	Binary（二进制）
LOG8	Octal（八进制）
LOG16	Hexadecimal（十六进制）
LOG	Decimal（十进制）

4. 后缀名

在变量名后可以增加一些后缀，用来标识一些特殊的功能。这些功能和该可编程器件内的一些主要的节点相关，诸如可编程的三态控制等。编译器将检查后缀名的使用，以确认定义对于所使用的逻辑器件是有效的，并且没有和其他所使用的后缀名相冲突。

编译器根据输出的使用自动选择一个默认的反馈路径。举例来说，如果以输出变量定义为一寄存器的输出，那么它的默认返回路径也将是寄存器的。通过在变量后添加后缀名可以使编译器改变返回路径。可以在输出变量名后添加".io"后缀名。

5. 返回后缀名的使用

有一些逻辑器件可以通过编程改变返回的路径。如 EP300 内有一个多路转换器，对于每个输出，允许选择返回方式为内部、寄存器或引脚。

6. 多路开关的后缀名的使用

某些可编程逻辑器件允许在可编程控制和一般控制功能之间进行选择。如器件 P29MA16 包含有一个多路开关，用以在一般和乘积项时钟及输出使能间进行选择。

7. 布尔逻辑及布尔表达式

如下所示的是布尔逻辑的一些规则，编译器将用来核定逻辑表达式。

A & B = B & A
A # B = B # A
A & (B & C) = (A & B) & C
A # (B # C) = (A # B) # C

A & (B # C) = (A & B) # (A & C)

A # (B & C) = (A # B) & (A # C)

A & (A # B) = A

A # (A & B) = A

!(A & B & C) = !A # !B # !C

!(A # B # C) = !A & !B & !C

A $ B = (!A & B) # (A & !B)

!(A $ B) = A $!B = !A $ B

A & 0 = 0   A & 1 = 1

A # 0 = A   A # 1 = 1

A & A = A   A & !A = 0

A # A = A   A # !A = 1

  表达式是由一系列的变量和运算符组成的，当运行时只有单一的结果，表达式运行时，将根据所包含的逻辑运算符的等级进行排序。同一等级的，将按照在表达式中的顺序从左向右。

附录　常用逻辑符号对照表

名称	国标符号	曾用符号	国外常用符号	名称	国标符号	曾用符号	国外常用符号
与门				基本 RS 触发器			
或门				同步 RS 触发器			
非门							
与非门				正边沿 D 触发器			
或非门							
异或门				负边沿 JK 触发器			
同或门							
集电极开路与非门				全加器			
三态门				半加器			
施密特与门				传输门			
电阻				极性电容或电解电容			
滑动电阻				电源			
二极管				双向晶闸管			
发光二极管				变压器			

372

参 考 文 献

[1] 陈晓鸽. Protel 99 SE 标准实例教程[M]. 北京：机械工业出版社，2009.

[2] 谈世哲. Protel 99 SE 电子工程实践基础与典型范例[M]. 北京：电子工业出版社，2008.

[3] 槐创锋. Protel 99 SE 电路设计基础典型范例[M]. 北京：电子工业出版社，2007.

[4] 赵月飞. Protel 99 SE 电路设计基础实例教程[M]. 北京：清华大学出版社，2009.

[5] 胡文华. Altium Designer 13 从入门到精通[M]. 北京：机械工业出版社，2013.

[6] 杨晓琦. 完全掌握 Altium Designer 14 超级手册[M]. 北京：机械工业出版社，2015.

[7] 黎小桃. 实例解析 Protel 99 SE 电路原理图与 PCB 设计[M]. 北京：机械工业出版社，2011.

[8] 黄明亮. 电子 CAD 项目式教学 Protel 99 SE 电路原理图与印制电路板设计[M]. 北京：机械工业出版社，2011.

[9] 李淑明. 模拟电子电路实验设计仿真[M]. 成都：电子科技大学出版社，2010.

[10] 王青林. 电路设计与制板——Protel 99 SE 基础教程（修订版）[M]. 北京：人民邮电出版社，2012.